농, 살림을 디자인하다

퍼머컬처로 이루는
농업살림·농장살림·농촌살림

농, 살림을 디자인하다

ⓒ 임경수 2013

초판 1쇄	2013년 10월 30일
초판 6쇄	2024년 4월 30일

지은이　임경수

출판책임	박성규	펴낸이	이정원
편집주간	선우미정	펴낸곳	도서출판 들녘
기획이사	이지윤	등록일자	1987년 12월 12일
편집	이동하·이수연·김혜민	등록번호	10-156
디자인	하민우·고유단	주소	경기도 파주시 회동길 198
마케팅	전병우	전화	031-955-7374 (대표)
경영지원	김은주·나수정		031-955-7381 (편집)
제작관리	구법모	팩스	031-955-7393
물류관리	엄철용	이메일	dulnyouk@dulnyouk.co.kr

ISBN　978-89-7527-659-0 (14520)
　　　978-89-7527-160-1 (세트)

값은 뒤표지에 있습니다. 잘못된 책은 구입하신 곳에서 바꿔드립니다.

농, 살림을 디자인하다

임경수 지음

퍼머컬처로 이루는
농업살림·농장살림·농촌살림

들어가는 말

　30년을 넘게 살았던 곳이지만 서울만 가면 벗어나고 싶어 안달이 난다. 서울에서 지하철을 탔다가 보통 사람들은 이해 못 할 경험(?)을 한 적이 있다. 약속시간까지 여유가 있어 느긋하게 개찰구를 통과하고 있는데 "또르륵 또르륵" 열차가 들어온다는 신호음이 들렸다. 그 소리와 함께 주변 사람들이 일제히 뛰기 시작했다. 덩달아 나도 뛰었다. 다행스럽게도 무사히 열차에 오를 수 있었다. 문이 닫히고 차가 출발하자, 조금은 느긋해진 나는 주변을 둘러보았다. 함께 뛰었던 사람들의 얼굴에 안도의 미소가 걸려 있었다. 그때 문득 한 가지 생각이 충격처럼 머리를 스치고 지나갔다. 나는 왜 뛰었을까? 아직 약속시간까지 여유가 있는데, 무엇 때문에 헐레벌떡 달렸을까? 무의식중에 뛰었던 내가 싫었고, 서울도 싫어졌다.

　마침 빈자리가 있어, 앉아서 소설책을 읽었다. 환승역에서 갈아탄 열차에도 빈자리가 눈에 띄었고, 계속해서 책을 읽을 수 있었다. 한참 소설에 빠져 있다가 내려야 할 역을 지나치지 않았나 싶어 차내방송에 귀를 기울였다. 그런데 아차! 이 열차는 내가 가야 할 목적지와 반대방향으로 가고 있는 게 아닌가! 이런, 내가 벌써 치매에 걸렸나? 후회해봐야 이미 엎질러진 물이었다. 다시 한 번 서울이 싫어지는 순간이었다. 그럴수록 시골이 그리워지는 순간이었다. 시골에 복잡한 길이란 없다. 풍경도 똑같은 게 없고 하나하나가 개성을 뿜어낸다. 내가 서울을 떠난 지 너무 오래되었다는 사실이 새삼 상기되었다. 서울에서는 어딘가로 가고자 할 때 미리 생각을 해두어야 한다는 습관을 그사이 잊어버린 것이었다. 서울이 무서워지기 시작했다.

공과대학을 졸업하고 대학원에서 대기오염을 전공한 제자가 박사과정에서 농업을 공부하겠다고 했을 때, 대학원 은사님은 교수직을 구하기 어려울 것이라며 만류하셨다. 고집을 부려 박사학위를 받았지만 은사님의 예상은 적중했다. 그때부터 나의 이사 역정이 시작되었다. 나는 내가 하고 싶은 일을 찾아, 내가 할 수 있는 일을 찾아 충남 홍성, 강원 춘천, 충남 서천, 경기 안성으로 둥지를 옮겼고, 지금은 전라북도 완주에서 살고 있다.

폐교를 고쳐 만든 사무실이 나의 일터다. 아침에 출근하면 너른 논이 눈에 가득 들어오는 창 앞에 서서 향을 피우는 것으로 하루를 시작한다. 나의 일과시간은 같이 일하는 사람들과의 회의, 방문자들을 대상으로 한 강의, 지역주민과의 상담 등으로 채워져 있다. 그리고 일과가 끝나고 날이 저물면 마을을 찾아가 교육을 하는 일이 많다. 그럴 때면 가로등 하나 없는 시골길을 혼자 운전해가야 하지만, 서울에서 느

겼던 무서움 같은 것은 조금도 느껴지지 않는다. 내가 맡고 있는 일 중의 하나는 귀농, 귀촌하고자 하는 사람들을 교육하고 일자리를 찾아주는 것이다. 때문에 주말이나 휴일은 물론, 휴가철에도 거의 쉬지 못한다. 그래도 나는 이런 시골이 좋다. 서울처럼 싫지가 않다.

2000년 1월 1일 새천년을 위한 다큐멘터리를 보고 난 뒤, 불쑥 호주로 떠났다. 그 나라의 한 마을에서 만난 퍼머컬처(Permacultue)는 그전까지 환경, 생태, 농업, 농촌, 마을, 공동체, 민주화 등 내 머리를 복잡하게 만들었던 다양한 생각들을 하나의 줄로 이어주는 경이로운 경험을 선사했다. 이후 나의 삶을 농촌활동가, 사회적기업가로 살게 해준, 나로서는 두 번 다시없을 경험이었다. 사람살림, 이웃살림, 지구살림이라는 가치관을 가진 퍼머컬처는 나로 하여금 내가 사는 방식이 마을을 살려야 하고, 마을을 살리는 방식이 지역을 살려야 하며, 지역을 살리는 방식이 지구를 살릴 수 있어야 한다는 일관성을 가질 수 있게 해주었다. 그러나 퍼머컬처의 이러한 통찰력은 나를 편하게 만들어주지 않았다. 어떤 사람들은 나를 보고 실현 불가능한 이상향을 추구한다며 비아냥거리기도 했고, 경쟁력을 우선시하는 우리 사회에서 나는 비주류로 내몰릴 수밖에 없었다. 아마도 무모하고 잦은 이사는 내 생각을 이해해주는 사람과 내가 하고자 하는 일을 같이할 수 있는 사람을 찾는 과정이었던 것 같다.

이 책은 전반적으로 퍼머컬처를 기반에 두고 있다. 우리나라에는 퍼머컬처와 관련된 입문서조차 번역, 출간되어 있지 않아 퍼머컬처를 자세하게 소개할 수 없는 점이 안타깝기만 했다. 그러나 생각을 바꾸어 보기로 했다. 단순한 번역서보다는 퍼머컬처의 원리에 입각하되 우리나라의 실정에 맞게 덧붙일 것은 덧붙이고 뺄 것은 빼는 책이 필요하지 않을까? 그런 구상이 이 책을 만들게 했다. 총 3부로 구성되어 있는 이 책의 '2부 농장살림'에서 퍼머컬처에 대한 소개와 함께 원리의 응용과정을 통해 하나의 농장을 지속가능한 생태적 농장으로 디자인하는 방법을 제시했다. 가급적 우리나라에서 퍼머컬처를 적용한 사례를 찾아 소개하고 관련된 정보를 활용할 수 있도록 자세한 안내를 덧붙이려고 노력했다. 퍼머컬처를 당장 이해하고 싶은 독자라면 2부를 먼저 읽어도 무방하다. 하지만 완전하게 독립된 개인으로 살 수 없듯이 하나의 농장은 우리나라 전체 농업, 그리고 농장이 속하는 마을 및 지역과 긴밀하게 연결되어 있다. 농장만이 섬처럼 외따로 존재할 수 없는 것이다. 사회적 관계에 주목하는 새로운 농업의 전망을 살펴본 '1부 농업살림'과 마을과 지역공동체의 대안을 사회적 경제와 접목하여 모색한 '3부 농촌살림'도 퍼머컬처의 가치관을 바탕으로 하고 있다. 이 두 개의 '부'에서 나는 농업과 농촌을 새롭게 디자인해보고자 했다. 우리나라 농업의 지속가능성과 마을만들기, 지역공동체운동에 관심 있는 분들에게 필요한 내용과 정보가 담겨 있기를 바라는 마음이다. 앞으로 나는 더 많은 사례와 정보를 모아 실질적으로 농장, 마을, 지역을 디자인할 수 있는 퍼머컬처 매뉴얼북을 시리즈로 만들어볼 생각이다. 아울러, 퍼머컬처를 바탕으로 우리 삶을 디자인해야 우리 사회가 지속가능해지고 다음 세대를 비롯한 우리 모두가 행복해질 수 있다는 것을 알리고 싶은 필자의 욕심이 이 책에 고스란히 들어 있음을 밝혀둔다.

이 책은 무섭고 싫은 서울을 벗어난 한 개인의 탈출기이자, 하고 싶은 일을 찾아 여섯 번이나 이사를 한 시말서이기도 하다. 그리고 혼자 제대로 살겠다고 해도 제대로 살아지지 않는 우리 사회에 대한 먹혀들지 않는 투정일 수도 있겠다. 그래도 나는 소망하고 있다. 나처럼 서울을 탈출하여 진정으로 하고 싶은 일을 찾거나, 작은 일을 하더라도 그 일로 우리 사회가 조금이라도 나아졌으면 하는 생각을 가진 사람들이 많아지기를. 그런 사람들을 많이 만나고 싶다. 그런 사람들 중 한 부류가 귀농귀촌인들이다. 전국귀농운동본부에서 알게 된 귀농학교 동기생들의 인터뷰집 『이래서 나는 농사를 선택했다』(1999, 양문출판)을 쓰고 난 이후로, 귀농귀촌인들과 나누고 싶었던 이야기들을 이 책에 담았다. 또, 만나고 싶은 사람들 중에는 농촌과 지역을 대상으로 일하는 사람들도 있다. 돈을 벌기 위해, 단지 먹고살기 위해 농촌에 와서 사는 게 아닌 나의 이야기에 그분들이 귀를 기울여주었으면 좋겠다. 마지막으로 청년들을 만나고 싶다. 간혹 농촌에서 일하고 싶다는 청년들이 찾아온다. 그들과 이야기를 나누다 보면 가슴이 아파 먹먹해지곤 했다. 자기 자신만을 위해 사는 것이, 돈만 벌기 위해 사는 것이 무의미하다는 청년들은 자신들의 이야기를 들어줄 사람이 없어 아픈 것이 아니었다. 그들은 외로워했다.

이 책이 세상에 나오게 된 것은 그동안 농촌과 지역현장에서 일할 수 있었기에 가능한 일이었다. 사회적기업 '이장'의 직원들, 여러 지자체의 공무원들이 분에 넘치는 도움을 주셨다. 그분들은 돈도 되지 않고 성과도 나지 않는 일을 가치 있는 일이라며 함께해주셨다. 그 덕택에 나는 이 책에 실린 다양한 경험들을 할 수 있었고 다양한 사례들을 모을 수 있었다. 완주군과 완주군수님, 완주커뮤니티비즈니스센터의 이사장님과 직원들에게도 감사드린다. 완주군에서 일하게 되면서 나는 우리나라 농업, 농촌의 희망을 볼 수 있었고 생각도 많이 정리할 수 있었다. 우리 센터의 직원들은 이 책을 위해 자료를 조사해주었고 다양한 사진도 제공해주었다. 아울러 사진 자료를 기꺼이 제공해주신 다른 분들께도 감사를 드린다. 완주 고산에서 농사를 지으시는 임형오 선생님은 폭넓은 농업관련 지식과 경험을 바탕으로 '1부 농업살림'과 '2부 농장살림'의 자문을 해주셨다. 두서없는 내용의 글을 책으로 만들어준 들녘출판사 여러분과 안철환 선생님께도 감사의 마음을 전한다. 퍼머컬처대학에서 공부하고 경남 양산으로 시집을 간 권혜진 씨는 예쁘고 따뜻한 삽화를 그려주었다. 덕분에 이 책이 더욱 퍼머컬처다워졌다. 끝으로 매년 아버지의 직업이 뭐냐고 묻는 학교 선생님의 질문에 곤혹스러워 하는 시골 청소년 삼남매 동준, 소정, 동우, 그리고 이사를 가야겠다고 말하면 묵묵히 이삿짐을 꾸렸던 아내와 노년에 이곳저곳의 맛난 것 먹어보며 산다시며 잦은 이사를 마다하지 않은 어머님께 이 책을 바친다.

Permaculture
Design

차례

들어가는 말 5

1부 농업살림

공업발전만으로 선진국이 될 수 없다 • 15
모든 농산물을 시장에 팔아야 하는 것은 아니다 • 21
친환경농업과 유기농업은 다르다 • 30
유기농업은 관계만들기다 • 39
일본에서는 길(道)에 역(驛)을 만든다 • 45
로컬푸드는 끌끌하다 • 56
도시에서 농업을 살린다 • 65

2부 농장살림

농장도 디자인해야 한다 • 77
지저분한 것이 좋다 • 85
버려야 산다 • 93
농장은 진화한다 • 103
집은 우주를 담아야 한다 • 113
에너지는 돈이다 • 122
빗물도 돈이다 • 134

버리는 물은 없다 • 145
1지구는 창의력의 실험대다 • 155
퇴비는 애완동물이다 • 165
토양도 옷을 입는다 • 174
농장계획도 진화한다 • 185
생물이 재난도 막는다 • 195

3부
농촌살림

마을을 만든다? • 203
화천의 두 마을 • 211
마을에도 사무장이 있다 • 219
마을도 공부한다 • 277
색카드 마을민주주의 • 238
마을은 언제나 '~ing' • 249
마을은 없다 • 260
마치(町)는 마을이 아니다 • 267
홍동면, 산내면 그리고 진안과 완주 • 277
내부를 들여다보자 • 291
사회적으로 농사짓기 • 301

1부
농업살림

공업발전만으로
선진국이 될 수 없다

2012년 연말 대통령선거는 역대에 비해 농업분야의 굵직한 공약이 없던 선거였다. 과거에는 수입개방 축소, 쌀 정부수매 확대, 직접지불제 시행 등의 농업 관련 공약이 있었다.[1] 굳이 농업과 관련된 공약을 찾는다면 FTA 분야에서 몇 가지 쟁점이 거론된 것 정도였다. 그만큼 정치권에서 농업, 농촌을 중요하지 않게 보고 있는 것이다. 사실, 농민의 비중은 줄고 산업적 중요성도 적어졌다. 농민 인구는 1970년 1442만 명에서 2011년 296만 명으로 줄어들어, 전체 인구의 70%에서 6.6%로 대폭 감소했다. 그에 따라 GDP 대비 농업 비중도 1970년 29.1%에서 2011년 2.7%로, 1/10로 줄었다.[2]

지난 대선의 최대 이슈는 일자리 창출이었다. 그렇다면 당연히 농업

---

[1] 직접지불제 : 농업분야의 보조방식 중 하나로, 정부가 인위적으로 농산물의 시장가격에 개입하는 '가격지지' 정책과 달리 농가에 직접 소득보조를 하는 것이다. 자유무역체계에서도 유일하게 인정하는 농민의 소득지지 수단이다. 우리나라에서는 경영이양 직불제, 친환경농업 직불제, 논농업 직불제 등을 시행하고 있다.

[2] 『농림수산식품주요통계』, 2012, 농림수산식품부(www.mafra.go.kr 정보광장/통계간행물)

분야에 눈을 돌렸어야 했는데, 실상은 그렇지 않았다. 최종 수요 10억이 만들어졌을 때 직간접 채용인원을 계산한 취업유발계수는 제조업 9.2, 도소매업 29.5, 농림어업 46.8, 건설업 17.3이다. 건설업의 경우 지속적인 일자리를 창출하기 위해서는 계속적인 투자가 필요하지만 농업분야는 식량이라는 절대적인 수요가 있기 때문에 그럴 필요가 없다. 만일 이명박 정부가 4대강 건설에 쏟아 부은 돈을 우리 농산물을 생산하고 유통·가공·소비하는 농업분야에 투자했더라면 좋은 일자리를 훨씬 많이 만들 수 있었을 것이다.

농업을 중요하게 생각하지 않는 이유 중의 하나는 과학기술이 식량문제를 해결해줄 것이라는 근거 없는 믿음 때문이기도 하다. 19세기 초 영국의 경제학자 맬서스는 그의 책 『인구론』에서 식량생산량은 산술급수식으로 증가하는 것에 비해 인구는 기하급수식으로 증가하기 때문에 식량 부족의 위기가 올 것이라 예언했다.[3] 하지만 지난 100년간 화학비료, 농약, 기계화를 중심으로 한 농업기술의 발전은 농업생산량이 산술급수적 증가할 것으로 예측한 맬서스의 주장을 무력화하면서 비약적으로 농업생산성을 증대시켰다. 그런데 1990년부터 세계 곡물생산량의 증가가 둔화된 반면 인구는 가속적으로 증가함에 따라 1인당 곡물생산량은 1980년에 이미 감소하기 시작했다. 현재 세계 인구 중의 13억 명이 식량부족에 시달리고 있고 매년 5백만 명의 어린이가 영양실조로

---

[3] 맬서스(Thoma Robert Malthus) : 애덤 스미스, 데이비드 리카도와 함께 고전경제학을 대표하는 19세기 영국의 경제학자. 『인구론』을 통해 실업과 빈곤 등의 사회악이 인구증가에 따라 필연적으로 발생하므로 '도덕적 억제'에 의해 인구를 조절해야 한다는 '맬서스주의'를 탄생시켰다. 사회악의 원인을 자본주의 모순으로 보는 것이 아니라 인구증가 때문에 생긴다고 보아 사회주의자와 대립적인 입장에 서 있었다.

사망하고 있으며 50만 명의 어린이가 영양불균형으로 실명하고 있다. 빗나간 것으로 보였던 맬서스의 예언이 망령이 되어 다시 살아난 것이다. 이화여자대학의 생태학자 최재천 교수는 가까운 미래는 FEW(Food, Energy, Water)가 few한(풍족하지 않은) 시대가 될 것이라 한 적이 있다.[4] 세 가지 중에 가장 심각한 문제는 식량이다.

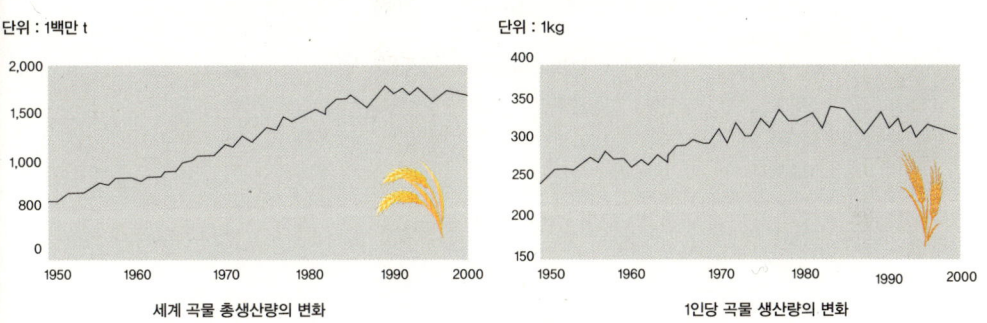

출처: *Sustainable the Earth, an Integrated Approach* (4th Edition), G Tyler Miller Jr., Brooks/Cole, 1999

과학기술이 농업생산성을 무한히 늘릴 수는 없다. 기본적으로 농업생산은 토지의 질과 에너지 투입과의 상관관계에서 결정된다. 즉 토지의 질이 높으면 에너지를 덜 투입해도 되지만 토지의 질이 나쁘면 에너지를 많이 투입해야 한다. 화학비료, 농약, 기계에 의존하는 농업을 화학영농이라 하는데, 화학영농을 통해 토지의 질에 상관없이 에너지를 많이 투입함으로써 생산성을 높일 수 있었다.[5] 하지만 이 방법이 지

---

[4] 최재천: 하버드대학 생물학 박사로 동물행동학을 공부했으며 이화여자대학교에서 석좌교수로 재직하고 있다. 자연과학과 인문학을 넘나드는 통섭의 지식인으로 『개미제국의 발견』과 같은 전공 분야에서부터 『통찰』과 같이 여러 분야를 넘나드는 저서를 집필했다. 현재 이러한 학문 간의 소통과 융합을 도모하는 통섭원의 원장이기도 하다. 최재천 교수는 많은 강연에서 향후 위기의 시대를 대비한 Food, Energy, Water의 중요성을 이야기했다.

[5] 농사에 필요한 것들을 정확하게 분석하여 화학비료, 농약 등을 제공하고 인건비와 생산비를 줄이기 위해 기계화하는 것을 1980년대에 '과학영농'이라는 이름으로 권장했다. 과학영농은 화학영농 기술이 없이는 불가능하

구분	10^3 Kcal/ha						
	1910	1950	1954	1959	1964	1970	1985
기계	278	555	648	777	907	907	1,018
축력	886	ND	ND	0	0	0	0
가솔린	0	1350	1500	1550	1250	1200	400
경유	0	275	342	399	741	912	878
전기	ND	16	24	36	60	80	100
질소 투입	0	357	630	966	1555	2478	3192
인 투입	0	69	82	113	227	454	365
potassium 투입	0	28	50	85	70	170	187
석회 투입	3	61	39	50	64	69	134
종자	44	322	421	470	470	520	520
살충제	0	7	13	20	27	40	60
제초제	0	3	7	20	40	200	350
관개	ND	125	250	375	625	1125	2250
건조	0	10	15	54	145	376	760
이동	25	58	67	79	89	84	89
전체 투입량	1236	3236	4088	4994	5920	8615	10303
노동력 투입(시간/ha)	120	44	42	35	27	22	10
산출	7520	9532	10288	13548	17060	20320	29600

옥수수 생산의 에너지 투입량 변화
출처: M. Giampietro & D. Pimentel, 1994, "Energy Utilization", *Encyclopedia of Agricultural Science*, vol.2, pp. 63-76

속 가능하지 않다는 데 문제가 있다. 미국의 옥수수 생산의 경우 1910년과 1985년의 단위면적당 에너지 투입량을 비교하면 10배가 늘었지만 생산량은 4배 늘리는 데 그쳤다. 더구나 1910년에 비해 1985년에 증가된 에너지의 대부분은 화학비료, 농약, 농기계 사용에 의한 것이었다. 화학비료, 농약, 기계의 사용은 석유 없이는 불가능하고 석유의 예측

다. 과학이라 하면 로봇과 컴퓨터가 연상되듯이 '과학화'는 인간이 해야 할 일을 기계와 반도체가 대체하는 것이라 할 수 있는데, 이러한 농사를 농업이라 할 수 있을까? 예술적 창의성, 종교적 영성을 로봇과 컴퓨터에 맡길 수는 없지 않은가.

가능한 가용기간은 향후 30년이다. 30년 뒤에는 이러한 농법은 쓰고 싶어도 쓰지 못한다. 물 부족 또한 식량생산에 영향을 준다. 최재천 교수의 예측이 맞는다면 에너지 위기, 수자원 위기, 식량 위기는 상호 연관되어 있다. 어느 한 가지의 위기는 전 지구적 재앙으로 발전할 가능성이 높다. 이러한 순간이 오면 과연 인류가 모여 평화롭고 민주적으로 이 문제를 해결할 수 있을까? 과학기술이 농업생산을 늘릴 수 있다는 믿음은 과학기술이 전쟁을 막을 수 있다는 믿음만큼 허망하다.

사실, 많은 성인들이 농업의 중요성을 이야기해왔다. 슈바이처는 '농업은 문화의 근본이다. 농업과 수공업이 존재할 때만이 상업 또는 지적 활동을 할 수 있는 각양각색의 인류문화 형성이 가능하다'고 했고 슈타이너는 '농업과 연관되어 있지 않은 인간생활 분야는 하나도 없을 정도로 농업은 중요하다'고 했다.[6] 조선의 실학자 정약용은 '대저 농이란 천하의 근본으로서 때와 땅과 사람의 화합을 기해야 그 힘이 온전하게 되고 심고 기르는 것이 왕성하게 된다'고 했다.[7] 과거의 인물뿐 아니라 동시대를 살고 있는 현자들도 농업의 중요성을 이야기하고 있다. 일본의 농업경제학 교수인 후루사와는 '인간과 자연은 농업의 영역에

---

[6] 슈바이처(Albert Schweitzer) : 1875년 독일에서 태어난 신학자, 철학자, 의사로 아프리카 가봉의 밀림에 병원을 설치하고 봉사활동을 하여 1952년에 노벨평화상을 받았다. 『나의 생애와 사상』이라는 책에서 아프리카에서의 전통적인 평화로운 삶이 농업과 수공업에 기반하고 있다고 이야기했다. 슈타이너(Rudolf Steiner)는 1861년에 독일에서 태어난 사상가로 괴테를 연구하는 과정에서 초감각적 세계를 인지하는 것에 대해 관심을 두고 지각적 체험이 없이도 상상, 영감, 직관 등으로 세상의 모든 것을 알 수 있다는 '인지학'을 창시했다. 이후 인지학을 바탕으로 하는 발도르프학교를 운영했고, 농업분야에도 관심이 많아 바이오다이나믹(Biodynamic) 농법을 창안했다.

[7] 18세기 조선시대의 실학사상을 집대성한 개혁가인 정약용은 개혁과 개방을 주장했지만 다른 실학자들이 상공업의 중요성을 강조한 것과 달리 농업의 중요성을 역설했다. 『목민심서』, 『여유당전집』 등의 저서가 있다.

서 가장 긴밀하게 또 역동적이며 호혜적으로 연결되어 있으며 이 관계로부터 인간의 내면을 탐구할 수 있다'고 했다.[8] 과연 인간의 행동 가운데 자연에도 도움이 되고 사람에게도 도움을 줄 수 있는 것이 농업 이외에 또 있을까 생각하게 한다. 독일의 경제학자 슈마허는 농업이 '인간과 살아 있는 자연계와의 연관을 유지하는 일이며 인간을 둘러싸고 있는 생존환경에 인간미를 부여하는 일'이라 했고 미국의 시인이자 농부인 웬델 베리는 '외부로부터의 자원에 의존하지 않는 독립적이고 완전한 행동이며 삶터를 흥미 있게 만들고 육체를 가꾸며 정신을 교정하는 생태교육의 장이자 건강을 해결할 수 있는 방법'이라고 했다.[9] 특히 노벨경제학상 수장자인 쿠즈네츠 박사는 '후진국이 공업발전을 통해 중진국으로 도약할 순 있어도 농업과 농촌발전 없이 선진국에 진입할 수 없다'고 이야기했다.[10] 귀농, 귀촌에 관심을 갖는 것은 이런 맥락에서 볼 때 매우 의미 있는 일임에 틀림없다.

---

[8] 후류사와 고유(古澤廣祐) : 일본 국학원대학 농업경제학 교수. 『탈성장사회로 가는 시나리오』, 「21세기의 인구, 식량, 농업」, 「공생과 협동의 사회경제」 등의 글이 〈녹색평론〉에 의해 소개되었다. 성장을 전제로 한 자원 약탈과 대량 폐기의 경제가 아니라 농업을 근간으로 하는 공생, 협동의 지역사회가 위기 시대의 대안이라고 지적하고 있다. 『공생시대의 식과 농』, 『지구문명비전』 등의 저서가 있다.

[9] 슈마허(Ernst Friedrich Schumacher) : 1911년에 태어난 영국의 경제학자로 개발도상국에 적합한 '중간기술'의 개념을 확립했다. 대표 저서로 『작은 것이 아름답다』가 있다. 웬델 베리(Wendell Berry) : 1934년에 태어난 미국의 시인이자 농부. 「원자로와 텃밭」, 「나는 왜 컴퓨터를 안 살 것인가」 등 그가 쓴 날카로운 비평들이 〈녹색평론〉을 통해 소개되었다. 『삶은 기적이다』(2006, 녹색평론사), 『온 삶을 먹다』(2011년, 낮은산출판) 등의 저서가 번역 출판되어 있다.

[10] 쿠즈네츠(Simon Smith Kuznets) : 러시아 출신의 미국 경제학자. 하버드대학 교수. 1971년에 노벨경제학상을 수상했다. 역U자 가설이라고 하는 소득불평등과 경제성장과의 관계를 나타낸 쿠즈네츠 가설을 세웠다.

모든 농산물을
시장에 팔아야 하는 것은 아니다

　인류의 모든 문명은 농업에서 시작되었다. 잉여농산물을 분배하기 위해 정치와 권력이 필요했고 농산물을 거래하기 위해 화폐와 도시를 만들었다. 식량생산과 밀접한 계절의 변화는 인간의 한계를 넘어서는 신성한 힘으로 보았기 때문에 풍요를 기원하는 의식은 선사시대부터 있어왔다. 이러한 의식은 문화, 예술을 탄생시켰고 오늘날 축제의 기원이다. 『삼국지』의 「위지동이전」에 마한에서는 제천(祭天)이라 하여 '해마다 5월이 되어 씨를 뿌리고 나면 제사를 올린다. 밤낮으로 쉬지 않고 춤을 추는데 춤을 출 때는 수십 명이 한꺼번에 일어나서 서로 뒤를 따르면서 땅을 밟고 높이 뛴다. 10월 농사일이 끝나면 역시 이렇게 논다'고 기록되어 있다.[11] 혹자는 이러한 제천의식을 시장(市場)의 기원으로 보고 있다. 즉, 제사를 위해 사람들이 모이게 되면서 자연스럽게 물자

11　주정화, 『음악이 있는 지역문화축제』, 2004, 국제신문

와 정보를 교환했다는 것이다. 이러한 시장을 제전시(祭典市) 혹은 신시(神市)라 불렀다.[12]

농사를 짓고 먹고 남은 농산물을 교환하기 위해 시장이 생겨났지만 이제는 시장에 팔기 위해 농사를 짓는 역설적인 상황이 되어버렸다. 제천의식에서 아는 사람들끼리 농산물을 주고받던 물물교환방식은 화폐가 생기면서 생산에 참여하지 않고 거래만 하는 상인을 만들었다. 그 결과, 먹고 살기 위해 농사짓는 것이 아니라 이 상인에게 팔기 위해 농사를 짓게 되었다. 시장에 팔기 위한 농업은 농사방식도 바꾼다. 먹어야 하는 거의 모든 작물을 재배하는 방식에서 팔기 좋은 몇 가지 작물만 생산하게 된 것이다. 이는 직업으로서의 농부가 탄생하게 되는 계기가 되었다. 그러나 농산물은 부피가 클 뿐 아니라 신선도를 유지해야 하기 때문에 거리가 먼 곳의 시장에서는 거래하기가 어려웠다. 그러다가 화석연료를 사용하는 교통수단의 개발은 지역 수준에서 유통하던 농산물을 먼 곳까지 이동할 수 있게 했고, 냉장, 화학처리와 같은 저장기술의 발전은 급기야 농산물시장을 전 지구적으로 확대할 수 있게 만들었다.[13]

농산물시장의 공간적 확장은 얼굴도 모르는 농민끼리 경쟁하게 만들

---

[12] 박흥기, 『디지털한국민족문화대백과사전』, 2001, 한국정신문화연구원. 신시의 물물교환방식은 현재 자본주의가 가지지 못하는 호혜, 교환, 획기적 재분배 기작을 가지고 있었다고 한다. 〈프레시안〉, 2010년 4월 5일, 「김지하 시인의 신경제론 — 획기적 재분배의 이원집정제에 관하여」, www.pressian.com

[13] 먼 거리를 운송해야 하는 농산물의 경우 장기저장과 상품성을 높이기 위해 농산물에다 곰팡이방지제, 살균 및 살충제, 빛깔을 유지해주는 왁스제를 사용한다. 이러한 화학처리제를 '수확후허용농약'이라 한다. 미국, 캐나다는 내수용과 수출용 농산물의 수확후허용농약의 기준이 다르다. 이러한 수확후허용농약의 원인물질 중에 대표적인 것이 환경호르몬이자 발암물질인 다이옥신이다.

었다. 그래서 농산물도 공장에서 만들어내는 물건처럼 '시장경쟁력'이 필요해졌다. 농산물에서 경쟁력을 가지고 있는 사례를 살펴보자. 먼저 '임금님표 이천쌀'이다. 좋은 토양과 물, 쌀농사에 적절한 기후조건으로 임금에게 진상했다는 이천쌀은 다른 지역의 쌀이 이천쌀로 둔갑되자 1995년에 지방정부, 농협, 생산자단체 14개가 연합으로 공동브랜드를 만들어 시장에 대응했다. 농산물은 우위의 품질을 확보했다고 시장에서 경쟁력을 갖는 것은 아니다. 밥맛은 도정과정, 보관방법과 보관기간, 밥 짓는 방법에도 영향을 많이 받기 때문에 기초적인 미질을 소비자가 판단하기 어렵다고 한다. 그 점을 감안하여, 이른바 '브랜드 전략'을 채택한 것이다. 하지만 브랜드의 명성을 지키는 일도 결코 만만치 않다. 2012년에는 미국산 쌀이 이천에서 만든 포장재를 흉내 내어 이천쌀로 둔갑하는 경우도 있었다.[14]

우리나라 농산물에서 강력한 경쟁력을 가지고 있는 상품 중의 하나가 성주참외다. 성주에는 우리나라 참외 경작지의 70%가 있고, 성주참외는 참외 유통량의 90%를 차지하고 있다. 우리나라에서 판매하고 있는 참외의 대부분이 성주에서 생산하고 있다고 해도 과언이 아니다. 이런 상황이기 때문에 성주의 농민들은 생산자조직을 통해 참외 가격의 폭락을 막기 위해 생산량을 조절하거나 시기에 따라 출하량을 조절한

---

[14] 2012년 4월 한국일보는 '미국쌀, 유럽서 '이천쌀'로 둔갑… 정부 현지 조사중'이라고 보도했다. 이천시는 한글 '이천쌀'과 영문 'Icheon Rice'를 상표등록했으나 'RHEE CHUN RICE'의 상표로 미국 쌀이 유럽에서 한국교민에게 팔렸다고 하는데 우리나라가 2011년 이천쌀을 지리적표시제에 등록하기 전에 상표등록이 되었다면 제재나 손해배상도 불가능하다고 한다. 다행히 이천시와 이천농협 등이 중심이 되어 만든 이천쌀운영본부가 제기한 이천쌀 단체포장(명칭사용권) 출원을 심사하는 과정에서 그동안 가짜 이천쌀을 유통시킨 리 브라더스 사(Rhee Bros. Inc. Ltd.)가 '이천쌀' 명칭을 포기했다고 한다.〈한국일보 미주판〉, 2010.10.7

유럽에서 유통된 가짜 이천쌀. (사진 출처 : 한국일보 미주판)

다. 생산자가 시장에 끌려가는 것이 아니라 시장을 주도한다. 또한 성주참외의 명성을 지키기 위해 품질이 좋지 않은 참외는 외부에 판매하지 않는다. 이런 참외들은 생산자조직이 사들여 참외농사에 필요한 발효액비를 만든다.[15]

이천쌀이나 성주참외의 사례에서 보는 것처럼 농산물이 시장에서 경쟁력을 가지기 위해서는 품질뿐 아니라 브랜드 파워, 시장장악력 등 다양한 전략이 필요하고, 그 경쟁력을 유지하기 위해 끊임없이 노력해야 한다. 하지만 농업분야에서 시장경쟁력을 이야기하기 시작한 것은

---

15 성주군의 2011년 참외재배농가는 4,683호, 재배면적은 3,969ha로 성주군의 전체 농가수, 전체 재배면적의 50%가 넘는다. 성주군농업기술센터 홈페이지 http://www.sj-atc.or.kr

그리 오래되지 않았다. 전쟁 직후에는 먹고살기 위해 많이 생산하는 것이 가장 중요했고, 1960년대에는 산업화를 촉진하기 위해 식량가격을 안정화하는 방향의 농업정책이 필요했다. 1980년대에 들어와 농산물 수입을 허용하면서 '규모화', '전문화', '특화'와 같은 말과 함께 시장경쟁력이 강조되기 시작했다. 이제 농산물을 시장에 팔기 위해서는 지역의 농민뿐 아니라 다른 나라의 농민과도 경쟁해야 하는 시대가 된 것이다.

경쟁이라는 단어가 내포하고 있듯이 모든 농민이 경쟁력을 가지는 것은 불가능하다. 그래서 시장경쟁력을 높이기 위한 농업정책은 또 다른 문제를 야기한다. 쌀의 경우 경지면적 3ha 이상을 경작하는 경우를 전업농이라 하고, 그중에서도 6ha 이상을 경작하는 전업농에게 각종 지원의 우선권을 주고 있다. 규모가 커져야 경쟁력이 있다고 판단한 것이다. 2011년 현재 우리나라의 쌀농가는 74만 8,000가구인데, 3ha 이상의 전업농은 5만 2,000가구 정도로 6.6%에 지나지 않는다. 대부분의 쌀농가는 1ha 미만의 경작규모를 가지고 있다.[16] 즉, 시장경쟁력을 높이기 위한 농업정책은 소수 농민을 위한 정책이다. 이러한 농업정책의 추진 결과 농촌에서 양극화가 일어났고, 농민소득 상위 20%와 하위 20%의 소득격차는 2008년 8.9배, 2010년 9.7배, 2011년 12.3배로 벌어지고 있다.[17] 농촌의 양극화는 농촌사회의 공동체성을 해체하고 있다.

시장경쟁력 중심의 농업정책은 소비자 측면에서도 심각한 문제를 야

---

[16] 한국농어촌공사, 「농지규모화사업 효과분석 자료」, http://www.index.go.kr (e-나라지표)
[17] 〈경향신문〉, 2012년 5월 23일 보도자료, http://news.khan.co.kr

기한다. 농산물은 식량으로서 국민의 생존과 연관되어 있는데, 2011년 현재 우리나라의 식량자급율은 22.6%다. 그나마 쌀 자급율이 100%에 근접하고 있어 20%대를 유지하고 있지만, 옥수수 0.8%, 밀 2.2%, 콩 8.8% 등, 쌀을 제외한 작물의 식량자급율은 5%에 지나지 않는다.[18] 농부들이 시장에서 돈이 되는 농산물만 생산하고 경쟁력이 떨어지는 작물은 외면하는 일이 벌어졌기 때문이다. 한편, 쌀은 과연 시장경쟁력을 가지고 있기 때문에 100%에 가까운 자급율을 유지하고 있는 것일까? 그렇지 않다. 쌀은 우리나라 사람의 주곡이라는 상징성 때문에 정부의 다양한 정책적 지원에 힘입어 어떻게든 자급율을 유지하고 있을 뿐이다. 반대로 콩은 한반도와 만주가 원산지이자 종주국임에도 시장에 방임되었고, 그 결과 경쟁력 중심으로 개편된 농업생산구조 하에서 90%를 수입하는 상황이 벌어지고 말았다. OECD 국가의 평균 식량자급율이 90%가 넘는다는 사실에 주목해야 한다. 식량을 생산하는 농업을 단순한 산업적 시각에서 '경쟁력'이라는 단어로 재단하지 않아야 한다.

그런데 꼭 불특정 다수의 소비자를 대상으로 다수의 농민이 경쟁하면서 농산물을 시장에 팔아야 하는 것일까? 그렇지 않은 사례가 있다. 공동체가 지원하는 농업, CSA(Community Supported Agriculture)가 그 경우다. CSA의 개념은 이렇다. 한 달에 농산물 약 40만 원어치를 구매하는 도시가정이 있다고 하자. 이 집이 1년에 구매하는 농산물은 약 500만 원가량이 된다. 이 집은 시장에서 농산물을 사는 대신 아는 농민을

---

[18] 농림수산식품부, 『농림수산식품 주요통계 2012』, 2012

있어 찾아갔다. 매년 500만 원을 지불할 테니 우리 집이 먹을 수 있는 농산물을 알아서 보내달라고 부탁했다. 농민의 입장에서는 판로 걱정을 하지 않아도 되는, 썩 괜찮은 방법이었다. 이런 가정을 10배로 늘리면 매출액이 5000만 원이 될 수도 있다. 문제는 10개 가정이 먹어야 하는 다양한 농산물을 혼자 생산할 수 없다는 것이다. 하지만 인근의 농민 10명을 모아 도시소비자 100개 가정이 필요로 하는 농산물을 생산하는 것은 가능하다. 이렇듯 100개 가정의 도시소비자 공동체가 농민 10명을 지원한다는 개념이 공동체가 지원하는 농업, CSA다. 이미 미주, 유럽 등에서 유기농업과 로컬푸드의 유통방식으로 널리 자리 잡은 방법이다.

시장기구가 효율적으로 작동하기 위해서는 가격에 따라 수요와 공급이 탄력적으로 조절되어야 하는 것이 기본 전제다. 하지만 농산물은 가격에 상관없이 생존을 위해 먹어야 하는 것이고, 가격이 떨어진다 해서 생산량을 줄이거나 가격이 올라간다 해서 생산량을 금방 증가시킬 수 없는 상품이다. 그동안 농업정책이 별반 성과를 내지 못한 것은, 시장에서 효율적으로 거래가 이루어질 수 없는 상품인 농산물을 시장에 적합하도록, 더 나아가 그 안에서 경쟁력을 가지라고 밀어붙였기 때문이 아닐까? CSA는 수요와 공급에 따라 가격을 결정하는 시장적 방식으로 농산물을 거래하는 것이 아니라, 농민과 소비자의 사회적 관계를 통해 농산물을 거래하는 방식이다. 우리나라에서도 완주군의 건강한 밥상, 여성농민회의 언니네텃밭 등이 CSA 방식의 농산물 유통을 시도

완주군의 건강한밥상영농조합의 꾸러미 사업.
(상) 매달 10만 원을 내면 1주일에 한 번 14~15 품목의 농산물을 보내준다. 소비자는 이 품목을 선택하지 않고 생산자는 개별 품목의 가격도 공지하지 않는 방식으로 생산자와 소비자의 절대적인 신뢰에 의해 거래가 이뤄지고 있다.
(하) 전주 지역은 직배, 수도권에는 택배로 소비자에게 직접 전달한다.
(사진 제공 : 건강한밥상영농조합 / 완주 마을공동체신문 완두콩)

하고 있다.[19,20] 이들은 농산물을 꼭 시장에서 사고팔지 않아도 된다는 사실을 증명해 보이고 있다.

---

[19] 건강한밥상(http://www.hilocalfood.com) : 2008년부터 시작한 완주군의 로컬푸드활성화사업으로 만들어진 로컬푸드영농조합이다. 2010년 5월 조직되어 한 달에 10만 원을 내면 매주 2만 5천 원 상당의 농산물을 직배 혹은 택배를 통해 공급하고 있다.

[20] 언니네텃밭(http://www.sistergarden.org) : 여성농민회에서 2005년 통일운동의 일환으로 북한의 토종종자를 활용한 토종종자지키기운동이 식량주권사업으로 발전하여 2009년 노동부의 사회적일자리사업의 지원을 받으면서 강원도 횡성에서 첫 꾸러미를 시작한다. 각 지역별로 꾸러미공동체가 조직되어 있다. http://www.sistergarden.org

친환경농업과
유기농업은 다르다

우리나라의 친환경농업시장은 매년 가파르게 성장하고 있다. 2011년 말 생산현황을 보면 농가호수가 16만 1천 호로 전체 농가의 13.8%, 재배면적은 17만 3천ha로 전체 재배면적의 10.2%, 생산량은 185만 2천 톤으로 전체 생산량의 10.1%를 차지하고 있다. 이는 2001년 대비 농가호수는 32배, 재배면적은 34배, 생산량은 40배 증가한 것이다.[21] 친환경농업이라는 표현은 우리나라에서만 쓰는 어색한 용어인데 세계적으로 통용되는 용어는 유기농업(Organic Agriculture)이다.[22]

유럽에서는 유기농업과 관련하여 두 가지 움직임이 있었다. 그 하나

---

[21] 이국희(경주환경농업교육원 교수), 「친환경농업은 미래 녹색성장운동의 동력이다」, 〈경남일보〉 2012년 8월 24일 (http://www.idomin.com/)

[22] 친환경농업은 영어로도 Environmentally-Friendly Agriculture로 번역하는데 형용사 두 개를 연결한 매우 어색한 표현이다. 학술적으로는 지속가능한 농업(Sustainable Agriculture), 생태농업(Eco-Agriculture) 등의 용어가 쓰이기도 한다.

는 독일에서 먼저 일어났는데 슈타이너(Rudolf Steiner, 1861-1925)에 의해서다. 슈타이너의 농업이론은, 인간의 생명현상은 보다 거대한 우주법칙에 지배받을 수밖에 없는바 우주법칙 하에서 인간의 생명활동은 농업에 의존할 수밖에 없으며, 농업에 의존하는 만큼 인간은 대지에 배설물을 돌려놓아야 한다는 인지학적 견해에서 출발했다. 그의 이론은 후학들에 의해 생명역동농법(Bio-Dyanamic Agriculture)으로 불리고 있다.[23] 또 하나의 움직임은 영국에서 일어났다. 하워드(Albert G. Howard, 1873-1947)는 40년간 인도의 농업시험장에서 얻은 경험과 연구결과를 바탕으로 『농업성전(Agricultural Testament, 1940)』이라는 책을 저술한다. 이 책에서 그는 생태학적 균형 개념에 기초하여, 영속적인 농업의 발전과 안정을 위해서는 지력에 바탕을 두어야 하며 지력은 토양 중의 부식질에서 유래하므로 작물의 생산과 부식작용이 균형을 이루어야 한다고 강조했다. 미국에서 최초의 유기농업은 토양 중의 박테리아에 관심을 가지고 '흙은 살아 있다'고 주장하던 로데일(J. I. Rodale)에 의해 1945년 유기농업이라는 이름으로 주창되었다.[24]

유럽과 미국의 이러한 유기농업의 초기 움직임은 주목받지 못하다가 1990년대 환경문제에 대한 관심이 고조되면서 재조명되었다. 유럽연합은 1992년부터 공동농업정책을 대대적으로 개혁하면서 이 개혁안에 유

---

[23] 우리나라에서 생명동태농법을 연구하고 실천하고 있는 사람들이 있다. 유기농업단체인 정농회 회원들이다. 각주 26 참고

[24] 로데일은 미국의 한 건강잡지의 편집자였다. 영국 하워드의 책을 읽고 농산물의 재배과정과 그 영양과의 관계에 대해 연구하면서 〈Organic Gardening and Farming〉이라는 잡지를 발행하기 시작했는데 현재 85만 명의 독자를 확보하고 있다고 한다. 미국에서는 'soil'과 'dirt'가 유사한 의미로 쓰이고 있었지만, 로데일은 soil은 '하찮고 시시한'(dirt) 것이 아니라 살아 있고 깨끗한 것을 의미한다는 운동을 벌이기도 했다.

기농산물의 생산, 소비, 유통 등 유기농업을 위한 다각적인 조치와 정책을 포함하기 시작했다. 미국에서는 1960~70년대에 농약의 식품잔류 문제가 사회적 관심을 끌면서부터 소비자 및 농민들의 호응을 받게 된다. 이에 따라 미국 농무부는 1980년에 「미국의 유기농업에 관한 보고와 권고(The Report and Recommendation on Organic Farming)」라는 보고서를 통해 화학농법의 문제점을 밝히고 유기농업에 대한 지원 필요성을 언급했다. 그 이후 유기농업의 육성을 위한 다양한 정책 프로그램을 시작하게 된다.

현재 세계적으로 가장 유기농업이 활발한 나라가 일본이다. 일본의 후쿠오카 마사노부(福岡正信, 1914-2008)는 무농약, 무화학비료, 무경작, 무제초의 사무농법(四無農法, 혹은 자연농법)을 50년간 실행하면서 나날이 비옥해가는 농토, 나날이 건강해지는 육체, 나날이 행복해지는 정신을 추구하는 철학체계와 농업기술체계를 확립했다.[25] 한편, 후쿠오카 마사노부와는 별도로 유기농업을 실현하던 농부들을 모아 고다니 준이치(小谷純一)는 1946년 애농회(愛農會)를 만들고 유기농업 생산자를 조직하기 시작했다. 이들의 농법은 그저 별난 것으로 취급받다가 몇 차례의 병충해가 일본을 휩쓸었을 당시 그들의 농작물에 피해가 거의 없었다는 사실이 밝혀지면서 주목을 받기 시작한다. 이러한 상황에서 도시의 주부들을 중심으로 한 소비자운동으로서 식품첨가물 추방운동이 1970년대 초반 활발히 전개되어 안전농산물에 대한 의식변화가 일어나고 유기

---

[25] 후쿠오카 마사노부의 자연농법은 그의 책 『짚 한오라기의 혁명』(최성현 번역)이 우리나라에 널리 알려졌다. 1996년 한살림에서 처음 출판했고 2011년 녹색평론사에서 다시 펴냈다.

농산물 직거래 운동이 생겨남에 따라 일본의 유기농업은 활성화되었다.

우리나라에는 친환경농업육성법이 있다. 친환경농업육성법은 합성농약 및 항생, 향균제 등 화학자재를 사용하지 않거나 사용을 최소화하고 농업, 수산업, 축산업, 임업 부산물의 재활용을 통해 농업생태계와 환경을 유지 보전하면서 안전한 농축임산물을 생산하는 농업을 친환경농업으로 규정하고 있다.

친환경농업육성법의 효시는 1997년의 환경농업육성법이다. 그 당시 대부분의 농민, 소비자들에게 환경농업은 생소한 개념이었다. 하지만 관련된 활동의 역사는 짧지 않다. 우리나라에서 최초로 유기농업운동을 펼친 곳은 1976년 조직된 정농회로 보고 있다. 정농회는 일본 애농회의 고다니 준이치의 강연을 들은 오재길, 원경선 등 기독교 신자 농민들에 의해 결성된다. 그러나 식량증산 위주의 정부정책 하에서 정농회와 소속 농민은 박해를 받았고 부자들의 사치생활을 조장한다는 일부 비난도 감수해야 했다. 하지만 땅은 모든 생명체의 원천이며 유기농업은 단순한 농사기술이 아니라 생명존중의 철학이라는 신념으로 이러한 박해와 비난, 경제적 어려움에도 불구하고 꾸준히 유기농업을 실천했다. 현재 전국에 7개 지부가 있으며 약 600여 명의 농민이 정농회 회원으로 활동하고 있다.[26]

1980년대에 들어 환경오염이 사회문제화되고 민주화의 진전, 안전식

---

[26] 정농회는 충남 홍성군 홍동면에 있는 갓골생태농업연구소에 사무국이 있으며 매년 여름 정기적인 하계연수를 하고 있다. 대체의학, 대안교육, 토종종자, 성서연구 등의 분과모임을 하고 있는데, 특히 슈타이너의 생명동태농업을 연구하는 분과모임이 있다. 정농회가 운영하고 있는 인터넷 카페에서 농사력 등의 생명동태농법에 대한 자료와 정보를 얻을 수 있다. http://cafe.daum.net/jeongnong

한살림 생활협동조합의 매장 전경 (사진 출처 : 한살림 홈페이지)

품에 대한 의식변화 등으로 유기농업운동이 보다 활성화되는데, 천주교 원주교구 지원 아래 소규모로 농산물 직거래 활동을 하던 한살림이 본격적인 활동을 하게 된다. 한살림은 1986년 12월 가톨릭농민회장 출신 박재일 씨가 동대문구에 '한살림농산'이라는 쌀가게를 열면서 시작되었다. 이후 생활협동조합의 형태를 가지게 된 것은 소비자협동조합과 생산자협의회를 잇따라 창립시킨 1988년이다. 이때 한살림운동을 이론적으로 지원하기 위해 장일순, 김지하 등은 한살림모임을 만들게 된다. 한살림은 생산자는 소비자의 생명을 보장하고 소비자는 생산자의 생활을 보장하며 직거래 및 생산자와 소비자 간의 다양한 교류행사를 통해 품질, 수량, 가격 등을 믿을 수 있게 하는 독특한 운영방법을 취하고 있다. 2010년 현재 한살림과 약정을 맺은 유기농재배지역은 650

만 평에 달하고 조합원은 25만 가구에 이르고 있으며 전국에 150여 개의 유기농전문 매장을 운영하고 있다. 이 밖에 유기농업환경연구회, 한국자연농업협회, 한국유기농업협회 등의 단체가 유기농업의 연구와 보급을 위해 활동하고 있으며, 소비자조직으로는 한살림과 함께 아이쿱소비자생협연대가 가장 활발한 활동을 하고 있다.[27]

이러한 민간부문의 활동에 발맞추어 정부는 1991년에 농림수산부 산하에 '유기농업발전기획단'을 설치하여 유기농업 발전을 위한 방안을 마련하기 시작했다. 이어 1993년에는 유기농산물 품질인증제를 도입했고, 1994년에 농림수산부 내에 환경농업과를 신설하여 본격적인 환경농업 육성·지원 업무를 시작하여 1997년 11월 환경농업육성법을 입법하기에 이르렀다. 우리나라의 환경농업의 발전에서 빼놓을 수 없는 사람이 있다면 참여정부 때 농림부장관을 역임한 김성훈 교수다. 2001년에 환경농업육성법에 '친'자를 넣어 친환경농업육성법으로 바꾼 장본인이기도 하다. 경제정의실천시민연합 공동대표로서 생협 활동에 관심이 많았던 그는 농림부장관으로 취임하자 친환경농업을 육성하기 위한 다양한 정책을 입안하여 실시했고, 1998년 농업인의날 행사에서 '친환경농업 원년'을 선언하기도 했다. 하지만 김성훈 장관과 달리 농림부를 비롯한 농업계에서는 환경농업을 그다지 달가워하지 않았다. 환경농업은 생산량이 적고 비싸기 때문에 국민의 식량자급에 도움이 되지 않고 배부른 사람들을 위한 농정이라는 비아냥도 있었고, 관행농업을

---

[27] 한살림 www.hansalim.or.kr, 아이쿱생협사업연합회 www.icoop.or.kr 참조. 이 밖에 친환경농산물을 유통하고 있는 조직은 초록마을(www.choroc.com), 유기농신시(www.ashinsi.com), 무공이네(www.mugonghae.com) 등이 있다.

하는 농민단체의 비난도 있었다. 하지만 이제 친환경농업은 우리나라의 농업과 농업정책의 중요한 부문이 되어 있다.

그런데 우리나라의 친환경농업은 몇 가지 한계를 가지고 있다. 일본의 유기농업은 환경오염과 관련된 질병을 경험한 소비자가 생산자를 찾아와 어떤 방법이든지 믿을 수 있는 농산물을 생산해달라고 부탁하는 과정에서 시작되었다. 그래서 소비자의 편의보다는 생산자의 편의를 중심에 두고 있다. 반면, 우리나라의 친환경농업은 소비자 편의를 중심으로 발전했기 때문에, 소비자에게 친환경농업의 필요성과 우수성을 알리는 동시에 소비자의 기호에 맞추어 발전하게 되었다. 일반 농산물과 같은 방식으로 시장에서 거래하다 보니 색깔과 크기 등에서도 상품성이 좋아야 하고 계절에 상관없이 소비자가 원하는 시기에 농산물을 생산해야 했다. 노동력이 부족하고 인건비가 비싼 상태에서 농약과 화학비료에 의존하지 않고 농사를 짓는 것도 어려운 판에 상품성도 갖춘 농산물을 생산해야 하는 부담을 우리나라의 친환경농업 생산자들은 갖게 되었다.[28]

친환경농산물이 일반시장에서 소비자들로부터 신뢰를 얻기 위해서는 인증제도가 필요했다. 친환경농업육성법에는 친환경농산물을 거래하려면 규정에 따른 인증을 받도록 하고 있지만, 인증제도가 친환경농

---

[28] 실제로 미주, 호주, 일본의 유기농 매장에 가보면 작고 벌레 먹은 농산물이 진열되어 있고 소비자들은 별반 거부감 없이 이러한 농산물을 구매한다. 심지어 벌레가 먹은 농산물을 농약을 사용하지 않고 유기적으로 재배한 농산물이라며 더 신뢰하기도 한다.

친환경농산물 인증마크.
전환기유기농산물 인증제도는 2007년 9월 폐지되었다.

업을 확대하는 장벽이 되기도 한다. 인증을 받기 위해서는 영농관련 자료를 작성, 보관해야 하고 토양, 용수, 종자에서 안전기준을 충족해야 하며 재배과정에서 화학비료와 농약을 인증 종류에 따라 제한해야 하고 생산물의 저장, 유통과정도 다른 농산물과 철저하게 구별해야 한다.[29] 이렇게 인증 기준이 까다롭고 복잡하기 때문에 일반농업에서 친환경농업으로 전환하는 것이 쉽지 않다.[30] 그래서 기존의 친환경농업인의 기득권을 보호하는 장치라는 비판이 있기도 하다.

---

[29] 친환경농업육성법 시행규칙 별표3에 자세하게 규정되어 있다. 유기농산물의 인증 종류는 ① 유기합성농약과 화학비료를 일절 사용하지 않는 유기농산물, ② 유기합성농약은 사용하지 않고 화학비료는 권장시비량의 1/3을 사용하는 무농약농산물, ③ 화학비료는 1/2 이내, 농약은 농약안전사용기준의 1/2 이하, 사용시기는 안전사용기준의 2배 이상을 적용하는 저농약농산물이 있다. 원래 전환기유기농산물 인증이 있었으나, 이는 오히려 유기농산물이 아니라는 인증처럼 인식되어 소비자에게 혼란을 야기함에 따라 2007년 9월 친환경농업육성법을 개정하면서 없어졌다.

[30] 전남에서는 같은 작목반에 속하는 고령의 생산자들이 하나의 영농일지를 복사해서 기록했다는 이유로 1천 명이 넘게 친환경농산물 인증을 취소한 경우가 있었다. 고령의 생산자들은 작목반 내에서 같은 매뉴얼로 농사를 짓기 때문에 영농일지의 내용이 같을 수밖에 없었다고 생산자단체가 항변했지만 인증은 취소되었다. 친환경농업 인증제도의 개선은 필요해 보인다.(《농민신문》, 2013년 2월 18일)

친환경농업의 주요한 인증기준이 농업생산의 결과물인 농산물의 안정성에 맞추어 있다 보니 농업생산과정의 환경적, 생태적인 측면이 소홀히 다루어지고 있다. 가장 심각한 문제는 농업과정에 투입하는 농자재와 에너지다. 농약과 화학비료를 사용하지 않는 대신 퇴비, 미생물활성제, 목초액, 발효액비 등을 과도하게 사용하는 경우가 생길 수 있다. 친환경농업 육성정책에 따른 정부의 보조금 덕분에, 이러한 자재비용은 생산비에도 계상되지 않아 생산자들의 경제적인 고려에서 배제된다. 그 결과 우리나라의 친환경농업은 농사과정에서 많은 자재를 사용하는 농업이 될 수 있다. 즉 고투입 안전농산물이 될 가능성이 높은 것이다.[31] 농업생태학적 관점에서 농경지는 자연생태계에 비해서 물질의 외부 유출입이 많고 인간이 원하는 종만 키우기 위해 에너지 투입이 많은 생태계다. 이론적으로 유기농업은 이러한 농경생태계를 자연생태계와 닮게 함으로써 물질순환을 촉진하고 자가 에너지 축적량을 높여 물질과 에너지의 유출입을 최소화해야 한다. 이런 관점에서 볼 때 우리나라의 친환경농업은 완전한 유기농업이라 부르기 어렵다.

---

[31] 학계에서는 다의적인 유기농업보다는 저투입농업(Low Input Agriculture)이라는 용어를 쓴다. 물질, 에너지 등을 적게 투입하면서 지속가능하게 경작하는 방법이라는 뜻이다. 우리나라에서는 친환경농업에 대해 이러한 조사와 분석이 체계적으로 이루어지지 않았다. 1998년에 졸고 「쌀 경작체계의 친환경성에 대한 분석」이라는 서울대학교 환경대학원 박사학위논문에서 이러한 분석을 시도했는데, 오리농법, 우렁이농법 등의 친환경 쌀 재배 방식이 화학영농 방식에 비해 에너지를 적게 투입하고 있다고 볼 수 없었다.

유기농업은
관계만들기다

　유기농업은 매우 까다롭다. 농약과 화학비료를 사용하지 않는 것은 기본이고 생산한 농산물이 식품으로서 안전해야 하며 생산과정에서 주변 환경과 생태계에 영향을 미치지 않아야 하고 물질과 에너지의 과도한 투입도 줄여야 한다. 그런 엄격한 기준에 따라 얼마나 많은 농민들이 유기농업으로 전환할 수 있을까? 또 그런 소수의 유기농업이 우리나라의 전체 농업에 어떤 의미를 갖는 것일까? 여기서 유기농업의 사회적 기준을 생각해보고자 한다.

　유기농업의 유기(有氣)는 흔히 쓰는 말이다. 우선 화학에서 쓰인다. 물질을 구별할 때 유기물질과 무기(無氣)물질로 나눈다. 한자로 풀어하면 기(氣)가 있는 물질과 기가 없는 물질이다. 기가 있다는 것은 생명이 있다는 것을 뜻한다. 그래서 생명이 있거나 생명이 있는 것에서 만들어진 물질을 유기물질이라 한다. 예를 들어 낙엽, 볏짚, 똥, 퇴비 등은 유기물질이고 금속, 유리, 화학비료, 농약은 무기물질이다.[32] 결국 화학비료, 농약 등 무기합성물질의 사용을 자제하고 낙엽, 볏짚, 똥 등의 자연적 유기물질을 주로 사용하는 농업을 유기농업이라 할 수 있다. 즉 '유기물질을 주로 쓰는 농업'으로 간단명료하게 정의할 수 있다. 하지만 무언가 빠진 듯이 아쉽다.

최근에 순환농업이라는 이야기를 하고 있다. 순환농업은 적절한 축산과 경종(경작을 통해 생산물을 생산하는 것)을 복합해서 농장, 마을, 지역 단위에서 영양물질의 공급과 유출을 줄여 생산비를 낮추는 농업이다. 순환농업도 유기농업의 중요한 수단 중 하나인데, 이 경우 단순히 '유기물질을 주로 쓰는 농업'으로 유기농업을 정의한다면 그 틀 밖에 순환농업이 존재하게 된다. 유기농업의 정의를 보다 확대할 필요가 생긴다. 유기란 단어를 일상에서는 '유기적(有機的)'이라는 말로 많이 쓴다. 어느 회사의 영업부서가 유기적이라고 이야기했다면 이것은 칭찬이다. 그 부서가 일을 잘한다는 뜻이다. '유기적'이라는 말은 '하나의 생명체와 같다'는 뜻이다. 다섯 명이 일하지만 서로가 자신의 역할을 잘 맡아서 처리할 뿐만 아니라 상호 소통과 협력이 잘 돼서 마치 일곱, 여덟 명이 일하는 효과를 낼 때 쓰는 말이다. 이것이 생명의 본질이다. 생명체에서는 1+1=2가 아니라 1+1=2+α가 된다. 개구리를 해부했다가 각 장기를 붙인다고 다시 개구리가 되지 않는다. 생명체에는 우리가 알지 못

---

[32] 학술적인 유기물의 정의에는 합성유기화합물이 포함된다. 석유에서 출발하여 만들어진 유기합성물도 유기물로 분류한다. 이러한 범주 하에서는 일부 농약과 토양보조제도 유기물질이 될 수 있다. 하지만 고전적 개념에 따라, 기(생명)의 유무로 유기물질을 구별하여 유기농업의 이해를 돕고자 한다.

하는 α가 있다. 그것이 생명체의 신비이기도 하다.

　유기적이라는 표현에 기댄다면 유기농업은 '유기적인 농업 혹은 무언가를 유기적으로 만드는 농업'으로 정의할 수 있다. 우선 첫 번째 유기적으로 만들어야 하는 대상은 토양이다. 토양에는 토양알갱이, 수분, 영양물질, 미생물, 곤충, 우리가 원하는 작물의 뿌리, 우리가 원하지 않는 잡초의 뿌리 등이 함께 존재하는 곳이다. 이렇게 토양에 존재하는 것들이 우리가 원하는 작물을 잘 자랄 수 있도록 하나의 생명체처럼 작동하게 만드는 것이 유기농업이다. 물론 그러한 방법 중에 가장 효과

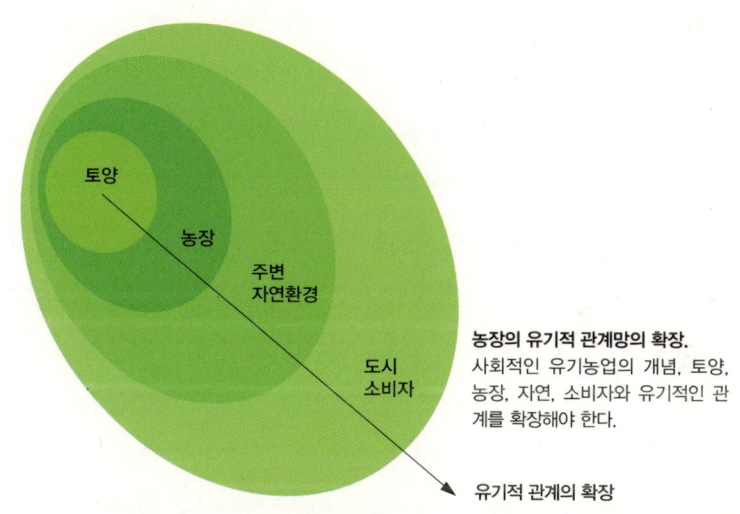

농장의 유기적 관계망의 확장. 사회적인 유기농업의 개념, 토양, 농장, 자연, 소비자와 유기적인 관계를 확장해야 한다.

적인 방법이 바로 유기물질을 토양에 넣는 것이다. 이제 유기적으로 만들어야 하는 대상을 확대해보자. 농장은 유기적으로 만들 수 있다. 논, 밭의 경작과 적절한 동물의 사육을 통해 우리 몸에 피가 흐르듯이 영양물질을 순환시키면 농장을 마치 하나의 생명체처럼 만들 수 있다.

여기까지 확대하면 순환농업을 유기농업이 포함하게 된다.

더 나아가 농장이 주변의 자연과 유기적인 관계를 맺을 수 있다. 해충을 막기 위해서는 천적인 새를 농장으로 끌어들여야 한다. 산에 사는 새가 한 번에 농장으로 날아와 벌레를 먹을 수는 없다. 농장에 숲이 있어야 한다. 산새는 멀리 있는 산에서 날아와 농장에 있는 나무에 머물면서 먹이를 물색하다가 적절한 타이밍에 농장의 벌레를 잡아 다시 나무로 돌아간다. 나무에 앉아 자신의 천적이 없는 것을 확인하고 나서야 새끼들이 있는 서식처로 날아간다. 농장에 숲을 만들었기 때문에 농장은 주변의 자연과 유기적인 관계를 맺을 수 있다.

이제 최종적으로 유기적인 관계를 맺어야 하는 대상이 있다. 바로 소비자다. 누가 생산했는지, 어떻게 생산했는지도 모르는 소비자와 거래하는 것이 아니라, 누가 생산했는지, 어떤 생각을 가지고 어떻게 생산했는지를 알고 있는 소비자, 더 나아가 자신의 생명을 유지시켜주는 식량을 생산하는 농민들을 위해서 가끔 농장을 찾아와 농사일을 돕기도 하는 소비자와 농산물을 거래하고 있다면 훨씬 유기적인 농업, 진정한 유기농업을 하고 있는 것이라 볼 수 있다. 그래서 유기농업은 과학적, 기술적인 잣대를 가지고 규정하기보다는 사회적 관점으로 볼 필요가 있다.[33]

---

[33] 이러한 유기농업을 극명하게 보여주고 있는 사례는 미국 버지니아 주 외곽에서 조엘 샐러틴(Joel Salatin)이 운영하는 폴리페이스(Poly Face) 농장이다. 작은 규모에서 순환방식을 통해 높은 생산성을 갖는 축산을 한다. 대부분의 생산물은 일반시장에서 거래하지 않고 얼굴을 알고 있거나 농장을 방문한 소비자들에게 판매한다. 물론 유기농 인증을 거부한다. 폴리페이스 농장은 2010년 10월 24일, KBS 1TV 다큐프로그램인 'KBS스페셜'에서 "미국농부 조엘의 혁명"이라는 제목으로 소개되었고 그의 책 『미친 농부의 순전한 기쁨』이 2012년 알에치코리아에서 번역, 출간되었다.

유기농업을 사회적 관점으로 보기 시작하면 농약, 화학비료에 대해서도 좀 더 유연해질 수 있다. 귀농 3년차다. 2년간 2,000평의 고추농사에서 잎마름병으로 아무런 소득을 올리지 못했다. 유기농업을 해야겠다는 생각에 농약을 치지 못했다. 그런데 올해도 잎마름병이 시작되고 있다. 올해도 이 고추농사를 망치면 도시로 돌아가야 한다. 농약을 쳐야 할까, 말아야 할까? 대답은 간단하다. 농약을 쳐야 한다. 그래서 도시로 돌아가기보다는 내년에 다시 농사를 시작할 수 있어야 한다. 좀 더 바람직한 상황을 만들어보자. 이 귀농인의 주변에 이 귀농인을 잘 아는, 그리고 고추 이외에 다른 농산물을 거래한 적이 있는 소비자들이 있다. 고추농사가 망할 것이라는 소식을 들은 소비자들은 안전성이 있는 농약으로 고추밭을 구하면 적절한 가격으로 그 고추를 구입하겠다고 제안한다. 귀농인은 조심스럽게 농약을 사용했고 유기농 고추만큼의 소득을 올리지는 못했지만 내년 농사를 기약할 수 있게 되었다. 이러한 경우를 사회적 농업이라 할 수 있다. 다시 말해 시장에서 의미 있는, 즉 높은 가격을 받을 수 있는 농업이 아니라 사회적, 문화적으로 의미를 가지는 농업이 될 수 있다. 농업이 사회적이기 위해서는 농민과 소비자가 맺는 관계가 바뀌어야 한다. 시장에서 얼굴도 모르는 상태에서 사고파는 관계가 아니라 새로운 관계 맺기가 이루어져야 한다.[34]

사회적 농업이라는 개념에서 보면 유기농업이라 해서 농약을 절대

---

[34] 농업의 시장적 기능과 역할을 넘어서 사회적 의미, 사회적 관계를 강조하는 개념을 사회적 농업(Socail Agriculture)이라 한다. 아직 우리나라에서는 논의가 활발하지 않지만 선진국에서는 개념을 확대하고 있다. 이러한 분야를 연구하는 영역이 '농업사회학'인데 우리나라에서 농업사회학을 전공한 학자는 '슬로푸드', '로컬푸드'를 연구하는 경남대의 김종덕 교수가 유일할 정도로 이 분야는 일천하다.

쓰면 안 된다는 딱딱한 생각을 가질 필요는 없다. 우리 몸에 비유해보자. 열이 난다. 열이 난다는 것은 우리 몸의 어딘가에 문제가 생겼다는 신호다. 그 문제를 찾아 열이 나지 않게 하는 것이 가장 근본적인 처방이다. 하지만 아직 원인을 모르는데 열이 심하게 나면 일단 열부터 내리고 봐야 한다. 그렇지 않으면 생명 자체가 위험해진다. 먼저 해열제를 먹어야 한다. 더 나아가 얼음찜질을 통해서라도 열을 내려야 한다. 그렇다고 열이 날 때마다 해열제와 얼음찜질을 사용하는 것은 바람직하지 않다. 시간이 걸리더라도 열이 나는 원인을 찾아야 한다. 이럴 때 몸의 비뚤어진 균형이 중심을 찾도록 하여 우리 몸이 스스로 문제를 해결할 수 있는 방법을 쓰기도 한다. 이른바 한방적 처방이다. 당장 열을 내릴 수는 없지만 한약을 먹거나 침과 뜸을 사용한다. 시간이 걸리지만 문제를 해결할 수 있다. 하지만 건전한 생활습관, 적당한 섭생, 알맞은 운동으로 약이나 처방에 의지하지 않고도 질병이 생기지 않는 상황이 가장 건강한 상태일 것이다. 농장에서 화학비료나 농약은 해열제와 같고 친환경농업에서 허용하는 토양개량제, 보조제 등은 한방과 같지 않을까? 이러한 약과 처방을 사용해도 좋지만 가장 좋은 방법은 일상적인 농사방식이 농장을 건강하고 지속가능하게 하는 것이다. 유기농업 교과서에 순환농업을 포함하는 혼작, 간작, 윤작 등의 '작부체계가 유기농업의 근본이다'고 쓰여 있는 것은 그냥 허튼 말이 아니다.

일본에서는
길道에 역驛을 만든다

전라북도 완주군 용진면에는 조금 특이한 농협매장이 있다. 매장의 진열대에는 편백나무로 만든 작은 나무바구니가 놓여 있고 이 바구니에는 농민들의 얼굴 사진이 붙어 있다. 용진농협의 농민들은 새벽에 수확한 농산물을 매일 아침 농협에 가지고 와서 선별하고 포장해 바코드를 붙인다. 그래서 할머니들이 터치스크린을 눌러 바코드를 직접 인쇄하는 신기한 모습을 볼 수 있다. 이 과정에서 농민이 스스로 농산물의 가격을 정한다. 농협이 판매가격을 미리 정해놓거나 일정한 가격으로 수매하지 않는다. 포장과 바코드 작업이 끝나면 자신의 사진이 붙어 있는 바구니에 진열해놓고 간다. 즉 그 바구니가 농민의 개인 매장인 셈이다. 그러면 농협은 농민이 정한 가격의 10%를 판매 수수료로 받는다. 이 매장의 생산자들은 농약을 사용하지 않고 매일 아침 수확한 것만을 진열한다는 안전농산물 생산, 일일배송이라는 원칙을 꼭 지켜야 한다. 2012년 4월 개장한 이 매장은 2012년 연말까지 46억 원의 판매고

완주군 용진농협의 로컬푸드 직매장.
(상) 용진농협 로컬푸드 직매장의 외부 모습. 2012년 4월 완주군과 농협이 협력하여 개장했다. 내외부를 리노베이션하는 시간은 얼마 걸리지 않았으나 로컬푸드 생산자를 조직하고 유통하는 시스템을 만드는 데 3년 이상이 걸렸다.
(하) 용진농협 로컬푸드 직매장의 내부 모습. 작은 바구니 하나가 소농 생산자의 매대이고, 그 위에는 생산자의 사진이 붙어 있다.
(사진 제공 : 완주군 마을공동체신문 완두콩)

를 기록하는 이른바 '대박'을 쳤고, 현재도 일일 매출 수천만 원을 유지하고 있다. 무엇보다 용진지역의 소농, 가족농, 특히 할머니들에게 안정적인 소득을 보장해주고 있다.

이러한 농산물의 새로운 생산방식, 새로운 유통방식을 로컬푸드(Local Food)라 부른다. 우리말로는 지역농산물, 지역먹거리 등으로 번역하기도 하지만 단지 지역에서 생산한 것을 지역에서 소비하자는 의미 이상의 사회적, 문화적, 생태적 의미가 함축되어 있어 보통은 그대로 로컬푸드로 쓰고 있다. 또한 우리 몸에는 우리 농산물이 좋다는 '신토불이(身土不二)'보다는 더 구체적인 개념이라고 할 수 있다.

현재 우리의 식량생산, 유통, 소비체계는 광역을 넘어 글로벌한 수준이다. 어느 지역에서 생산하든 원하는 소비자를 찾아 어디라도 찾아간다. 지구 반대편까지도 갈 수 있다. 〈한겨레신문〉이 2004년 7월 31일 대형마트에서 장을 본 도시소비자의 장바구니를 조사하여 품목별로 이동거리를 합산했더니 총 11만 5천 킬로미터를 이동한 식품을 구매했다고 한다.

로컬푸드는 이러한 식량의 이동거리, 즉 푸드마일(Food Mile)을 줄이려는 시도다. 푸드마일은 생산지에서부터 소비자까지 실제 이동거리를 의미한다. 충북 괴산에서 생산한 고추를 충북 청주의 소비자가 구매한 경우 생산자와 소비자의 직선거리는 짧을 수 있다. 하지만 괴산의 고추가 서울의 가락동시장을 경유해서 청주로 갔다면 푸드마일은 매우 길어지게 된다.

　로컬푸드는 단순히 식량의 물리적인 이동거리를 줄이려는 것만은 아니다. 많은 로컬푸드 전문가들은 물리적 거리보다 사회적 거리를 중요하게 여긴다. 사회적 거리란 생산자와 소비자 간의 친숙도, 신뢰 등을

푸드마일리지로 본 일반 소비자의 외국 농산물 구입 현황.
《한겨레신문》에서 소비자가 대형마트에서 구매한 농산물의 이동거리를 따져보니 총 11만 5천km였다고 한다.
《한겨레신문》, 2004년 7월 31일자. 김지연이 다시 그림)

의미한다. 그래서 물리적 거리가 다소 길더라도 사회적 거리가 짧다면 충분히 로컬푸드가 될 수 있고, 반대로 물리적 거리가 아무리 짧더라도 사회적 거리가 긴 경우, 즉 생산자와 소비자 간에 어떠한 관계도 없다면 로컬푸드가 될 수 없다. 로컬푸드는 여러 가지 장점을 가지고 있는데, 이러한 장점의 대부분은 로컬푸드의 사회적 거리 때문에 생겨난다. 따라서 물리적 거리보다는 사회적 거리를 우선시해야 한다.

로컬푸드가 왜 중요한 것일까? 우선 농민에게 안정적 소득을 보장해 줄 수 있기 때문이다. 다음 그림은 1900년대부터 2000년까지 농산물의 소비자 가격에서 농민 몫의 변화를 나타낸 것이다. 광역식량체계의 확

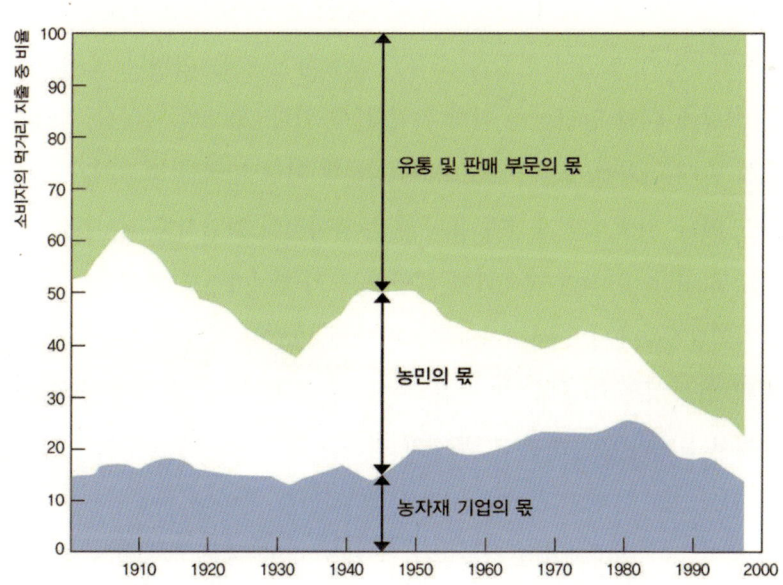

먹거리 관련 수익 중 농민 몫의 감소 경향(1910-1997).
농산물의 생산, 유통, 소비과정에서 상업적 농자재와 농산물유통회사의 역할이 커짐에 따라 농산물의 소비자가격에서 농민의 수익 비중은 점점 줄어들고 있다. (출처 : 『로컬푸드』, 브라이언 핼웨일, 이후, 2006. 다시 그린 그림 : (주)소풍 제공)

장에 따라 소비자가격에서 농민의 몫은 농자재의 기업과 유통 및 판매의 역할이 증가함에 따라 점차 줄어들고 있다.

이러한 상황은 광역식량체계의 경우 식량이 소비자에게 도달하기까지 생산, 선별, 포장, 유통, 마케팅 등의 복잡한 과정을 거칠 수밖에 없고, 이 과정에 농민이 아닌 사람들이 관여하기 때문에 발생한다. 로컬푸드는 이 같은 복잡한 과정 없이 아주 간단한 방식의 유통을 통해 식량을 소비자에게 전달할 수 있고 심지어 농민이 직접 유통에 참여하기 때문에 소비자가격의 대부분 몫을 농민이 가져갈 수 있게 된다. 완주군 로컬푸드 직매장도 결국 배송, 선별, 소분, 포장, 진열 등의 과정에 농민이 직접 참여하면서 그 비용이 농민 몫이 된 것이라 볼 수 있다.

로컬푸드가 농민의 안정적 소득만 보장하는 것은 아니다. 소비자들은 식량에 대한 안전성을 쉽게 확인할 수 있다. 2008년 미국산 쇠고기 수입 반대 집회에도 불구하고 정부 정책에 따라 미국산 쇠고기가 수입되고 있다. 위생적인 생산과 유통과정, 과학적이고 엄격한 검사를 거친다고 하지만 몇 백만 분의 1에 해당하는 가능성마저도 배제해야 하는 원자력발전소에서도 사고가 나는 마당에 안전하지 않은 쇠고기가 유통될 가능성은 충분히 있다. 문제는, 쇠고기 수입과 같은 광역식량체계에서 문제가 발생하면 그 문제의 원인을 찾기 어렵다는 점이다. 수입한 쇠고기의 문제를 발견했을 경우 그 원인을 찾아내는 동안 이미 많은 사람들이 문제의 쇠고기를 먹었을 가능성이 높다. 이에 비해 로컬푸드는 생산자와 소비자 간의 거리가 짧고 비교적 간단히 연결되어 있어 문제를 쉽게 발견할 수 있고 그 문제의 해결 또한 금방 이루어질 수 있다. 즉 식량 안정성에 대한 제반 사항을 소비자가 직접 관리할 수 있다.

일반농산물에 비해 유기농산물이 더 좋거나 더 안전한 농산물일 수 있다. 하지만 지역의 일반농산물과 외국의 유기농산물을 비교하면 어떤 농산물이 더 좋은 것일까? 선택하기 애매해진다. 사실 거리가 짧아지면 식량의 안전성은 높아지는 경향이 있다. 학교 급식으로 돼지고기 볶음과 상추가 메뉴로 나왔다고 가정하자. 가장 안전한 상추는 무엇일까? 학생들이 학교텃밭에서 생산한 상추가 첫 번째다. 두 번째는 학부모가 키운 상추, 세 번째는 졸업생이 키운 상추가 될 것이다. 로컬푸드는 생산자와 소비자 간의 신뢰를 바탕으로 하기 때문에 식품의 안전성을 높인다. 경제적인 형편이 허락한다면 유기농업에 관한 규정이 까다롭고 확실한 호주산 혹은 유럽산의 유기농산물을 먹는 것이 가장 안전하다고 생각할 수 있다. 하지만 외국에서 수입하는 농산물의 경우 먼 거리를 이동하기 때문에 석유가격의 상승에 따라 계속 가격이 올라갈 수밖에 없다. 아직 완전한 유기농을 하고 있지 않더라도 가까운 곳에 있는 농민이 유기농으로 전환할 수 있도록 도와주고, 그 농민으로부터 지속가능한 방법으로 안전한 식량을 확보하는 소비자가 몇 배 현명하다고 할 수 있다.

소비자의 입장에서 로컬푸드를 만날 수 있는 방법은 공동체가 지원하는 농업(CSA : Community Supported Agriculture), 생산자직판장(Farmer's Market), 협동조합(Cooperative), 농가레스토랑, 반찬가게 등 다양하다. 세계적으로 가장 보편적으로 활용하고 있는 방법은 공동체가 지원하는 농업과 생산자직판장인데, 생산자직판장에 대해 좀 더 자세히 알아보자. 생산자직판장은 몇 가지 원칙을 가지고 있다. 첫째, 생산자가 직접 장터에 나와 자신이 생산한 물건을 팔아야 한다. 둘째, 정기적으로 장터가 열려야 한다. 셋째, 장터에 참여하는 농민은 지속적으로 참여해야 한다. 생산자직판장의 이러한 원칙은 모두 생산자와 소비자 간의 신뢰를 구축하기 위한 방편이다. 첫 번째 원칙은 생산에 참여하지 않는 단순 유통업자를 배제하여 농산물에 대한 신뢰를 높이는 것이고, 두 번째 원칙은 생산자와 소비자의 교류와 소통을 통해 신뢰를 구축하기 위한 방법이고, 세 번째 원칙은 교류, 신뢰의 지속성을 보장하는 장치다.

외국 여행을 하다보면 매우 다양한 생산자직판장을 만날 수 있다. 전통이 있는 유럽 도시의 생산자직판장은 관광 코스로도 손색이 없을 정도로 지역의 농업, 특산물을 만날 수 있을 뿐 아니라 지역의 음식과 문화도 접할 수 있다. 때로는 생산자직판장과 재활용장터가 같이 열려 공예품, 장신구 등의 작은 노점이 벼룩시장 형태로 융합하여 시너지를 만들기도 한다. 일본의 생산자직판장에서는 정해진 시간에 어린이연극을 상영하는 사례를 보기도 했다. 우리나라에서 가장 유명한 생산자직판장은 강원도 원주시의 원주천 주변에 형성되는 새벽시장이다. 1994년부터 시작된 새벽시장은 매일 새벽 4시부터 오전 9시까지 열리는데, 농업인들이 '새벽시장협의회'를 만들어 가입비 4만 원, 연회비 2만 원을 내면 자릿세 없이 농산물을 팔 수 있다. 협의회 500여 회원이 직접 생산한 농산물이 연간 80~90억 원가량 거래된다고 한다. 새벽시장을 통해 소비자는 시장가격보다 10~20% 저렴한 가격으로 로컬푸드를 구매하고, 생산자는 도매시장에서의 수취가격보다 10~20% 비싼 가격을 받을 수 있다.[35]

규모는 작지만 충남 서천군 마서면에서도 한 달에 두 번 열리는 장터를 면사무소 앞마당에서 연 적이 있다. 매달 1일과 15일에는 어김없이 면사무소 건물에 걸개그림이 걸린다. 이 그림이 걸려 있으면 면사무소 주차장에 차를 세울 수 없다. 아침 9시부터 마서면의 생산자들이 자신이 생산한 농산물을 주차장에 가져와 사고판다. 농산물 판매뿐 아니라 한쪽 편에서는 뻥튀기 아저씨가 '뻥이요'를 외치고 있고 보건소에서는 건강 상담을 진행한다. 11시부터는 서천군의 문화단체가 공연을 할 때도 있다. 원래 겨울에는 춥기도 하고 판매할 농산물도 많지 않아 장터를 운영하지 않으려고 했는데, 장터에서 지역사람들을 만나는 재미가 생긴 어르신들의 요청으로 계절에 상관없이 운영했다고 한다. 2009년부터 운영한 이 장터는 약 2년간 운영되었지만 애석하게도 이제는 볼 수 없다.[36]

생산자직판장은 농민이 직접 판매하기 때문에 정해진 시간, 정해진 날짜에만 운영할 수밖에 없어 그때를 맞추지 못하는 소비자들은 이용할 수 없다는 단점이 있다. 이러한 단점을 보완하고 농촌에 필요한 다양한 기능을 할 수 있도록 만든 것이 일본 미치노에키(道の驛)의 생산

---

[35] 〈연합뉴스〉, 2012년 12월 10일, "원주 명물 '농업인 새벽시장' 매출 86억 기록" (www.yonhapnews.co.kr)
[36] 〈뉴시스〉, 2011년 4월 13일, "마서동네장터 개장 2년, 총 2억 원 농가소득 올려" (www.newsis.com)

일본의 미지노에키. (사진 제공 : 완주군 마을공동체신문 완두콩)

자직판장이다. 길에 역을 만든다는 개념으로 고속도로휴게소와 같이 화장실, 쉼터 등의 기본적인 편의시설과 레스토랑, 관광정보센터, 생산자직판장을 함께 운영한다. 생산자직매장은 일일배송 방식으로 로컬푸드를 판매하고, 레스토랑도 로컬푸드를 재료로 하는 향토음식을 제공한다. 지역활성화정책에 의해 중앙정부, 지방정부의 공동투자로 만들어지기 시작했는데, 소비자, 생산자 양쪽의 호응에 힘입어 일본 내에만 1,000여 개가 넘는 미지노에키가 있고 지금은 일반기업이 영리를 목적으로 운영하는 곳도 있다고 한다. 일본에는 미지노에키 매니아들이 있어 미지노에키를 소개하는 잡지를 발간하고 매년 우수한 미지노에키를 선발하는 대회도 연다고 한다. 용진농협의 매장은 일본의 미지노에키에 있는 생산자직매장을 우리 실정에 맞게 발전시킨 것이다. 이렇게 로컬푸드를 기반으로 하는 생산자직판장과 직매장은 농민과 소비자의 신뢰를 바탕으로 사회적 방식의 유통방식을 시도함으로써 시장 중심의 농산물 유통방식에 익숙한 우리들에게 새로운 상상력을 자극하고 있다.

로컬푸드는 끌끌하다

생산자에게는 안정적인 소득을, 소비자에게는 안전한 식품을 보장하는 로컬푸드는 또 다른 다양한 장점을 가지고 있다. 식품이 장거리 이동을 하지 않기 때문에 석유자원을 절약하고 이에 따라 지구온난화를 방지할 수 있으며 대기오염 등의 환경오염을 줄일 수 있다. 로컬푸드의 유통방식이 공동체가 지원하는 농업, 생산자직판장, 생산자직매장 등의 소규모로 이루어지기 때문에 농민은 한 가지 작목을 생산하는 것이 아니라 다품종소량방식을 선택한다. 다품종소량생산방식은 병해충에 대한 피해가 적어 자연적으로 농약 사용을 줄일 수 있게 해준다.

광역식량체계에서는 생산의 편의성, 유통비용의 절감, 수익증대를 위해 단품대량생산을 하게 된다. 이 경우 자가 채종이 어려워 종자회사로부터 종자를 구입할 수밖에 없다. 우리나라의 종자회사는 1997년 국가부도사태(IMF) 이후 다국적종자회사에 대부분 팔렸다. 다국적종자회사는 생산성을 높이고 병해충의 내성을 갖는 종자를 만들기 위해 유전자조작기술을 사용한다. 또한 특허, 지적재산권 등을 악용하여 소규모 농장의 씨를 말리고 있기도 하다. 다국적종자회사는 자신들이 개발한 종자를 사용한 농장이 다음 해에 수확한 종자를 다시 심으면 큰 금액의 손해배상 소송을 진행한다고 한다. 이른바 '렌트카' 논리인데 렌트카처럼 종자기술을 빌려가서 썼으면 반납해야 하고 다시 쓰기 위해서는 비용을 지불해야 한다는 것이다. 종자회사는 소송에서 이기고 지는 것에 크게 개의치 않는다. 엄청난 소송비용을 감당할 수 없는 농민들은 종자회사와 협상을 할 수밖에 없고 종자회사는 저렴한 비용으로 농장을 사들여 농민을 임금노동자로 만든다. 한번 유전자조작 종자를 사용한 농민은 농장을 빼앗기지 않으려면 그 종자를 계속 구매하여 심거나 '기술사용동의서'에 계약을 하고 비용을 지불해야 한다. 또한 다국적종자회사는 유전자조작종자를 심지 않은 농장일지라도 인근 농장에서 흘러들어간 유전자조작종자가 발견되면 소송을 하고 있고 이러한 농장을 찾기 위해 사립탐정까지 고용하고 있다고 하니 소름이 끼칠 노릇이다.[37] 로컬푸드는 다품종소량생산을 중심으로 하기 때문에 다국적기업의 종자에 의존할 필요가 없어진다. 즉 다국적기업으로부터 독립적인 농민이 될 수 있다.

로컬푸드는 사회적 약자에게 건강하고 안전한 식품을 공급할 수 있

---

[37] 〈농민신문〉, 2010년 1월 31일, "GMO 축복인가 재앙인가 ― 다국적회사 비윤리적 행태" 참고. 2013년 2월 12일 영국 〈가디언〉지는 다국적종자회사인 몬산토가 미국 내 27개주 410명의 개인 농부와 5개의 소규모농업회사와 소송을 진행했고 승소금액이 250억 달러 이상이었다고 보도한 바 있다. (http://www.guardian.co.uk/environment/2013/feb/12/monsanto-sues-farmers-seed-patents)

다. 소득격차에 따라 식품의 질과 안전성도 차이가 날 수 밖에 없다. 2008년 중국산 유제품에서 식품에 첨가할 수 없는 멜라민 성분이 검출되었고 여러 나라의 과자회사가 이 중국산 분유를 원료로 사용한 것이 드러난 적이 있다. 이때 저소득층은 비싼 유기농과자를 사먹을 수 없기 때문에 멜라민이 들어 있을지 모르더라도 싼 과자를 사먹을 수 밖에 없었다고 한다.[38] 이러한 고민이 가장 많은 곳이 지역아동센터다. 지역아동센터는 지역 내의 아동들을 방과후시간에 돌봐주는 아동복지기관이다. 맞벌이 등으로 아이를 돌볼 수 없거나 학원에 보낼 형편이 되지 않는 소외계층이 주로 이용한다. 지역아동센터의 주요한 기능이 교육과 돌봄이기는 하지만 아이들이 정크푸드(Junk Food)[39]에 익숙해 있기 때문에 지역아동센터에서는 하루에 한 번 제공하는 식사일지라도 건강하고 안전한 재료로 제대로 된 식사를 제공하기 위해 노력한다. 하지만 정부가 지원하는 급식비는 많아야 3,500원에서 4,000원이고 그 금액에 조리사 인건비가 포함되어 있으니 비싼 재료를 사용하기 어렵다. 예전에 한 지역아동센터에서 한 달간 필요한 재료를 유기농으로 구매하고 싶어 유기농산물을 유통하는 생협과 협의를 한 적이 있다. 하지만 그 생협도 가격을 맞출 수 없어 포기했다고 한다. 우리나라 생협을 통해서 판매하는 친환경농산물은 일반농산물보다는 적지만 적어도 3~4단계의 유통단계를 거쳐 소비자에게 전달된다. 그 과정에서 이미

---

[38] 〈한겨레신문〉은 2008년 9월 30일자 "저소득층 살기 빠듯한데… 선택의 여지 없어"라는 기사에서 먹거리 안전도 양극화되어 있으며 가난한 집 아이일수록 무방비로 오염된 식품에 노출될 가능성이 크다고 지적하고 있다.

[39] 열량은 높지만 영양가는 낮은 패스트푸드, 인스턴트식품을 일컫는 말이다. 저소득층의 경우 부모가 직접 요리하는 시간을 내기 어렵기 때문에 가격이 싸고 쉽게 접할 수 있는 정크푸드에 쉽게 노출되고 이로 인해 다양한 질병을 갖게 된다.

농촌지역의 지역아동센터에서 식사를 하는 아이들. (출처 : 김희숙)

먼 거리를 이동하고 전처리와 소포장이 이루어지기 때문에 싼 가격으로 식재료를 공급하기가 어려워진다. 지역아동센터에서 간식으로 아이들에게 제공하는 1년치 감자의 양을 계산하여 내가 아는 농촌마을의 이장님과 상의를 해봤다. 가까운 거리고 소포장이 아니라 가마니째로 직접 배달할 수 있는 조건이라면 얼마든지 가능하다는 답변이 돌아왔다. 실제로 브라질의 여섯 번째 큰 도시인 벨로리존찌(Belo Horizonte)는 1993년 식량권을 인정하고 소득과 계층에 상관없이 안전한 식량에 접근할 수 있는 방안을 다양하게 만들었는데, 그 기반은 당연히 로컬푸드와 도시농업이었다.[40] 예를 들어 저소득계층이 재활용폐기물을 모아

---

[40] 김종덕, 2009, 「로컬푸드를 통한 지역사회 활성화」 (프레시안 키워드가이드, 로컬푸드 논문, http://keyword.pressian.com/articleK.asp?guide_idx=8798)

오면 현금으로 보상하는 것이 아니라 푸드쿠폰을 제공한다. 이 푸드쿠폰은 생산자직판장, 유기농산물매장에서 현금과 동일한 조건으로 이용할 수 있다.

로컬푸드는 지역경제도 활성화한다. 로컬푸드는 생산자의 소득을 안정화하는 경제적 효과 이외에 소비자들이 식량에 지불하는 비용을 외부에 유출하는 것이 아니라 지역사회에 순환하게 함으로써 지역경제를 활성화할 수 있다. 영국의 데본카운티(Devon County)는 인구 7만의 도심지역과 100만 인구의 농촌지역이 공존하는 지역으로, 1998년부터 주요한 농업정책의 하나로 로컬푸드를 지원했다. 우선 데본카운티 푸드링크(Food Link)를 만들어 생산자, 소비자, 공공급식소, 대형레스토랑 등 식품과 관련된 이해당사자 모임을 시작했다. 먼저, 지역에서 생산하지만 지역에서 소비하지 않았던 것부터 연결했고 지역에서 소비가 있으나 지역에서 생산하지 못하는 농산물을 정책적 보조를 통해 생산할 수 있도록 했다. 이후에는 지역에서 생산하지 못하는 가공품마저 지역에서 생산이 가능하도록 지원했다. 10년이 지난 2008년에 데본카운티에는 15곳의 농민장터와 18개의 공동체가 지원하는 농업(CSA)조직이 생겨났고 곳곳에 농가형 가공공장이 만들어졌다. 그래서 150개의 일자리가 생겼으며 식량 구입을 위해 외부로 유출하던 160억 원이 지역 내에 순환되었다고 한다. 로컬푸드를 지원하기 위해 지원한 금액은 고작 10억 원 정도였다고 한다.[41]

---

[41] 프레시안, 2007년 9월 18일, "세상을 바꾸는 식탁의 혁명, 로컬푸드 〈5〉, 이것은 유행이 아니라 생존입니다."(www.pressian.com)

우리나라에서 로컬푸드와 관련된 정책을 체계적으로 추진하고 있는 곳은 전라북도 완주군이다. 완주군은 2개읍과 11개 농촌면으로 구성된 인구 8만 5천 명이 사는 곳이다. 양파, 마늘, 수박, 딸기, 곶감 등의 특작과 친환경농업 기반을 탄탄하게 가진 지역이지만 다른 농촌과 유사하게 고령층 중심의 영세농이 높은 비율을 차지하고 있다. 완주군은 고령화된 영세농과 귀농인을 중심으로 소농, 가족농을 보호하고 65만 인구의 소비시장인 전주시를 겨냥하여 2008년부터 로컬푸드와 관련된 사업을 지원하기 시작했다. 지역주민을 대상으로 생소한 개념인 로컬푸드에 대해 교육하고, 소농, 가족농, 고령농이 생산하는 작목을 조사하여 완주에서 생산하지 않는 작목에 대한 생산을 준비하고 농산가공품을 만들 수 있는 공동체사업을 육성했다.

2008년 시작한 로컬푸드 사업의 가시적인 결과는 3년이 지난 2011년부터 서서히 나타나기 시작했다. 2010년 5월 만들어진 건강한밥상영농조합이 2011년부터 본격적으로 꾸러미 사업을 시작하면서 CSA방식으로 완주의 로컬푸드를 전주와 수도권에 판매하기 시작했다. 2012년 용진농협이 완주군의 지원을 받아 농협매장을 로컬푸드직매장으로 개장하면서 전주시민을 대상으로 로컬푸드의 인지도를 높였다. 또한 전주시와의 협력 하에 전주 효자동 매장을 개장하고, 2014년까지 3~4개의 로컬푸드직매장을 더 확충할 계획이다. 이러한 완주군의 로컬푸드 사업을 통해 100여 개의 마을공동체와 40여 개의 창업공동체가 로컬푸드 사업과 직접적으로 연계하여 매출을 올리고 있으며, 100여 명의 일자리를 새롭게 창출했다.

전주 효자동 로컬푸드직매장.
전주시가 이전한 동사무소 건물을 제공하고 완주군이 리노베이션하여 2012년에 10월에 개장했다. (사진 제공: 완주군 마을공동체신문 완두콩)

　　로컬푸드와 관련된 가장 대표적인 사업단으로 '마더쿠키'라는 제과 제빵사업단을 꼽을 수 있다. 마더쿠키는 다문화여성의 일자리를 창출하기 위하여 커뮤니티비즈니스 정책으로 육성한 공동체사업단이다. 자본이 부족했기 때문에 농업기술센터의 공간과 장비를 빌려 시제품을 만들고 사업을 시작했다. 초기에 만든 빵과 쿠키는 과히 맛있다고 할 수 없었지만 시간이 지날수록 좋은 품질의 제품을 생산하게 되었고, 건강에도 좋은 빵을 만들기 위해 쌀가루 함유량이 높은 빵을 비롯하여 완주군의 특산물인 감, 복분자, 양파 등을 넣은 빵을 개발하고 있다. 마더쿠키의 성공 배경에는 로컬푸드직매장이 있었다. 용진농협의 직매장이 만들어지기 전까지 마더쿠키는 월매출 500만 원이 넘지 않

마더쿠키.
완주군의 커뮤니티비즈니스 육성사업으로 창업한 다문화여성이 참여하는 제과제빵사업단으로 2010년 창업하여 2013년 9월 안전행정부의 마을기업경진대회에서 최우수마을기업으로 선정되었다. (사진 제공 : 완주군 마을공동체신문 완두콩)

왔고, 판로라고 해봐야 전주의 몇 개 어린이집과 다문화여성을 후원하는 차원에서 구매해주는 몇 곳 정도에 지나지 않았다. 그래서 전주 시내에 매장을 만들어보려고 했지만 보증금, 월세, 매장운영비, 판매인력의 인건비 등을 고려하면 도박에 가까운 모험이었다. 다행스럽게도 공동체사업이고 완주군의 농산물을 사용하여 빵을 만들기 때문에 용진농협의 로컬푸드직매장에서 팔 수 있었다. 매월 매출은 조금씩 오르기 시작했고, 빵맛에 대해 입소문이 나고 이왕이면 다문화여성들이 만드는 빵을 구매하자는 착한 소비심리가 더해져 2013년 6월 현재 월매출 5,000만 원을 넘기고 있다. 덕분에 더 많은 다문화여성을 고용할 수 있게 되었으며, 농업기술센터의 더부살이를 떠나 제과공장을 지어 독립할 준비를 하고 있다. 이렇게 로컬푸드는 농민, 소비자, 환경을 살릴 뿐 아니라 일자리도 만드는 끌끌한 놈이다.[42]

---

[42] 1990년대 후반 신포지역의 경수로원자력발전소 건설부지의 환경조사를 위해 북한을 두 번 방문한 적이 있다. '끌끌하다'는 말을 북한주민으로부터 들었다. '끌끌한 청년동지'라고 표현해서 안 좋은 말인 줄 알았더니 '바르고 건실한 청년'이라는 의미라고 했다. '끌끌하다'는 순우리말로 '맑고 밝고 바르며 깨끗하다'는 뜻이다.

도시에서
농업을 살린다

도시에 농부가 늘어나고 있다. 농업은 농촌의 전유물로 여겨졌지만 최근 도시에서 농사를 짓고 있는 사람들이 많아지고 있다. 2012년 말 기준으로 우리나라의 도시텃밭은 558ha, 참여자 수는 76만 6,000명으로 2010년에 비해 면적은 4.4배, 참여자 수는 4배 늘었다.[43] 공간을 중심으로 생각하면 도시농업은 도시 안에서 짓는 농사를 의미하고 사람을 중심으로 생각하면 도시민이 짓는 농사를 의미하지만 그 정의가 애매한 측면이 있다. 우리나라는 도시농업의 활성화를 위해 2011년 11월 「도시농업의 육성 및 지원에 관한 법률」을 만들었다. 이 법률에 의하면 도시농업이란 '도시지역에 있는 토지, 건축물 또는 다양한 생활공간을 활용하여 농작물을 경작 또는 재배하는 행위'로 규정되어 있다. 전 세계적으로 도시농업의 비중이 높은 도시의 하나가 베이징인데, 다양한

---

[43] 농림축산식품부 보도자료, '농식품부, 도시농업 육성을 위한 첫걸음을 떼다', 2013년 5월 31일 (http://www.mafra.go.kr/알림소식/보도자료)

도시농업이 발달한 것이 아니라 베이징의 도시 경계 안에 농촌지역이 넓기 때문이다. 따라서 도시계획에 따른 용도구역인 도시지역 안에서 벌어지는 모든 농업을 도시농업으로 보는 것은 적절치 않다. 전문가들은 도시에 거주하는 주민들이 소득이나 생계를 위해 농사를 짓는 것이 아니라 식품의 자급, 취미, 여가, 체험, 교육 등의 목적으로 농사를 짓는 생활형 농업을 도시농업으로 보고 있다.

도시농업은 농업이 갖는 생물다양성 보전, 기후조절, 대기정화, 토양보전, 공동체문화의 함양, 건전한 여가생활, 교육 및 체험, 취약계층에 대한 복지 등 다원적 기능을 도시에 부여할 수 있기 때문에 지속가능한 도시, 생태도시에서 필수적인 요소다. 물론 이러한 이유 때문에 도시농업이 시작된 것은 아니다. 예전부터 농촌에 뿌리를 둔 도시민들은 산기슭, 하천변, 미개발된 토지, 화단, 화분 등에 씨앗을 뿌리고 농사를 지어왔다. 행정기관이나 토지주가 '불법경작'을 경고하는 팻말을 붙여놓아도, 그 아래에서 당당하게 텃밭은 버티고 있었다. 도시농업의 필요성에 대한 공론화를 이끌고 실천한 곳은 1996년 활동을 시작한 전국귀농운동본부다.[44]

전국귀농운동본부의 도시농업 중심에는 안철환 씨가 있다. 전국귀농운동본부에서 귀농교육을 받은 그는 안산에서 텃밭농사를 하고 있다가 『생태도시 아바나의 탄생』이라는 책을 번역하면서 도시농업의 중요

---

[44] 귀농, 귀촌과 관련한 활동을 하는 시민단체로, 서울에서 주로 진행하던 귀농학교는 이제 지역에 귀농한 회원들과 함께 지역별로 운영하고 있다. 도시농부학교 이외에도 흙집, 소농, 대안에너지, 전통농업 등 귀농귀촌과 관련된 다양한 교육과 활동을 하고 있다. (www.refarm.org)

(상) 안철환 씨는 우리나라 도시농업 활성화를 위해 많은 노력을 했다. (사진 제공 : 이현숙)
(하) 안철환 씨와 함께 서울 강동구 둔촌동의 도시텃밭사업에 참여하고 있는 시민들. (사진 제공 : 안철환)

성을 알게 되었다고 한다.[45] 그래서 2004년 전국귀농운동본부에 도시농업위원회를 조직하고 텃밭농장을 만들어 2005년부터 도시농부학교를 시작했다. 안산, 군포, 고양에서 시작한 텃밭농장은 퇴계원, 수원, 시흥 등으로 확대되었고, 인천도시농업네트워크가 만들어지면서 시민운동과도 연결되었다. 토지가 부족한 도시에 텃밭을 만들기 위해 보급운동을 벌인 텃밭상자는 도시농업을 많은 사람들에게 알리는 계기가 되었다. 지금도 전국귀농운동본부와 안철환 씨는 도시농업학교를 시작하거나 텃밭농장을 만드는 일을 시작한 여러 지역을 돕고 있다.[46]

도시민의 관심이 높아지고 도시농업과 관련된 활동이 많아지자 2009년 농촌진흥청에 도시농업팀이 만들어졌고, (사)한국도시농업연구회를 만들어 전문가들도 도시농업에 참여하기 시작했다. 또한 도시지역의 농업기술센터는 관내 농업인이 줄어들었지만 일반시민들이 도시농업에 대한 관심이 많아지자 농업기술센터의 주요한 업무로 추진하기 시작했다. 도시농업에 대한 수요를 확인한 광명시가 먼저 2009년 도시농업조례를 제정했고, 2012년 말 전국 25개 지자체가 도시농업 관련 조례를 갖게 되었다. 그리고 2011년 국회에서 도시농업 육성관련 법률이 만들어지기에 이르렀다. 2009년 강동구청은 강동구를 친환경 도시농업의 도시로 만들 것을 선포했고, 2011년 재보선으로 서울시장에 취임한 박원순 시장이 광화문 한복판에 상자로 논을 만들고 한강 노들섬

---

[45] 『생태도시 아바나의 탄생』, 요시다 타로, 들녘, 2004
[46] 전국귀농운동본부에서 발간한 잡지 〈귀농통문〉의 전 편집위원이었던 안철환 씨는 귀농, 도시농업, 텃밭과 관련한 책을 다수 펴냈다. 『희망의 밭을 일구는 사람들』(1999, 마가을), 『도시농부이야기』(2005, 소나무), 『유기농 텃밭』(2006, 들녘), 『시골집, 서울똥』(2009, 들녘), 『24절기와 농부의 달력』(소나무, 2011) 등의 저서가 있다.

우리나라의 다양한 도시텃밭들.
(사진 제공 : 완주군 정원형텃밭사업단 에버팜 최숙)

의 텃밭을 시작으로 텃밭농장, 도시농업공원을 조성하면서 도시농업은 도시의 새로운 트렌드가 되었다. 더불어 도시농업에 참여하는 시민단체들은 지역별로 연대하면서 2012년 제1회 '도시농부전국대회'를 개최했고, 서울과 부산은 매년 도시농업박람회를 열고 있다.[47]

도시농업은 텃밭이 만들어지는 곳을 기준으로 주택의 내외부, 난간, 옥상, 건축물에 인접한 토지를 활용하는 주택활용형, 주택이나 공동주택 주변의 근린생활권에 있는 토지를 활용하는 방식인 근린생활형, 도심 고층건물의 내외부 공간, 옥상 등을 활용하는 도심형, 도시 내에 농장을 만들거나 공원 내에 텃밭을 이용하는 농장 및 공원형, 학생들의 학습과 체험을 목적으로 학교의 공간을 활용하는 학교형 등으로 나눌 수 있는데, 햇볕을 받을 수 있는 곳이면 어디나 도시농업에 활용할 수 있다.

도시농업과 관련되어 있는 개념으로 가드닝(gardening)이 있다. 정원이라 하면 유럽의 웅장한 성에 딸린 아름다운 정원이나 고급주택에 잘 꾸며진 정원을 생각하기 쉽지만 가든(garden)은 농장(farm)에 비해 그 크기가 작고 자급을 위한 텃밭을 포함하는 아기자기한 소규모 농장을 의미한다. 우리나라의 근교에 있는 갈비집이 '○○가든'이라고 불리게 된 이유이기도 하다. 꽃과 나무, 먹을 수 있는 채소를 어우러지게 만드는 일을 가드닝이라 한다. 우리가 먹을 수 있는 작물도 꽃이 피고 열매를 맺으면서 다양한 색깔을 연출한다. 또한 작물 자체가 다른 관점에서 보

---

[47] 부산은 2013년이 9회째로 3월 말에 벡스코에서 열리며, 서울은 2013년이 2회째로 5월 말~6월 초에 서울광장에서 열리고 있다.

면 매우 아름다운 조경 소재이기도 하다. 양배추의 일종인 꽃양배추는 식용보다 관상용으로 심는다. 가드닝을 통해 정원 같은 텃밭을 만들 수 있다. 네모반듯하고 비닐로 멀칭한 텃밭이 아니라 아기자기한 모양과 다양한 소재로 구획을 하고 여기에 꽃, 열매, 잎 등 작물의 특성을 어우러지게 하여 텃밭을 만들 수 있다. 이러한 텃밭을 '채소정원' 혹은 '정원형 텃밭'이라 한다.

호주의 맬번 시에서 가드닝의 개념으로 만들어진 공원에 가보았다. 으레 공원에는 나무와 숲, 꽃밭, 분수 등이 있을 거라 생각했지만 대부분 공간에 텃밭이 조성되어 있었다. 대신 네모난 텃밭이 이어져 있는 것이 아니라 다양한 모양의 텃밭 사이에 동선을 충분하게 확보하고 텃밭의 주변을 돌, 나무판자, 원목 등의 재료로 꾸며 구별했고 채소뿐 아니라 텃밭 중간 중간에 꽃도 심겨 있었다. 한 사람이 만든 것이 아니라 여러 사람이 오랫동안 꾸미고 가꾼 흔적을 곳곳에서 확인할 수 있었다. 더욱더 눈에 띠는 것은 군데군데 있는 벤치와 쉼터 그리고 바비큐 시설이었다. 호주에는 백패커하우스, 공원, 해수욕장 등에 전기바비큐 시설을 공짜로 이용할 수 있게 해놓았는데, 이 텃밭공원에도 그러한 바비큐 시설이 있어 텃밭을 가꾸는 시민들이 자유롭게 이용하고 있었다.

이러한 형태의 텃밭공원은 많은 나라의 도시에서 볼 수 있다. 영국에서는 시민들이 이용할 수 있는 텃밭공원을 조성하기 위해 도시계획 단계에서 토지를 할당하다는 개념으로 얼랏먼트 가든(allotment garden) 혹은 단순하게 얼랏먼트라고 부르고, 미국에서는 지역공동체가 관리

다양한 채소정원. (사진 제공 : 완주공동체사업단 에버팜)
❶고양꽃박람회장에 만든 정원형 텃밭 ❷완주군 대덕초등학교의 스쿨팜
❸완주군 봉서중학교 정원형 텃밭 기반시설 ❹완주군창업보육센터의 정원형 텃밭
❺전주시 서신초등학교의 스쿨팜 ❻정원형 텃밭에 톱밥으로 멀칭

한다고 해서 커뮤니티 가든(community garden), 일본에서는 시민농원이라 부른다. 도심과 조금 떨어진 곳에 주말농장과 숙박시설을 함께 쓸 수 있도록 하여 도시민이 이용하는 농장을 독일에서는 클라인가르텐(kleingarten : 작은 정원)이라 하는데, 정부가 공유지에 만들어 도시민에게 제공한다. 러시아에서는 노동조합이 노동자를 위해 제공한 비슷한 개념의 농장을 다차(dacha)라고 한다.

도시농업과 관련된 심포지엄이나 박람회에 참석해보면 빠지지 않는 주제가 있다. 바로 식물공장 혹은 버티칼 팜(Vertical Farm : 수직농장)이다.[48] 수경 양액재배를 하는데, 영양물질 공급장치와 온도, 습도를 조절하는 환경제어장치를 컴퓨터가 통제하고 태양 대신에 광합성 효과가 있는 파장의 빛을 선별하여 발산하는 발광 다이오드(LED : Light-Emitting Diode)로 식물을 키운다. 물론 친환경농업이 가능하여 안전한 식품을 생산할 수 있고 체험활동까지 가능하다고 하지만, 과연 지속가능한 도시, 생태도시에 맞는 방식인지 모르겠다. 태양빛을 활용해서 할 수 있는 일을 굳이 실내에서 전기등을 켜면서까지 해야 하는 것일까? 날씨와 토양의 조건에 맞추어 섬세한 감각으로 작물을 생산하는 종합예술과 같은 농업을 공장과 비슷한 곳에서 한다고 하니 왠지 이곳에서 생산한 농산물은 의미 없는 맛을 낼 것만 같다. 식량을 생산하기 어려운 극지, 사막 등의 한계지역에서 식량 공급이 절대적으로 필요할 때 쓸 수 있겠지만, 식물공장을 만들고 유지하는 비용을 감안한다면 꽤

---

[48] 도시는 공간이 협소하기 때문에 고층으로 건물을 지어 식물공장을 조성하여 농장이 평면에 있는 것이 아니라 수직으로 서 있다는 뜻에서 수직농장, 버티칼 팜이라 부른다.

비싼 작물을 심지 않으면 안 될 것이다.

　도시농업이 활발해지면서 일부에서는 우려의 목소리를 내고 있다. 도시농업을 확대하면 농산물에 대한 수요가 줄어 농업인에게 불리하다는 것이다. 더 나아가 도시농업의 활성화를 위해서 농민을 위해 써야 할 농업예산을 할애하지 말아야 한다고 이야기하기도 한다. 하지만 도시농업의 생산량은 농민의 생계를 위협할 정도로 크지 않고 품목도 제한적이어서 도시농업이 발달한 다른 나라에서도 농민들이 반대하는 일은 없다. 오히려 도시농업을 통해 농산물 생산 경험을 갖게 된 사람들이 농업의 중요성을 실감하게 되고 좋은 농산물이 어떤 것이라는 것을 정확하게 알게 되기 때문에 우리 농산물에 대한 관심과 수요를 높일 수 있다. 도시농업관련 단체들도 농업에 대한 도시민의 관심을 높이고 농민과 도시민의 신뢰관계를 형성하기 위한 다양한 시민교육, 도농교류사업을 도시농업 활동과 함께 추진하고 있다. 결과적으로 도시농업은 농산물의 소비량을 줄이는 것이 아니라 외국 농산물의 소비를 줄여 국내 농산물 판매를 늘릴 수 있다. 그래서 도시농업은 도시를 생태적으로 바꿀 수 있는 방법이기도 하고 도시에서 농촌을 살릴 수 있는 가장 적극적인 방법도 될 수 있다. 아직 귀농하기에는 여러 가지 여건이 준비되지 않았거나 확실한 결심이 서지 않았다면 주변의 적당한 공간에서 텃밭만들기에 도전해보자.

살아가며 언제나 모순을 느낀다. 환경문제를 공부하는 나 자신도 매일 매일 엄청난 양의 하얀 백지를 얼마나 소용 있을지 모르는 글과 그림, 의미 없는 숫자들로 채워서 버려버리고, 애써 의미를 부여한 어느 곳에 조사를 떠나지만 길 위 온갖 대기오염 물질을 쏟아낼 수밖에 없다. 생태학자는 사람이 찾지 않는 산을 오르지만 자신의 발자국과 문명의 냄새를 그곳에 남겨놓고 올 수밖에 없고, 환경운동가는 환경오염을 만들어낸 기업을 고발하지만 그 자신이 고발한 기업과 형제 관계인 다른 기업이 만든 생산품을 쓰고 또 버린다. 선생님은 어린이들을 데리고 새를 보여주지만 그곳에 앉아 수도 없이 찾아오는 어린이들을 본 두루미는 다음 해에는 다른 곳으로 갈 결심을 한다.

이러한 모순이 없는 행위는 단연코 농업이다. 농업은 인간의 기본적인 생존조건이지만 인간이 자연과 맺을 수 있는 가장 건전한 행위이며 자립적이고 공생적인 행위다. 또한 더 나아가 환경·생태위기의 현 시점에서 새로운 사회를 모색하는 구체적인 대안이 될 수 있다. 그렇지만 이 빡빡한 도시문명을, 이 엄청난 산업문명을 어떻게 해야 농(農)으로 돌려놓을 수 있을까? 이를 위해서는 바꾸고 부수고 버려야 할 것이 수없이 많겠지만, 우리 모두가 작지만 창조적이고 신나는 일을 해보자. 바로 텃밭을 만드는 일이다. 골목골목마다, 건물의 옥상에, 아파트의 베란다에, 조그만 공터라도 있다면 텃밭을 만들자. 버려진 희망을 건져 올리자.[49]

---

[49] 1994년 전국귀농운동본부의 귀농학교 1기에서 공부했다. 이 글은 귀농학교에서 같이 공부한 후 귀농한 동기와 후배를 인터뷰한 졸서 『이래서 나는 농사를 선택했다』(1999, 양문)에 실린 서문 '농(農), 버려진 희망'의 일부다.

2부
농장살림

농장도 디자인해야 한다

2000년 1월 1일, 새천년을 맞이하여 새로운 세상이 될 것이라고 호들갑을 떨었다. 밥을 먹으면서 한 TV 방송국의 그 호들갑을 보다가 순간 얼음이 되고 말았다. 30~40년 뒤에 없어지는 석유자원에 의존하고 있는 우리나라의 농업을 어떻게 바꿀 수 있을까 하는 것이 그 당시 가장 큰 고민거리의 하나였고 우리나라의 친환경농업에 별반 기대할 수 없다는 것을 박사학위 논문을 쓰면서 확인한 터였다. 그런데 TV에서 방영하고 있는 다큐멘터리에 석유자원을 쓰지 않고 농사를 지으며 더 나아가 생활까지 하고 있는 마을이 나오는 게 아닌가.[50] 밥 먹는 것도 잊어버리고 TV를 보면서 그 마을의 이름을 외웠다. 호주의 크리스탈워터즈(Crystal-Waters) 생태마을. 인터넷으로 검색하니 그해 6월에 마을에서 운영하는 교육 프로그램이 있었다. 무조건 신청하고 호주로 날아갔다.

---

50 2000년 1월 2일, MBC 밀레니엄 특집 3부작, '새천년, 새선택'

크리스탈워터즈는 1988년 호주 브리즈베인(Brisbane) 북쪽의 농촌지역에 세워진 마을이다. '생태계에 적은 영향을 주며 지속가능한 삶을 위해 민주적이고 새로운 방식의 일을 개척했다'는 이유로 1996년 세계주거상(World Habitat Award, Wally N. Dow박사의 평가)을 받았고 1998년에는 '세계의 가장 뛰어난 실천 사례'(World's Best Practices)라는 UN의 자료에 포함되었다. 개인이 주거로 사용하는 필지 83개소와 상업용 필지 두 곳이 259ha(640에이커)에 달하는 토지의 20%를 차지하고 있고 나머지 80%는 주민의 공동소유로 지속가능한 농업, 임업, 휴양, 향후 주거를 위해 사용하도록 계획했다. 마을의 중심지는 판매, 수공예, 방문, 교육활동을 위해 공간을 나누어 계획했으며 그 중심에는 금요일 저녁, 일요일의 늦은 아침에 정기적으로 열리는 식사를 위한 공동주방과 안내소가 있다. 또한 마을의 협동조합이 운영하는, 방문객을 위한 시설들이 있다. 이 시설들은 커다란 회색 고무나무 숲 속에 위치하는데 많은 새와 야생동물과 함께 생활할 수 있는 방문자숙소, 공동샤워장, 캠프장 등을 포함한다. 이 마을은 생태마을을 건설해보자는 데 뜻을 같이하는 사람들이 모여 함께 계획, 설계하고 건설하여 살기 시작했다. 주민 약 200여 명과 그들이 운영하는 농장과 사업장 등으로 활기찬 공동체가 되었다. 주민들은 생태적인 한계 범위 내에서 필요한 식량을 생산하고 쓰레기 배출에 대한 책임을 지도록 하는 내규를 철저히 지킨다.

마을을 방문하여, 가장 나를 당황하게 만든 것은 식수였다. 목이 말라 물을 찾았더니 지붕과 연결된 빗물탱크에 달려 있는 수도꼭지를 가르쳐주며 머그컵으로 받아먹으라고 한다. 빗물을 먹는다는 찝찝한 생각

크리스탈워터즈 생태마을의 모습들.
❶ 마을센터
❷ 마을안내판
❸ 마을지도
❹ 마을의 아이들
❺ 소박한 집과 텃밭
(이상 사진 제공 : 황바람)
❻ 정원과 텃밭이 잘 가꾸어진 집
(사진 제공 : 이신애)

에 부엌의 조리대에 달려 있는 수도꼭지에서 나오는 물은 무슨 물이냐고 물어봤더니 빗물탱크에 연결돼 있다고 대답한다. 차를 마시는 물을 끓이고 있어 그 물은 무엇이냐 물어보니 여전히 같은 대답, 빗물이었다. 마을의 지표수와 지하수는 수량이 많지 않고 깨끗하지 않아서 사용하는 물의 대부분은 빗물이었다. 집집마다 빗물탱크가 있는 것은 물론이고 비상시를 대비해서 마을 전체가 관리하는 빗물탱크도 있었다.

물이 귀하기 때문에 우리처럼 설거지를 하면 큰일이 난다. 개수대는 대개 세 개 정도로 구분되어 있다. 개수대 옆에 작은 통을 마련하여 그릇에 남은 음식물을 처리하고, 첫 번째 세제가 풀어져 있는 개수대에서 씻은 다음 두 번째, 세 번째 개수대에 차례로 담가가며 헹군다. 마을주민 전체가 식사를 하는 날에는 세 번째 개수대의 물이 구정물이 되도록 물을 바꾸지 않았다. 헹구는 물이 너무 더럽다고 생각되면 행주로 닦아 청결을 유지한다. 물이 귀하기 때문에 수세식 화장실은 거의 없고 'DOWMUS'라고 부르는 퇴비화장실을 주로 사용한다.[51]

이 마을에서의 두 번째 황당함은 마을도로에서 일어났다. 마을주민의 차를 얻어 타고 마을 내부도로를 가고 있는데 10미터 정도 앞쪽 길 옆에 월러비(Wallaby) 몇 마리가 서 있었다.[52] 그러자 마을주민이 차를 세우고 시동까지 끄는 것이 아닌가. 물어보니 월러비가 자동차로부터

---

[51] 다우머스 정화시스템은 호주의 퀸즈랜드 주정부가 개발한 오수정화시스템이다. 화장실 변기는 1.5미터 정도 되는 원기둥 모양의 탱크와 연결되어 있는데, 탱크 아래에서 분뇨는 완전히 분해되어 향기로운 퇴비로 배출된다. 미생물과 곤충이 효과적으로 분뇨의 퇴비화과정을 진행할 수 있도록 설계되어 있다고 한다.

[52] 월러비는 캥거루과 포유류로 호주에 널리 분포한다. 외형은 캥거루와 비슷하지만 크기는 작다. 일반 캥거루가 난폭하여 가끔 펀치와 발차기 등으로 사람을 해치기도 하지만 월러비는 비교적 온순하다고 한다.

위협을 느끼지 않도록 시동을 끄고 기다렸다가 길에서 충분히 벗어나면 차를 움직여야 한다는 것이었다. 마을에는 160여 종의 새와 25종의 야생동물이 서식하는데 마을주민은 이러한 야생동물과의 공생을 목표로 하고 있다. 그래서 개, 고양이와 같은 애완동물이 야생동물에게 위협이 될 수 있어 키우는 것이 금지되어 있다.

세 번째 황당함은 쓰레기를 버리는 과정에서 일어났다. 쓰레기를 처리하는 장소에 분리수거함이 30여 개가 늘어서 있는 것이 아닌가. 3~4가지 정도를 분리해서 처리하는 우리와 달리 분리수거함이 늘어서 있는 10여 미터를 지나가면서 종류별로 일일이 분류해서 버려야 했다. 우리의 쓰레기분리는 '분리배출'이다. 분리해서 버리면 재활용을 위해 재활용처리장 등에서 세분해서 다시 분리해야 한다. 이 마을의 쓰레기 처리기준은 '분리사용'이다. 종류별로 잘 분리해놓으면 마을의 다른 사람이 다시 쓸 수 있다는 개념이다. 그래서 같은 종이라도 두꺼운 종이, 얇은 종이, 코팅한 종이를 구별하여 분리해놓아야 한다.

1960년 개간하여 방목지로 사용하던 곳에 마을을 만들고 수천 그루의 나무를 심고 가꾸어왔다. 이 나무는 미래에 필요한 에너지와 건설재를 공급해줄 것이다. 마을 곳곳에는 물의 저장을 위해 크고 작은 호수를 만들었다. 숲과 호수는 아름다운 경관과 안락한 기후를 조성해주고 야생동물에게는 서식처를 제공한다. 이러한 마을의 환경은 주민들에게 정신적인 위안과 평화를 주고 마을 내부에서 트레킹, 낚시, 수영 등의 여가를 즐길 수 있도록 해주고 있다.

(상) 크리스털워터즈 생태마을의 쓰레기수거함.
(하) 길가에 나온 월러비.
(사진 제공 : 황바람)

    마을의 집들은 원자재가 어디에서 오는지, 건축 재료가 주민에게 어떤 영향을 미칠 것인지, 언젠가 집을 헐었을 때 환경에는 어떤 영향을 미칠지를 세심하게 고려하여 계획했고 태양에너지의 효율을 최대한 높이기 위한 위치와 방향을 잡아 건설되었다. 주택이 자리 잡은 필지는 한 가정이 사용할 과일과 채소를 충분히 생산할 정도로 넓고, 닭, 오리, 양 같은 작은 가축을 길러 가축의 분뇨로 비료를 만들어 식량을 생산한다. 마을에서는 화학비료의 사용도 금지되어 있다. 모든 주민이 농사로 생계를 유지하는 것은 아니다. 방문객을 위한 교육, 체험, 휴양 등의 사업에 참여하는 주민들도 있고 재택근무를 하는 사람들도 있다. 마을에서는 특정한 종교, 신념을 요구하지 않으나 공동체라는 소속감을 바탕으로 상호교류와 협동을 해야 한다.

이 생태마을, 크리스탈워터즈에서 운영하고 있는 교육 프로그램 중의 하나가 퍼머컬처 디자인 코스(Permaculture Design Course)다. 퍼머컬처는 영속적이라는 뜻의 'permanent'와 농업 'agriculture'의 합성어인데 호주 남부의 태즈매니아 섬 출신으로 생물학, 환경심리학 등을 공부한 빌 몰리슨(Bill Millison)이 1974년 데이비드 홈그램(David Holmgren)과 함께 창안한 개념이다.[53] 퍼머컬처는 식량, 토양, 수자원, 에너지, 주거지 등 인간에게 필요한 자원을 공급하기 위한 시스템을 자연생태계와 조화롭게 만드는 방법이다. 다시 말해 환경, 생태, 농업을 하나로 통합하여 지속가능한 인간의 삶을 지탱해주는 체계를 만드는 것이라 할 수 있다. 퍼머컬처는 새로운 이론이라기보다 기존의 생태학, 환경학, 토양학, 재배학, 식물학, 동물학, 건축학, 조경학, 더 나아가 경제학, 사회학, 심리학의 이론과 방법을 현실에 적용하여 지속가능한 농장, 지속가능한 마을, 지속가능한 지역사회를 만들 수 있도록 체계화한 것이다.

---

[53] 태즈매니아 섬은 호주 남부의 섬으로 사계절이 뚜렷하고 경관이 아름답기로 유명하다. 태즈매니아 섬 출신인 빌 몰리슨은 개발이라는 이름으로 자기 고향의 자연환경과 생태계가 파괴되지만 고향의 친구들은 점점 가난해지는 것을 보면서 퍼머컬처의 필요성과 개념을 생각하게 됐다고 한다.

퍼머컬처의 창안자 빌 몰리슨. (사진 제공 : 황바람)

크리스탈워터즈는 마을의 계획 단계에서 퍼머컬처를 적용했을 뿐 아니라 퍼머컬처의 원리에 따라 마을을 운영, 관리하고 있다. 작게는 83개의 개인필지가 하나의 농장으로서 퍼머컬처에 따라 설계, 조성되었으며 퍼머컬처 방식으로 운영한다. 농장을 구성하는 집, 온실, 창고, 텃밭, 과수원, 경작지, 축사 더 나아가 연못, 주변의 숲, 야생동물의 서식처 등이 독립적으로 보이지만 서로 유기적인 관계를 가지고 있어 농장 전체가 하나의 생명체처럼 조화를 이루고 있다. 이 크리스탈워터즈 생태마을을 보며, 생태적이면서도 경제적인 농장은 디자인(잘 계획)되어야 한다는 것을 알게 되었다.

지저분한 것이 좋다

퍼머컬처의 기본적인 바탕에는 '자연을 닮게 하라'는 생각이 흐르고 있다. 자연의 중요한 특성 가운데 하나가 다양하다는 것이다. 그래서 퍼머컬처는 '무엇이든 다양하게 하라'를 가장 중요한 원칙으로 삼고 있다. 다양성을 밭에 적용하면 한 가지 작목만 심는 것이 아니라 여러 작목을 섞어 심어야 한다. 이러한 방식은 우리에게 새로운 것이 아니다. 우리 조상들은 한 작목의 사이사이에 다른 작목을 심는 간작, 여러 작목을 섞어 심는 혼작을 실현해왔다. 충남 홍성의 한 귀농인은 감자, 고추, 깨, 옥수수를 작물의 키에 따라 햇빛 방향에 맞추어 혼작을 한다. 이 농장에 견학을 온 귀농 후배들에게 이런 방식은 농사작업을 지루하지 않게 만든다고 우스갯소리를 하지만, 홍성지역에 고추병이 들었을 때 자신의 고추밭은 살아남았다고 한다. 실제로 숲이 병충해에 망가지지 않는 것은 다양한 나무와 풀이 함께 살아가고 있기 때문이다. 최근 우리나라의 숲이 재선충의 위협을 받고 있다. 이는 일제가 우리나라 소나무를 베어 전쟁에 사용한 뒤 척박한 환경에서도 잘 자라는 리기다소나무를 심었고, 또 1960년대 녹화사업을 하면서 리기다소나무의 생장속도를 높여 육종한 리기다테다소나무를 심으면서 삼림의 다양성이 줄어들었기 때문이다.[54] 리기다소나무류가 자생 소나무보다 병충해에 강하기는 해도 완전하게 재선충에 감염되지 않는 것이 아니어서 산림녹화로 심은 리기다소나무류가 재선충의 확산통로를 제공한 셈이다. 이렇게 다양성을 잃어버리면 재난을 얻기도 한다.[55]

작목의 다양성을 높이면 작물마다 작업시기와 작업내용이 달라지므로 작업시간과 작업 강약을 분산할 수 있다. 단일 작목을 대규모로 경작하는 경우 농작업은 특정 시기에 집중되기 때문에 다른 사람의 노동력을 빌려야 하고 그 만큼 지출비용을 증가시키게 된다. 그래서 작목의 다양성은 경제적인 면에서도 유리하다. 논밭농사를 하다가 동물을 키우게 되면 다양성을 식물에서 동물로 넓히는 것인데, 복합영농, 순환영농을 실현할 수 있어 사료비, 비료비를 줄여 더 많은 경제적인 이득을 준다.

---

[54] 리기다소나무는 북미산인데 원래 일본의 임학자인 우에키 호미키(植木秀幹, 1882-1976)가 국내에 들여와 심었다고 한다. 리기다소나무가 성장속도가 느리고 구불구불 자라 목재로서 가치가 없어, 1960년대 임학자 현신규 박사는 테다소나무와의 육종을 성공시켜 성장속도도 빠르고 목재적 가치가 있는 리기다테다소나무를 만들어 산림녹화에 활용했다. 『인물과학사 2』, 박성래, 책과함께, 2011, 427쪽 / 〈동아일보〉, 2012년 2월 25일, "미국도 놀란 '기적의 소나무' 개발, 민둥산에 푸른 옷 입혀" http://news.donga.com〉

[55] 리기다소나무류가 초기 생장은 빠르지만 30~40년 이후 성장이 거의 일어나지 않아 목재로서 가치가 떨어지고 다른 나무들과 조화롭게 자리지 못하고 증발산양이 많아 수자원 함양에도 불리한 데다가 푸사리움이라는 곰팡이병에 취약하여 최근에는 수종 개량을 통해 다른 종으로 대체하고 있다. 《농민신문》, 2011년 5월 16일, '홍사종의 상상칼럼 '리기다소나무'의 교훈' / 〈조선일보〉, 2008년 4월 8일, '독자투고 인간과 물 다투는 리기다소나무', 이도원 서울대학교 환경대학원 교수)

간작과 혼작.
(상) 한 가지 작목 사이에 다른 작목을 심는 것을 간작이라 한다. 강원도 원주 가나안농장에서 밀과 콩을 간작하는 모습.
(하) 여러 가지 작목을 섞어 심는 것을 혼작이라 한다. 크리스털워터즈의 농장에서 혼작을 하고 있는 모습.
(사진 제공 : 황바람)

다양성의 원리를 농사에만 적용하는 것은 아니다. 집에서 쓰는 에너지원을 다양화하면 경제적인 지출을 줄이는 동시에 화석연료 가격의 폭등과 같은 상황에 대비할 수 있고, 어떤 일을 하는 조직을 만들 때 여러 분야의 사람들을 참여시켜 일이 쉽게 이루어지도록 할 수 있다. 수평적 사고(lateral Thinking)의 저자 에드워드 드 보노(Edward de Bono)는 다양한 의견을 반영하기 위해서는 여섯 개의 모자를 쓴 사람이 필요하다며, 의사결정과정이나 토론에서 참여자들이 일부러 여섯 가지 색깔의 모자를 바꾸어 쓰면서 의견이나 아이디어를 내는 'Six Think Hats' 방법을 창안했다.[56] 생태학에서는 '다양하면 안정하다'고 이야기한다. 다양성은 진행과정을 용이하게 해주고 리스크를 분산시키며 비용과 지출을 줄이는 효과가 있다.

퍼머컬처에 흐르고 있는 '자연을 닮게 하라'는 최종 결과만을 자연을 닮게 하는 것이 아니라 그 과정도 자연을 닮게 해야 한다는 것이다. 그래서 '자연과 함께' 일하는 것이 필요하다. 일본 시가현(滋賀縣)에는 $673m^2$ 면적을 가진 커다란 비와호(琵琶湖)라는 호수가 있다. 이 호수의 부영양화를 막기 위해 생태학자들이 부도(浮島)를 연구한 적이 있다. 물 위에 잘 뜨면서 식물을 고정할 수 있는 재료로 부도를 만들고 그 위에 식물을 키우면 식물 뿌리가 부도의 아래로 뻗어나가 호수의 영양염류를 흡수하여 수질을 정화할 수 있도록 하는 실험이었다. 생태학자들은 영양물질의 흡수 능력이 좋은 식물의 종자를 여러 가지 골라 부도 위

---

[56] 드 보노의 여섯 가지 모자는 빨강(감정적), 검정(부정적), 노랑(긍정적), 녹색(창의적), 파랑(권위적), 흰색(객관적)이다. 『생각이 솔솔 ~ 여섯 색깔 모자』, 에드워드 드 보노, 2001, 한언

에 심어놓고 호수에 띄워놓았다. 한 달 뒤에 식물의 발아와 생장을 확인하러 온 생태학자들은 깜짝 놀랐다. 자신들이 심어놓은 식물이 자란 것이 아니라 그 환경에 적합한 식물들이 알아서 잘 자라고 있었던 것이다. 그래서 생태학자들은 '굳이 종자까지 심을 필요가 없구나, 부도만 띄워놓으면 자연이 알아서 다 해주는 구나'를 알았다고 한다.

자연이 일을 시작할 수 있는 최소한의 기반을 만들어주고 그 다음은 자연에 맡기면 자연이 알아서 해준다. 게다가 자연은 사람의 손으로 만든 것보다 훨씬 아름답게 만들어주기까지 한다. 강원도 강릉의 하슬라 아트월드에 가면 산책로 옆 땅바닥에 볼록거울을 붙여놓았다. 궁금해서 그 볼록거울을 들여다보면 거울 옆 작은 나무의 가지들과 잎을 거울을 통해 관찰할 수 있다. 고개를 젖혀 나무를 올려다보지 않는 한 볼 수 없었던 자연의 아름다움을 느낄 수 있었다. 어느 잎사귀 하나 같은 게 없지만 어떻게 이렇게 모여 완벽하게 조화로울 수 있는지, 아무리 쳐다봐도 지루하지 않았다. 자연의 아름다움이란 인간이 도저히 흉내 낼 수 없다.[57]

다양성의 확보를 위해 자연과 함께 일할 수 있는 적절한 공간이 가장자리다. 가장자리는 두 개의 서로 다른 생태계 혹은 다른 공간이 서로 만나는 곳이다. 가장자리는 서로 다른 특성이 간섭하기 때문에 다양한 상호작용이 일어나고 이러한 상호작용에 의해 다양한 환경이 만

---

[57] 하슬라 아트월드는 강릉시 강동면 정동진 근처에 있다. 예술공원, 이벤트홀, 호텔 등이 조성되어 있어 많은 사람들이 찾고 있다. (http://www.haslla.kr)

들어진다. 또한 다양한 환경은 다양한 생물을 도입하고 서식하도록 해준다. 즉 생물 다양성이 생겨난다. 인공적으로 다양성을 증가시키는 데는 한계가 있기 때문에 가장자리는 다양성에서 매우 중요하다. 가장자리의 대표적인 곳이 바로 하천 주변으로 수생태계와 육지생태계가 맞닿는 곳이다. 하천과 가까운 곳은 토양의 습도가 높고 육지에 가까운 곳은 습도가 낮아, 하천에 가까운 곳에는 습지식물이, 육지에 가까운 곳에는 건조지역에 적합한 식물이 자라게 된다. 식물의 다양성이 증가하기 때문에 자연스럽게 그 식물에 기대어 사는 곤충과 동물의 다양성도 높아질 수밖에 없다. 따라서 같은 면적의 육지생태계와 수변생태계를 비교하면 수변생태계의 다양성이 훨씬 높아진다. 이러한 효과는 바다와 육지가 만나는 갯벌, 바닷물과 민물이 만나는 하구 등에서 동일하게 발생한다.

그러므로 혹시 농장을 만들 때 가장자리가 있다면 절대 없애거나 훼손하지 말아야 한다. 애석하게도 가장자리가 없다면 일부러라도 만들어야 한다. 농장에 가장자리를 만들 수 있는 가장 간단한 방법은 연못이다. 우리는 일본식 정원에 익숙하여 연못을 만들면 물과 흙이 만나는 곳에 돌을 놓지만 이렇게 하면 가장자리 효과는 생기지 않는다. 물과 흙이 자연스럽게 만나도록 연못 주위의 경사가 완만해야 하고, 흙이 유실될 우려가 있다면 물이 스며들 수 있는 나무 조각, 가마니, 야자열매 섬유망 등의 재료로 덮어 식생이 활착하도록 하면 된다. 또한 매끄럽게 동그란 모양보다는 울퉁불퉁한 모양으로 만들면 같은 면적이지만 가장자리의 길이를 늘일 수도 있다. 농장의 옆으로 계곡이나 하천이 지나가고 있다면 연결하여 농장 내에 수로를 만들 수도 있다. 연못과 마찬가지로 직선의 수로보다는 구불구불한 수로를 만드는 것이 가장자리 효과 측면에서 유리하다. 간작을 할 때 가장자리 효과를 활용하기도 한다. 서로 다른 작물을 직선으로 반듯하게 심는 것보다 구불구불 심으면 작물 간의 상호작용을 할 수 있는 길이가 늘어나 간작의 효과가 증대된다. 예를 들어 콩과 감자를 같이 심었다면 콩의 뿌리에서 질소고정 박테리아에 의해 만들어진 질소성분이 효과적으로 감자 쪽에 전달될 수 있다.

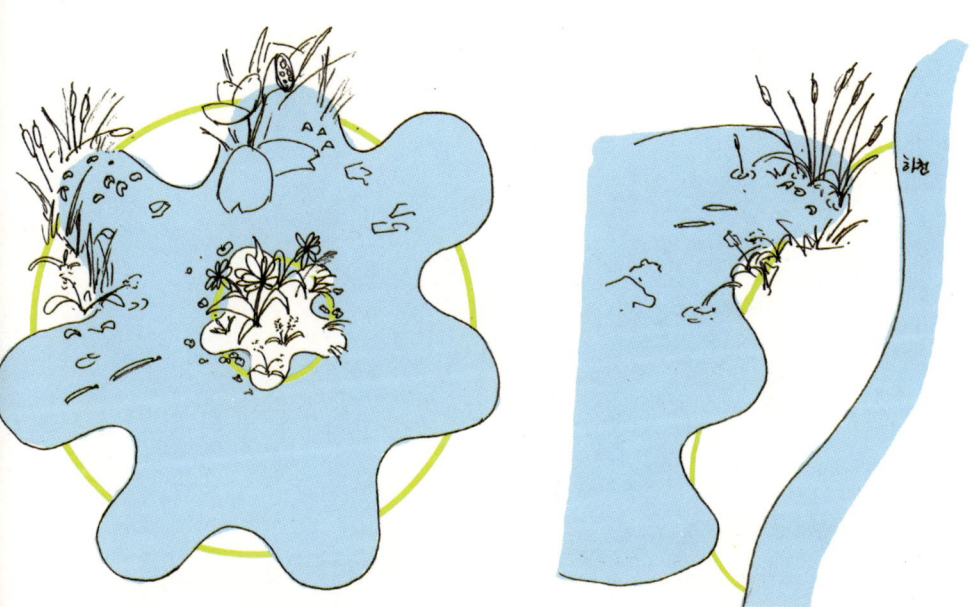

연못과 수로의 가장자리 만들기.
연못과 수로에서 물과 육지가 닿는 곳은 매끄럽게 만들기보다는 구불구불하게 만들면 가장자리 길이를 늘릴 수 있다. (일러스트 : 권혜진)

그런데 하변, 갯벌, 하구 등 가장자리가 우리 국토에서 점점 없어지고 있다. 하변은 시멘트로 발라버리고 갯벌은 매립하고 하구에는 하구둑을 건설한다. 인간의 손으로 만들기 어려운 다양성을 계속 잃어버리는 멍청한 짓이다. 왜 이런 멍청한 일이 계속 일어나는 것일까? 아마도 다양한 것은 지저분하거나 불편하다는 생각 때문인 것 같다. 그래서 우리 아이들에게 똑같은 교복을 입히고 같은 모양의 아파트에 사는 것에 만족하는 것은 아닐는지. 하지만 농장은 다양해서 조금은 지저분해야 좋다.

버려야 산다

에너지는 일을 할 수 있는 능력을 말한다. 물리학의 에너지법칙에 의하면 에너지는 보전되기는 하지만 지구가 가지고 있고 인간이 쓸 수 있을 정도로 집적된 에너지의 양은 점점 감소할 수밖에 없다. 하지만 우리에게 희망이 없는 것은 아니다. 지구 바깥에 있는 태양이 언제나 일정량의 에너지를 공급해주고 있기 때문이다. 그래서 퍼머컬처는 화석연료처럼 쓰면 없어지는 상업적인 에너지는 가급적 덜 사용하고 태양열, 태양광, 풍력, 수력과 같은 자연적인 에너지를 많이 사용하라고 한다. 자연적인 에너지의 근원은 모두 태양이기 때문에 고갈되지 않는다.

우선 농장을 계획할 때 미리 생각하면, 쓸데없이 써야 하는 상업적인 에너지를 줄일 수 있다. 예를 들어 연못을 논, 밭보다 높은 곳에 만들면 중력으로 물을 공급할 수 있기 때문에 공연히 전기에너지를 사용하여 펌프를 가동하는 일을 하지 않아도 된다. 감자를 보관하는 시설도 감자밭보다 아래에 만들면 굳이 경운기를 이용하지 않고도 쉽게 감자를 옮길 수 있다. 이러한 농장은 상업에너지의 구입비용을 줄여 경제적인 이득을 얻을 수 있다.

퍼머컬처는 농장에서 에너지 효율을 높이고 상업에너지의 사용을 줄이기 위해 지구계획(Zonning)을 한다. 지구계획은 농장의 중심을 집에 두고 일정 거리를 기준으로 동심원을 그려 농장에 필요한 시설, 공간을 배치하는 방법이다. 퍼머컬처의 지구계획에서 0지구는 집이고, 집에서 멀어질수록 1지구, 2지구, 3지구, 4지구, 5지구라 부른다. 어떤 시설과 공간을 어느 지구에 조성해야 하는가는 그 시설과 공간의 작업빈도, 관리강도와 관련이 있다. 즉 자주 가야 하고 관리를 많이 해야 하는 경우 집에 가깝게 배치하면 된다. 텃밭은 매일 수확하여 식량을 얻기 때문에 집 가까이 두어야 한다. 그래야 일부러 가지 않더라도 다른 곳에 갔다가 집으로 돌아오면서 적절한 식량을 수확할 수 있기 때문이다. 따라서 텃밭은 1지구에 조성한다. 이렇게 하면 불필요한 노동도 줄이고 시간도 절약할 수 있다.

1지구에는 끊임없는 관찰과 빈번한 방문과 작업이 필요한 것을 배치한다. 예를 들어 자급용 채소밭, 조리용 식물, 작은 동물의 축사, 창고, 농기계저장소, 퇴비장, 물탱크, 세탁실 등을 배치하면 좋다. 흔히 동물축사와 퇴비장은 냄새가 나서 집에서 멀리 배치하기 쉽지만, 멀리 두면 그만큼 관리하기 어려워 냄새가 더 나게 된다. 2지구에는 1지구만큼 자주 가지는 않지만 한 번 가서 집약적으로 일을 해야 하는 것들을 배치한다. 예를 들어 닭 방목지, 자급을 위한 과수원, 큰 규모의 채소밭, 하수처리시설, 양봉장, 곤충이나 새를 끌어들이려고 하는 꽃밭, 방풍림 등이 속한다. 3지구에는 정기적으로 가지만 한 번 갈 때 오랫동안 작업을 하는 것들을 만든다. 상업적인 작물을 키우는 밭, 가축을 키우기 위한 방목장, 관리가 적은 조림지, 큰 규모의 창고, 큰 키의 방풍림 등이다. 4지구는 관리가 적고 야생의 성격을 많이 갖는 곳이다. 작은 숲, 채집을 위해 무언가를 모아두는 곳(예를 들면 밤나무 숲), 연료 및 목재를 위한 조림지, 댐 등을 배치한다. 5지구는 거의 야생지역이라 할 수 있

지구계획과 각 지구에 배치할 것들.
시간과 에너지를 줄이기 위해 농장에는 지구계획(Zonning)이 필요하다. (일러스트 : 권혜진)

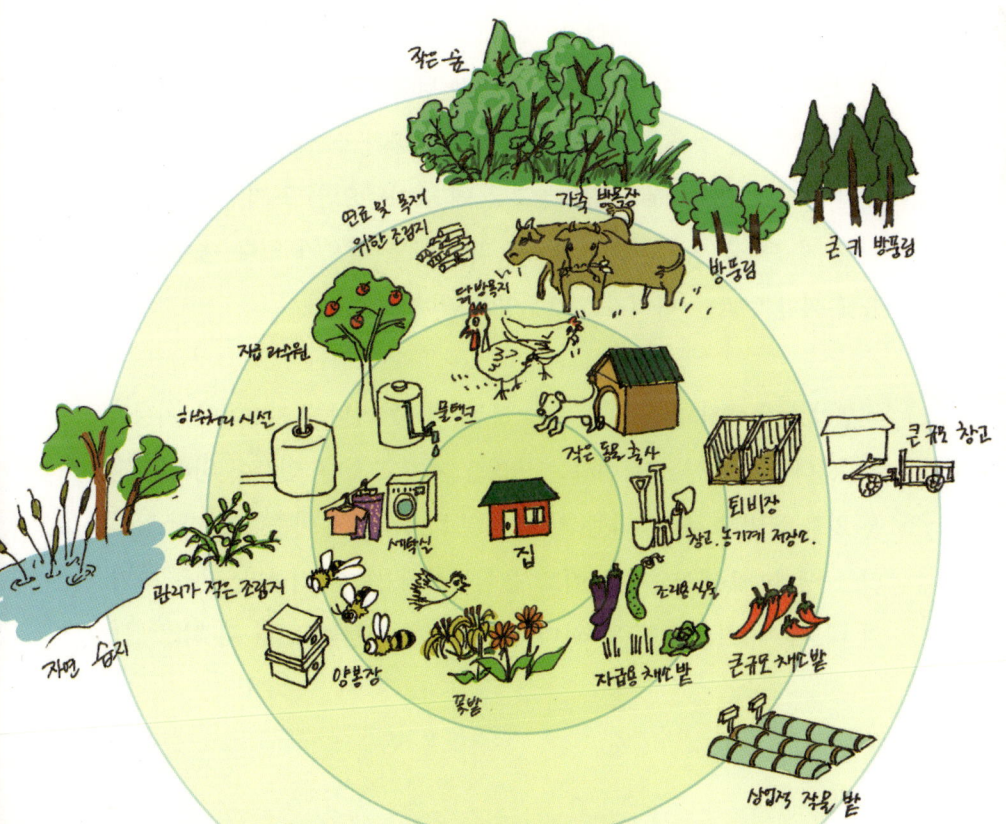

다. 관리를 하지 않는 숲, 자연습지, 휴식을 위해 찾는 자연 공간 등이 속한다.

농장에서 상업적인 에너지를 줄일 수 있는 또 다른 방법 중의 하나는 생물을 이용하는 것이다. 생물은 비교적 효율이 높은 기계이기도 하지만 자연에서 얻을 수 있는 자원을 바탕으로 일하기 때문에 상업에너지를 대체하는 효과를 낸다. 호주에서는 닭을 이용해서 밭을 가는 닭경운기(Chiken Tracer)를 쓴다. 농작물을 수확한 후 닭을 밭에 풀어놓으면 부산물을 먹고 곤충을 잡기 위해 흙을 헤치며 다니면서 땅을 갈고 똥을 싸 비료를 공급한다. 즉 트랙터가 하는 일을 다 해준다. 이동할 수 있는 형태의 닭장을 만들고 이 닭장을 일정 시간 밭에 두었다가 조금씩 이동하면 마치 트랙터가 지나간 효과를 낼 수 있다. 동물뿐 아니라 식물을 이용할 수도 있다. 우리나라 남쪽지역에서는 겨울 논에 자운영이 자라는 것을 볼 수 있다. 자운영은 콩과식물로 겨울 동안 자라면서 토양에 질소성분을 남겨놓고 봄에 갈아엎으면 그 자신도 비료가 된다. 자운영을 심으면 화학비료를 따로 뿌릴 필요가 없다. 농부가 가을에 씨만 뿌리면, 나머지는 자운영이 알아서 해준다.

우리 농촌에서 많이 활용해야 하는 것 중 하나가 지렁이다. 지렁이는 '하나님이 주신 선물'이라는 별명을 가지고 있다. 인간이 버리는 많은 것들을 먹고 분변토라는 가장 좋은 퇴비를 만들어준다. 크리스탈워터즈 생태마을에서는 지렁이로 음식물쓰레기를 처리한다. 같은 크기의 네모난 박스 3개를 준비한다. 박스 3개를 겹쳐놓고, 맨 위 박스에는

닭경운기.
닭경운기를 사용하면 농기계의 사용을 줄이고 에너지를 절약할 수 있다. (일러스트 : 권혜진, 사진 제공 : 이신애)

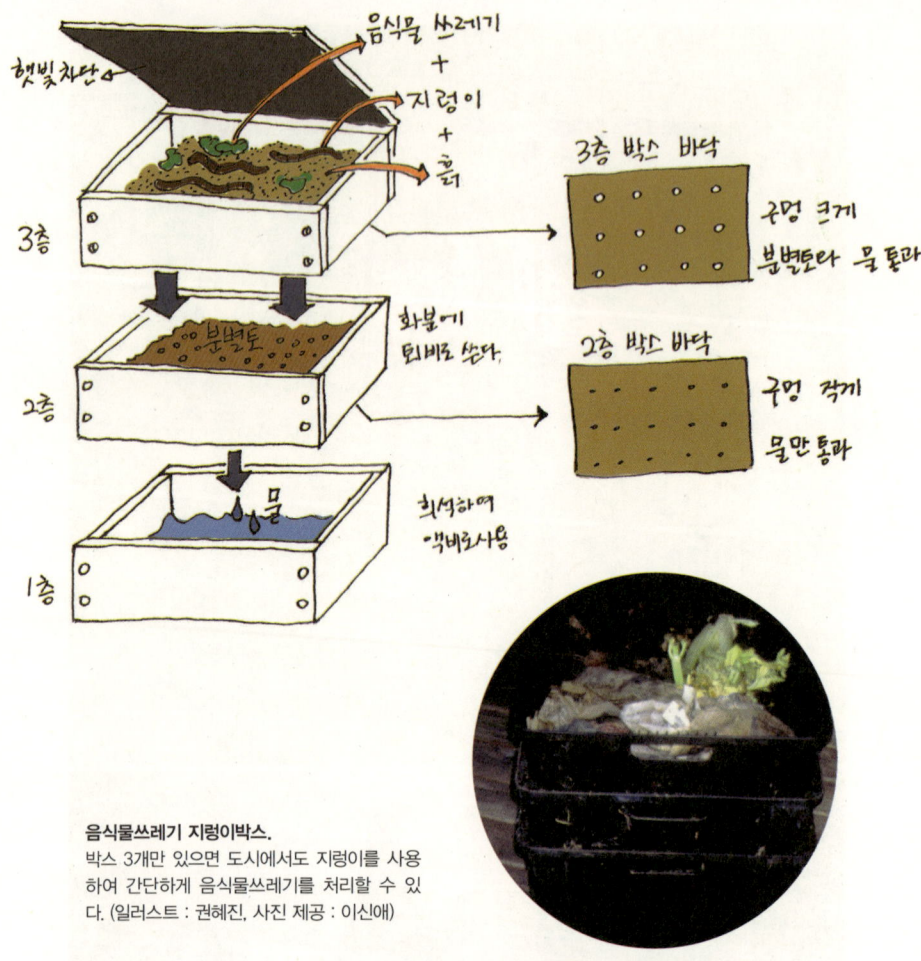

음식물쓰레기 지렁이박스.
박스 3개만 있으면 도시에서도 지렁이를 사용하여 간단하게 음식물쓰레기를 처리할 수 있다. (일러스트 : 권혜진, 사진 제공 : 이신애)

구멍을 크게 뚫고 그 다음 박스에는 구멍을 작게 뚫는다. 맨 위 박스에 음식물 쓰레기를 넣고 지렁이를 몇 마리 넣으면 지렁이가 음식물을 먹고, 두 번째 박스에는 분변토를 남기고, 세 번째 박스에는 물이 떨어져 모인다. 이 물도 액비로 활용할 수 있기 때문에 분변토와 함께 텃밭, 화분 등에 사용한다. 경남 남해군은 지렁이공장을 만들었다. 지렁이를 생산하는 공장이 아니라 남해군의 아파트단지에서 나오는 음식쓰레기를 모아 지렁이를 먹여 유기농비료를 만드는 공장이다. 공장 안에는 큰 책상들이 있고 그 책상마다 서랍이 여러 개 달려 있다. 서랍을 열면 서랍마다 지렁이가 음식쓰레기를 먹고 있는데 서랍 아래가 철망이어서 분변토는 맨 아래 서랍에 모인다. 이 분변토를 말린 후 포장하여 남해군의 유기농 농부에게 공급한다. 지렁이를 상상하면 징그럽다고 생각하는 사람들이 있지만 크리스탈워터즈의 음식물쓰레기 처리박스에서 지렁이를 꺼내 팔뚝을 기어 다니는 지렁이를 주고받으면서 놀고 있는 어린 소녀들을 볼 수 있었다. 그 소녀들은 지렁이가 징그럽지 않은 모양이었다. 여하튼 도시에서도 지렁이를 이용하면 음식물쓰레기를 재활용할 수 있으니 지렁이를 고마운 친구로 삼아보자.

미국의 농부 조엘 샐러틴은 소똥과 옥수수가 달린 옥수숫대를 켜켜이 쌓은 후 돼지들을 풀어놓는다. 그러면 돼지들이 옥수수를 먹기 위해 소똥과 옥수숫대를 섞어놓는다. 퇴비를 만들기 위해서다. 사람이 하거나 트랙터가 해야 할 일을 돼지가 하고 있는 셈이다.[58] 이렇게 생물을 이용하면 상업에너지를 줄이고 자연에너지를 활용할 수 있다. 생물을 이용하면 부가적인 효과가 생기는데 사람과 기계가 할 일을 생물이 대신 해주기 때문에 그 만큼 여분의 시간을 확보해준다. 다른 일을 할 수도 있고 여가를 즐길 수도 있다. 팍팍하고 번잡한 도시를 떠나 귀농, 귀촌을 했는데 굳이 도시에서처럼 부대끼며 살 필요는 없지 않은가. 생물

---

[58] 유기농 인증을 거부하지만 유기적이고 집약적인 농장을 운영하고 있는 '미친 농부'라 불리는 미국의 농부. 주 33 참조.

을 이용하면 농촌생활의 느림과 여유로움을 즐길 수 있다.

농장에서 상업에너지의 사용을 줄일 수 있는 또 하나의 방법은 농장에 필요한 요소 사이에 상대적인 위치를 고민하는 것이다. 박사학위 논문을 쓰기 위해 조사한 충북지역의 한 유기농 생산자는 화학비료와 제초제를 사용하지 않고 손으로 제초하면서 벼를 키우고 있었다. 그의 연간 에너지사용량을 다른 방식의 유기농 생산자와 비교했더니 경운기 기름 사용량이 월등하게 높았다. 그 이유는 논과 퇴비장이 멀리 떨어져 있었고 트럭 운전을 못하는 이 생산자가 퇴비를 공급하기 위해 경운기로 논과 퇴비장을 오갔기 때문이었다. 만약 논과 퇴비장이 가까운 거리에 있었다면 이런 일은 생기기 않았을 것이다. 이렇게 농장에 필요한 요소들 간의 상대적인 위치를 고민하고 계획해야 한다. 퍼머컬처는 농장을 계획할 때 입출력 분석을 한다. 이 과정은 농장의 공간과 시설을 운영할 때 들어가는 자원과 나오는 생산물을 분석하여 연결하도록 도와준다. 그래서 한 요소에서 나오는 출력이 다른 요소의 입력이 될 수 있다면 서로 가깝게 배치하면 된다.

그러면 닭장과 퇴비장의 상대적인 위치를 어떻게 하는 것이 좋을까? 닭장에서는 계분이 나오고 퇴비장은 계분이 필요하니 당연히 가깝게 배치해야 한다. 그래야 애써 닭장의 계분을 퇴비장까지 나르는 수고를 덜 수 있다. 하지만 발상을 전환해보자. 옆에 붙이지 말고 위, 아래로 붙이면 어떨까? 닭장을 퇴비장 위에 올리고 바닥으로 계분이 떨어질 수 있도록 만들면 애써 계분을 닭장에서 긁어내고 퇴비장까지 이동시

2층닭장과 칸칸이 퇴비장.
1층에 퇴비장, 2층에 닭장을 만들면 계분을 퍼낼 필요 없이 손쉽게 퇴비를 만들 수 있다.(일러스트 : 권혜진)

키는 일을 덜 수 있다. 이렇게 요소와 요소 간의 관계를 생각해서 위치를 잡아야 한다.

상업에너지를 줄이기 위해 다양한 자연에너지원을 발굴하여 활용하는 것은 좋은 방법이다. 하지만 태양광발전과 같은 시설은 너무 비싸고 농부 스스로 유지, 관리하기 어려운 장치다. 이러한 시설보다는 주변에서 구할 수 있는 재료를 바탕으로 손수 만들 수 있고 유지, 관리할 수 있는 기술을 활용하는 것이 좋다. 그래야 장비와 시설들이 고장을 일으키더라도 그 영향과 피해를 최소화할 수 있기 때문이다. 이러한 기술을 적정기술(appropriate technology), 대안기술(alterative technology), 혹은 낮은 기술(low technology)이라고 한다. 우리나라에서도 많은 귀농, 귀촌인들이 다양한 적정기술을 개발하여 보급하고 있다.[59]

상업에너지의 사용을 대신할 다양한 에너지원을 개발하기 전에 해야 할 일이 있다. 상업에너지의 사용량 자체를 줄여야 한다. 도시에서처럼 에어컨, 식기세척기, 양문형 냉장고, 커다란 TV를 여전히 쓰면서 이를 위해 대안에너지를 개발하는 것은 바람직하지 않다. 다 버려야 한다. 큰 응접세트, 옷장, 침대 등도 마찬가지다. 이런 것들을 담아야 하는 집은 커질 수밖에 없고, 그만큼 집의 난방을 위한 에너지도 많이 들어갈 수밖에 없다. 많이 버리면 버릴수록 도시에서 상상도 못 했던 것을 채울 수 있다. 느림, 자신을 돌아봄, 스스로 무엇인가를 해내는 자부심, 이웃 간의 정, 공동체의 연대감, 자연과의 교감, 이 모든 것에 바탕을 둔 진정한 행복 등등을.

---

[59] 적정기술에 관심 있는 분들이 가장 많이 정보를 교류하고 있는 곳이 흙부대생활기술네트워크다. 전남 장흥에 귀농한 김성원 씨가 운영하는 모임이다. 최근 적정기술과 관련된 사람들이 모여 '전환기술 사회적협동조합'의 결성을 준비하고 있다. http://cafe.naver.com/earthbaghouse

농장은 진화한다

농장은 크다고 해서 좋은 것은 아니다. 실제로 경제학에서 이야기하는 규모의 경제가 모든 시스템에 무조건 적용되지는 않는다.[60] 규모의 경제가 잘 실현되지 않는 분야가 농업분야다. 농업은 생명을 다루기 때문에 공장에서 만들어지는 것처럼 규모가 늘어난다고 같은 품질의 농산물이 쉽게 생산되는 것은 아니기 때문이다. 전남 보성에서 유기농으로 쌀을 생산하던 한 농부는 아침에 일어나 논에 나가면 벼들이 사랑스러워 논둑을 걸어 다니면서 박수를 치며 인사를 했다. '애들아 잘 잤니!' 그런데 수확할 때 보니 논둑 근처의 벼들이 더 잘 자란 것을 확인하고는 그 다음 해부터는 논에 들어가 지그재그로 돌아다니며 같은 인사를 하는 미친 농부가 되었다. 태풍이 오면 빗발을 무릅쓰고 논에 나가 꽹과리

---

[60] 규모의 경제로 요약, 표현하는 경제학 원리는 생산요소의 투입량 증대에 따라 생산비의 절약이나 수익향상이 발생한다는 것이다. 하지만 이는 무조건 성립하는 것이 아니라 생산력 증대에 따라 투입하는 비용이 감소하는 생산요소가 있어야 하며, 특정 생산규모까지는 경제적 이익이 있지만 그 이후 없어지기 때문에 이 지점을 최적규모라고 한다. 『두산백과사전』

생전의 강대인 선생님(위)과 우리원농장(아래). (사진 제공 : 우리원농장)

를 치며 '애들아 힘내!'라고 외칠 정도로 단단히 미친 농부였다. 하지만 그가 생산한 쌀은 매년 쌀 품평회에서 좋은 성적을 거두었다. 그는 농사는 생명을 키우는 것이라는 점을 강조했다.[61] 농사는 생명을 다루는 일이니 만큼 자신의 정성을 쏟을 수 있는 수준에서 규모를 결정해야 한다.

규모를 적절하게 해야 하는 이유는 또 있다. 예전에 충주에서 복숭아농사를 짓는 귀농인을 만난 적이 있다. 5년차 귀농인으로 이제 비로소 저축할 돈을 만들기 시작했고 1,500평이던 복숭아밭을 2배로 늘리면 소득이 많아질 것이라 생각했다. 생산량이 많아졌기 때문에 농협을 통한 계통출하와 휴가철에 관광객을 상대로 가판을 통해 팔던 복숭아를 자신의 브랜드를 만들어 유통하고 싶다며 브랜드 제작에 대해 궁금해 했다. 대학에서 경영학을 공부했던 그에게 규모 확대 후의 손익분기점을 계산해보자고 했다. 다음 날 아침 계산을 끝낸 그는 복숭아밭을 넓히려는 계획을 포기했다. 정부의 수매처럼 일정한 가격이 정해져 있고 가족과 같이 비용이 들지 않는 노동력을 바탕으로 농사를 짓는 경우 경지면적의 증가는 수익과 긴밀하게 연관될 수 있다. 하지만 무분별한 규모의 확대는 오히려 지출을 늘려 수익을 감소시킬 가능성이 높다. 특히 하나의 작목만을 특화하여 규모를 확대할 경우 노동력을 시간적으로 분산할 수 없어 이러한 가능성은 더욱 커진다.[62]

---

[61] 전남 보성에서 유기농 농사를 짓던 강대인 선생의 이야기다. 안타깝게도 2010년 1월 말 매년 단식수련을 하던 토굴에서 수련하시다가 기도하는 자세로 소천하셨다. 다행스럽게도 따님 강선아 씨가 사모님과 함께 강대인 선생의 우리원농장을 아버님의 뜻을 이어 잘 꾸려나가고 있다. (http://www.wooriwon.com)

[62] 1970년에 우리나라의 호당 경지면적은 92.5a였다가 2011년 146.0a로 많이 증가했지만 미국에 비해 100분의 1, 국토면적이 작은 네덜란드의 16분의 1 수준이다. 농민 입장에서 경지면적의 확대가 경쟁력으로 연결되려면 확장된 경지가 모두 한곳에 모여 고정비용의 지출이 줄어들어야 한다. 하지만 농촌 현장에서는 자신이 경작하는

공급량에 따라 가격 변동이 심한 현재의 농산물시장에서 돈을 버는 방법이 무엇일까? 풍년이 들면 돈을 벌까? 같은 작목을 농사짓는 다른 농민들도 농사가 잘되었을 테니 소용없다. 흉년이면 돈을 벌까? 나도 농사가 잘되지 않았을 테니 소용없다. 혹 흉년 속에서 나만 농사를 잘 지었더라도 가격 폭등을 걱정한 정부가 농산물을 수입할 것이니 소용없다. 경우의 수는 한 가지인데, 적절한 흉년에 내 농사가 잘된 경우다. 거의 도박 수준에 가깝다. 사실 많은 농민들이 이러한 도박을 한다. 도박이 성공하면 3~4년간의 빚을 갚을 수 있지만 다시 내년의 요행수를 바라는 수밖에 없다. 농사에는 몇 가지 철칙이 있다. 첫째, 정확하게 시간을 보내야 내공이 쌓인다. 1년을 보내야 한 번 농사를 지은 것이다. 다른 분야는 밤을 새워 만들었다 부수고 다시 만드는 반복이 가능해서 후배가 선배의 내공을 추월할 수 있지만, 농사는 불가능하다. 둘째, 한 번에 대박 나는 일은 없다. 흔히 땅은 정직하다고 표현하기도 하지만, 실제로는 기후와 재난, 시장의 불확실성을 시행착오를 통해 줄이는 과정이 농사다. 짧지 않은 시간의 시행착오로 불확실성을 어느 정도 관리할 수 있게 되면 농장 경영은 안정되기 시작한다. 이 과정은 어떤 전문가도 그 기간을 획기적으로 줄일 수 있는 방법을 제시해줄 수 없고, 누가 대신해줄 수도 없다. 그저 농부 개인이 묵묵히 경험해나가야 한다. 결국 훌륭한 농부가 된다는 것은 한 해 한 해 내공을 쌓아가며 농부가 통제할 수 없는 기후와 시장의 불확실성을 줄여 수익의 안전성을 도모하는 과정이라 할 수 있다.

땅과 붙어 있는 땅만 골라 경작지를 늘리는 것이 쉽지 않기 때문에 평균 호당 경지면적이 늘었다고 해서 규모의 경제가 발생하고 있다고 보기 어렵다.

그래서 농장경영은 주식투자와 유사하다. 주식투자자가 한 가지 종목에 모든 돈을 투자하는 경우는 드물다. 이른바 '포트폴리오'라는 것을 짜는데, 안정적인 수익을 가져올 것이 예상되는 종목과 리스크가 있지만 성공한다면 수익을 크게 올려줄 종목을 적절하게 배합한다.[63] 농장도 이렇게 경영을 해야 한다. 자신 있는 작목과 그렇지 않은 작목, 경험을 가진 작목과 새로운 시도를 하는 작목을 적절하게 배합해야 하고, 더 나아가 2차 가공이나 3차 교류 및 체험까지 결합해서 리스크를 분산해야 한다. 춘천에 송암리라는 마을이 있다. 이 마을의 주요 농산물은 감자인데, 같은 밭에서 감자를 3년 정도 경작하면 지력이 떨어져 수확량이 감소한다. 그래서 3년 주기로 콩을 심는다. 이렇게 감자와 콩을 윤작하기 때문에 마을 밭의 30%는 콩밭이고, 이 밭은 옮겨 다닌다. 감자를 수확하여 팔아보니 가격이 좋을 시기를 맞추지 못하면 소득이 낮아졌다. 이에 대비해 감자 저온저장고를 짓고 마을에서 공동으로 운영하고 있다. 콩도 마찬가지여서 콩 값이 좋지 않을 때는 마을부녀회가 운영하는 작업장에서 콩을 메주로 가공한다. 결국 이 마을의 소득구조는 감자와 콩의 윤작과 이 작부체계와 연결되어 있는 저장시설과 가공시설로 복합되어 있다. 그래서 마을에서는 시장상황에 따라 출하시기와 가공의 여부를 결정하는 선택을 통해 시장의 불확실성을 관리하고 있다.

불확실성을 관리하는 측면에서, 농장에서 중요한 기능을 하는 것에

---

[63] 포트폴리오(portfolio) : 서류가방, 자료수집철, 자료묶음 등을 이야기하는데 자신의 이력이나 경력, 실력을 알아볼 수 있도록 과거에 만든 작품이나 관련 내용을 모아놓은 자료철, 작품집을 의미하기도 한다. 주식용어로는 주식을 투자할 때 위험을 줄이고 투자수익을 극대화하기 위해 분산투자하는 것을 의미한다.

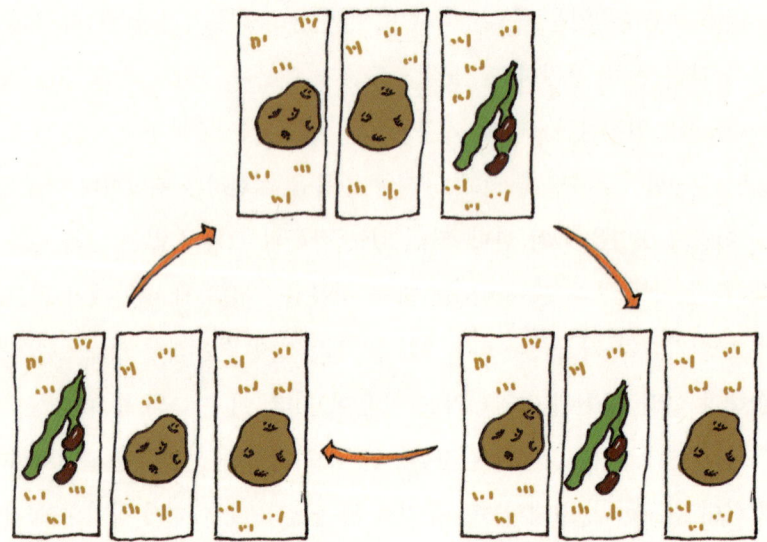

춘천 송암리마을의 감자와 콩 윤작 시스템.
콩은 질소고정박테리아에 의해 대기 중의 질소성분을 토양에 남겨놓으므로 감자의 경작으로 소실된 질소 영양분을 회복시켜준다. 3년에 한 번씩 콩을 심기 때문에 마을의 콩밭은 1년에 한 번씩 옮겨 다닌다.
(일러스트 : 권혜진)

대해 여러 가지 대책을 갖추어놓을 필요가 있다. 농장에서 무엇보다 중요한 것은 물의 공급, 즉 수자원의 확보다. 물이 없으면 어떠한 생산도 불가능하기 때문이다. 대개 농촌에서는 지하수 관정으로 이를 해결한다. 하지만 갑자기 수원이 고갈되어 더 이상 물을 공급할 수 없는 상황이 오거나, 하나밖에 없는 관정이 오염되어 그 물을 쓸 수 없는 상황이 된다면 난감해진다. 그래서 지하수 관정뿐 아니라 다른 방법으로 물을 공급할 수 있도록 대비해놓아야 한다. 저수지, 연못, 수로를 만들고 지붕으로 떨어지는 빗물도 모아놓아야 한다. 더 나아가 버려지는 물도 정화하여 다시 쓸 수 있도록 해야 한다.

에너지도 이와 유사해서 농장에서 사용하는 에너지원을 다양하게 할 필요가 있다. 예를 들면 생활에 필요한 모든 에너지를 한두 가지 에너지원에 의존하는 것은 바람직하지 않다. 우선 취사, 온수, 난방 등으로 분리하여 어떤 에너지원을 사용하는 것이 비용, 지속가능성 측면에서 바람직한지 분석하여 적절한 에너지원을 선택하고 첫 번째 선택한 에너지원을 사용할 수 없는 경우를 대비에 차선의 대안을 마련해놓아야 한다. 가급적 대안에너지를 사용하여 난방을 하는 것이 좋겠지만 어쩔 수 없이 기름보일러로 난방을 하더라도 일부 공간에 벽난로, 장작난로 등을 만들어 주변에서 쉽게 구할 수 있는 재료로 난방의 일부라도 감당할 수 있도록 하는 것이 좋다.

이렇게 재난을 대비하기 위해 이것저것 모두 구비해놓아야 한다면 농장의 규모는 커질 수밖에 없을 것이다. 하지만 모든 것을 따로 만들어야 하는 것은 아니다. 퍼머컬처에서는 하나의 시설이나 공간이 여러 가지 기능을 할 수 있도록 만든다. 이왕에 농장에 물을 공급하는 저수지가 필요하다면 다른 기능도 할 수 있게 만드는 것이다. 물고기를 키울 수도 있고 연을 심어 연근을 식량으로 사용할 수 있다. 미기후를 조절할 수 있고 좋은 휴식공간이 될 수도 있으며 수영, 낚시 등을 즐길 수도 있다. 또한 불이 났을 때 방화수로도 사용할 수 있을 것이다. 하나의 저수지를 만들더라도 적절한 위치에 적절한 구조를 갖추면 이러한 기능을 통합하는 것이 가능하다. 농장에서 공간이나 시설을 다기능으로 사용하기 위해서는 시간을 쪼개서 살펴봐야 한다. 예전의 강원도 한 마을에서 필요한 시설에 대해 토론을 하는데, 주민들은 겨울에 농기계를 보관할 수 있는 시설을 원했고 공무원은 소득을 높이기 위한 체험시설을 고집했다. 공무원은 농기계저장시설이 마을 경관을 망칠 수 있다며 보조금을 허락하지 않을 기세였다. 가만히 들어보니 두 가지를 합칠 수 있었다. 농기계창고는 주로 농사일이 없는 겨울에만 사용하는 것이고 체험장은 겨울이 아닌 다른 계절에 주로 사용할 것이기 때문이었다. 마을의 경관을 해치지 않도록 너와지붕에 기둥만 있는 집을 짓고 겨울에는 비닐을 쳐서 농기계를 보관하고 다른 계절에는 통나무 간이의자와 칠판, 체험도구 등을 비치해 체험활동을 할 수 있는 비가림 공간으로 만들어보자고 제안했다. 마을주민과 공무원 모두 박수를 치며 그 회의를 끝낼 수 있었다. 마을주민과 공무원과의 갈등도 막았지만 하나의 공간에 두 개의 시설을 만들어 비용도 절약한 셈이다.

인천 무의도에는 실미원이라는 농장이 있다. 포도대장이라는 닉네임을 가진 신순규 씨가 농사를 짓고 있다. 농장은 만여 평 되는 크지도 작지도 않은 규모지만 포도, 연근을 다양한 방식으로 재배하고 포도즙, 포도조청, 포도식초, 연꽃분재, 연잎차, 연근차, 연근피클, 연근스낵 등 실로 다양한 가공품을 생산, 판매한다. 그와 동시에 관련 체험프로그램과 작은 펜션을 운영한다. 최근에는 새로운 소득원을 찾기 위해 와인용 포도와 사과의 재배를 시작했다고 한다. 포도재배에서 시작한 농장은 자연환경과 주변 조건을 잘 활용하기 위해 가공사업과 새로운 작목을 시도하면서 다양한 상품과 사업으로 발전했다. 얼핏 보기에는 번잡해 보이지만 농장의 구성요소와 사업이 긴밀하게 연계되어 있으며, 예측 불가능한 기후와 시장변화에 대응할 수 있는 대비가 되어 있다.

실미원농장.
(상)실미원농장의 농장주 신순규 씨. 농장을 진화시키고 있는 장본인이다.
(하) 실미원농장의 포도밭. 포도와 바닥의 잡초, 닭과 거위가 힘을 합쳐 일한다. (사진 제공 : 실미원농장)

실미원농장이 가장 중요하게 생각하는 것은 소비자와의 교류와 신뢰다. 실미원농장의 홈페이지, 카페, 블로그에는 소비자들의 격려와 애정이 담긴 글들이 넘쳐난다.[64] 신순규 씨는 퍼머컬처를 배우지 않았지만 농장을 지속가능하게 진화시키고 있는 몇 되지 않는 농부 중의 한 명이다. 얼마 전부터 한국농수산대학을 졸업한 아들 내외가 농장에서 함께 일하고 있어 대견스럽기만 하다.

---

64 실미원농장 홈페이지 http://www.silmiwon.co.kr, 카페 http://cafe.daum.net/silmiwoncafe, 블로그 http://blog.daum.net/isilmiwon

집은 우주를 담아야 한다

퍼머컬처를 농장에 적용할 때 집은 0지구, 곧 농장의 중심이 된다. 농장을 계획할 때 가장 먼저 해야 하는 일은 농장의 중심인 집의 위치를 정하는 일이다. 물론 정답은 없다. 높은 곳을 선호하는 사람, 접근로에서 가까운 곳을 좋아하는 사람, 전망을 우선 고려하는 사람, 편편한 땅을 편하게 생각하는 사람 등 취향에 따라 선택할 수 있다. 하지만 고려해야 할 사항들은 있다. 경사면을 이용하여 집을 짓는 것도 좋은 방법이지만 경사가 급할 경우 여러 가지 제약이 따르기 때문에 가급적 경사가 심하지 않은 곳이 낫다. 집은 항상 햇볕이 잘 들어야 하므로 농장 주변의 산, 건물, 큰 나무 등으로 그늘지지 않는 곳이 좋다. 바람의 영향도 살펴서 차가운 겨울바람을 막을 수 있어야 하고 시원한 여름바람을 집으로 들일 수 있어야 한다. 수자원의 흐름도 중요하다. 쉽게 집으로 물을 끌어들일 수 있어야 하되 비가 많이 올 경우 홍수나 산사태의 우려가 있다면 집터로 적절하지 않다. 이 밖에도 농장을 계획하면서 보완이 가능하기는 하지만 화재, 결빙, 태풍, 야생동물 침입 등의 가능성이 없어야 한다. 농장 전체 부지에서 집은 중심 부근에 위치하는 것이 유리하다. 그래야 농장에 필요한 요소들을 지구계획에 따라 배치하는 선택의 폭이 넓어지기 때문이다.

퍼머컬처에서의 집은 생태건축을 지향한다. 우리나라에서 생태건축은 재료를 중시하는 경향이 있지만 구조, 재료, 기능의 3가지 관점에서 접근해야 한다. 집은 구조적으로 햇볕을 잘 받을 수 있고 거센 바람은 막고 부드러운 바람을 유도하며 생활하기 좋은 효율적인 공간배치와 동선을 가져야 한다. 또한 지붕과 벽이 견고하게 결합하여 안정돼 있어야 한다. 그리고 인근에서 손쉽게 구할 수 있고 오래 사용할 수 있으며 폐기되더라도 자연으로 돌아갈 수 있는 동시에 건강에 유해하지 않는 재료로 지어야 한다. 겨울에는 따뜻하고 여름에는 시원해야 하며, 적절한 바람이 주택 내외부에 소통되어야 하고, 생활에 필요한 물, 에너지, 식량 등이 원활하게 공급되며, 분뇨, 하수, 쓰레기의 처리가 쉬워야 한다. 이러한 기능은 모두 재생가능한 에너지와 지속가능한 방법으로 유지되고 관리되어야 한다. 물론 구조적, 재료적, 기능적으로 완벽한 생태주택을 지을 수 있겠지만 제약사항이 있다. 첫 번째는 비용이다. 모든 측면에서 100점짜리 집은 지으려면 비용이 많이 들 것이다. 두 번째는 유지관리 측면이다. 어떤 재료는 건강 측면에서 매우 좋더라도 유지관리가 힘들다면 노동이 원활하지 않은 사람은 사용하기 어려울 것이다. 그래서 구조, 재료, 기능 면에서 최선을 선택하는 것이 아니라 비용과 유지관리 측면을 고려하면서 최적의 대안을 선택하는 것이 생태건축이라 할 수 있다.

최초의 집은 어떠했을까? 짐작하는 대로 동굴이다.[65] 비와 바람, 동물의 포식을 피해 사람들은 동굴에서 생활했을 것이다. 이런저런 이유로 동굴에서 나왔지만 사람들은 같은 이유로 집이 필요했다. 그래서 벽을 쌓고 지붕을 올렸다. 사람들은 주변에서 손쉽게 구할 수 있는 재료를 바탕으로 집을 지었다. 튼튼한 벽을 만들 수 있는 재료가 풍부한 곳에서는 그 재료로 벽을 쌓고 지붕을 올렸고, 그런 재료가 없는 곳에서는 기둥을 만들어 지붕을 올리고 벽을 만들어 붙였다. 철근콘크리트 방식의 일체식 구조가 나오기 전까지 지구상의 집은 벽이 지붕의 하중을 처리하는 조적식 구조와 기둥이 지붕의 하중을 처리하는 가구식 구조로 지어졌다. 조적식 구조의 대표적인 방식은 귀틀집이다. 나무를 구하기 쉬운 산촌에서 나무를 적당한 크기로 잘라 귀를 맞추어가며 벽을 만들고 그 위에 지붕을 올렸다. 이 밖에 조적식 구조에 쓰인 벽의 재료는 통나무, 돌, 벽돌 등이다. 흙은 어느 지역에서나 손쉽게 구할 수 있는 재료지만, 조적식 구조에 사용하기 위해서는 일정한 강도를 가져야 하기 때문에 벽돌을 만들거나 거푸집에 다져 넣는 흙다짐 방식, 부대에 흙을 담아 쌓아올리는 흙부대 방식 등을 사용했다. 가구식 구조의 대표적인 방식은 우리 한옥이다. 못을 쓰지 않는 짜맞춤 방식으로 틀을 만들고 그 위에 지붕을 얹는다. 서구에서 많이 쓰는 경량 목구조, 그리고 경량 철재와 샌드위치 패널을 쓰는 조립식 집도 가구식 구조라 할 수 있다.

---

[65] 풍수(風水)는 장풍득수(臟風得水 : 바람은 가두고 물은 들인다)의 준말이다. 풍수는 동굴의 위치를 잡는 것에서 시작되었다고 한다. 하루 종일 햇빛을 받을 수 있고 드센 바람을 막으며, 홍수를 피하면서도 필요한 물을 얻을 수 있도록 기후와 지세를 살피는 삶의 지혜가 풍수라고 할 수 있다.

조적식 구조와 가구식 구조.
(좌) 조적식 구조의 귀틀집. (우) 가구식 구조의 한옥.

조적식 구조와 가구식 구조는 서로 장단점이 있으므로, 집을 짓기 전에 먼저 어떠한 구조가 적절한가를 선택해야 한다. 조적식 구조는 지붕을 벽이 받치고 있기 때문에 칸의 크기, 문과 창문의 크기 등에 제한이 있을 수 있다. 또한 지진에 취약하다. 하지만 가구식 구조보다 공법이 간단해서 스스로 짓는 경우 이 방법을 많이 선택한다. 가구식 구조는 벽이 지붕을 받치고 있지 않아 벽을 전부 허물어도 되기 때문에 공간의 면적, 문과 창문의 크기에 대해 비교적 자유롭고 지진에도 잘 무너지지 않는다. 하지만 틀을 만들고 이 틀이 지붕의 하중을 감당해야 하는 만큼 전문적인 지식과 기술이 필요하다. 이미 지어져 있는 집을 고칠 경우에도 구조를 알아야 한다. 조적식 구조로 지어진 집의 경우 벽을 터서 공간을 확장하거나 문이나 창문을 새로 내는 것에 유의해야 한다.

농촌의 집짓기에서 미리 생각해두면 편리한 것들이 몇 가지 있다. 첫 번째는 온실이다. 온실이 필요할 경우 집과 따로 지으면 사면의 벽을 새로 만들어야 하지만 집과 붙여 지을 경우 집의 벽면을 이용하기 때문에 훨씬 용이하게 만들 수 있다. 온실이 들어갈 자리를 조금 파서 낮게 할 경우 유리 지붕만 덮으면 온실이 되기도 한다. 또한 원래 온실의 북쪽 벽은 유리가 아니라 햇빛을 받아 열을 머금을 수 있는 흙벽돌, 돌 등의 재료로 만드는 것이 좋고 땅을 파서 낮게 만들면 그만큼 보온효과가 높아지므로, 집과 붙어 있는 온실은 만들기도 쉬울 뿐 아니라 기능적으로도 효과적이다. 또한 온실 덕분에 집의 단열효과는 더 높아지고, 온실과 집 사이에 환기장치를 연결하면 온실에서 데워진 공기를 집 안으로 끌어들일 수도 있다. 온실 안에 지붕에서 떨어지는 물을 저장하는 탱크를 설치하면 빗물을 온실에서 이용할 수 있을 뿐 아니라 탱크 안의 물이

온실 만들기.
집에 붙여 온실을 만들면 온실을 만들기 훨씬 쉽고 단열효과도 기대할 수 있다. (일러스트 : 권혜진)

낮에는 햇볕으로 데워지고 밤에 그 열을 방출하는 기능을 하게 된다.

두 번째는 넝쿨성 식물을 활용하는 것이다. 주택의 벽면에 넝쿨성 식물을 자라게 하면 여름에 뜨거운 햇빛을 차단해서 집을 시원하게 할 수 있다. 겨울에도 잎을 달고 있는 식물이라면 단열효과를 기대할 수 있으나 우리나라에서 사철 잎을 달고 있는 넝쿨성 식물은 많지 않다. 넝쿨성 식물을 집에 도입하는 방법은 아래에서 위로 올라가게 하는 방법과 위에서 아래로 내려오게 하는 방법이 있다. 넝쿨성 식물은 햇빛을 찾아 위로 올라가는 특성을 가지고 있어 주택의 벽 아래 텃밭, 텃밭상자, 텃밭바구니, 화분 등에 넝쿨식물을 심으면 벽을 타고 올라간다. 하지만 넝쿨이 주택의 벽면을 손상시키거나 더럽히기도 하고, 넝쿨손이 접지력이 없으면 효과적으로 벽면을 타고 올라가지 못한다. 이 경우 트렐리스(trellis)를 만들어 벽에 달면 효과적이다. 트렐리스는 넝쿨식물이 잘 타고 올라갈 수 있도록 만든 격자형 구조물로, 각목, 대나무, 철사, 노끈, 낚싯줄 등 다양한 재료로 만들 수 있다. 꼭 바둑판 모양으로 네모반듯하게 만들 필요는 없다. 벽면의 모양과 필요에 따라 디자인해서 만들어도 된다. 단 철사의 경우 녹이 슬면 미관상 좋지 않기 때문에 유의해야 한다. 넝쿨식물을 위에서 아래로 내려오게 하려면 옥상이나 2층 베란다 등에 텃밭상자, 텃밭바구니, 화분 등을 놓고 넝쿨을 늘어뜨리면 된다.[66] 이러한 공간이 없을 경우 처마 밑에 화분을 매달 수

---

[66] 벽에서 돌출하여 공간을 만든 경우 발코니라 하고, 아래층의 지붕을 위층에서 발코니처럼 사용하는 경우를 베란다라 한다. 테라스는 1층 주택의 경우 실내 바닥 높이보다 20센티미터 낮게 만들어 정원을 만든 경우를 지칭하는데 우리나라에서는 이 말들을 다소 혼용해서 쓰고 있다.

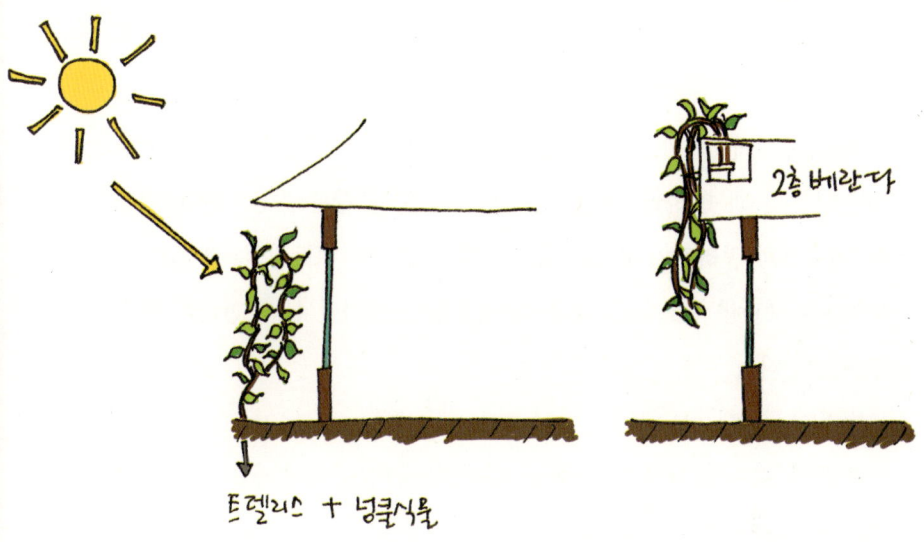

넝쿨성 식물의 활용.
식물을 활용하면 식물이 집에 그늘을 만들어 여름에 유리하다. (일러스트 : 권혜진)

있는 구조물을 만들어 그 화분에 넝쿨식물을 심는다.

세 번째로 농촌주택에는 문이 두 개 필요하다. 도시에 아파트가 보급되면서 농촌주택도 아파트의 평면구조를 많이 닮아가고 있다. 아파트 평면은 거실을 중심으로 현관, 부엌, 방, 화장실 등이 연결되어 있는 구조인데, 이러한 평면구조는 동선이 짧고 단열 측면에서 유리하지만 농촌에서는 불편하다. 일을 하고 들어오면 거실을 건너가 화장실로 가서 씻어야 하고 점심이나 새참을 준비할 때도 더러워진 작업복을 입은 채로 거실과 부엌을 드나들어야 해서 집 안을 청결하게 유지하기 어렵다. 이러한 평면구조를 개선하려면 문을 하나 더 만들고 머드룸(mud room, 흙을 털어낼 수 있는 공간)을 연결하는 것이 좋다. 머드룸은 부엌과 연결해야 수확한 농산물을 손쉽게 부엌으로 전달하고 외부에서 일하다가 부엌을 이용할 경우에도 편리하다. 머드룸에 간단한 개수대를 마련하면 수확물, 농기구, 손과 발을 간단하게 씻을 수 있다. 일상활동을 할 때 사용하는 문과 일하러 나갈 때 사용하는 문이 같은 농촌주택은 현관을 깨끗하게 관리하기가 쉽지 않다. 머드룸에 작업화, 장화, 작업복, 모자 등을 보관해두고 일을 나갈 때 머드룸을 거치면 본래 현관의 관리도 쉬워진다.

농촌의 집이 넓어야 할 이유는 없다. 건축비도 많이 들지만 유지관리비, 특히 겨울의 난방비가 많이 들기 때문이다. 귀농, 귀촌하는 분들에게 농장 설계를 해보라고 하면 주택의 면적을 상당히 넓게 잡는다.

머드룸의 설계.
부엌와 외부를 연결하는 머드룸을 만들면 편리하다. (일러스트 : 권혜진)

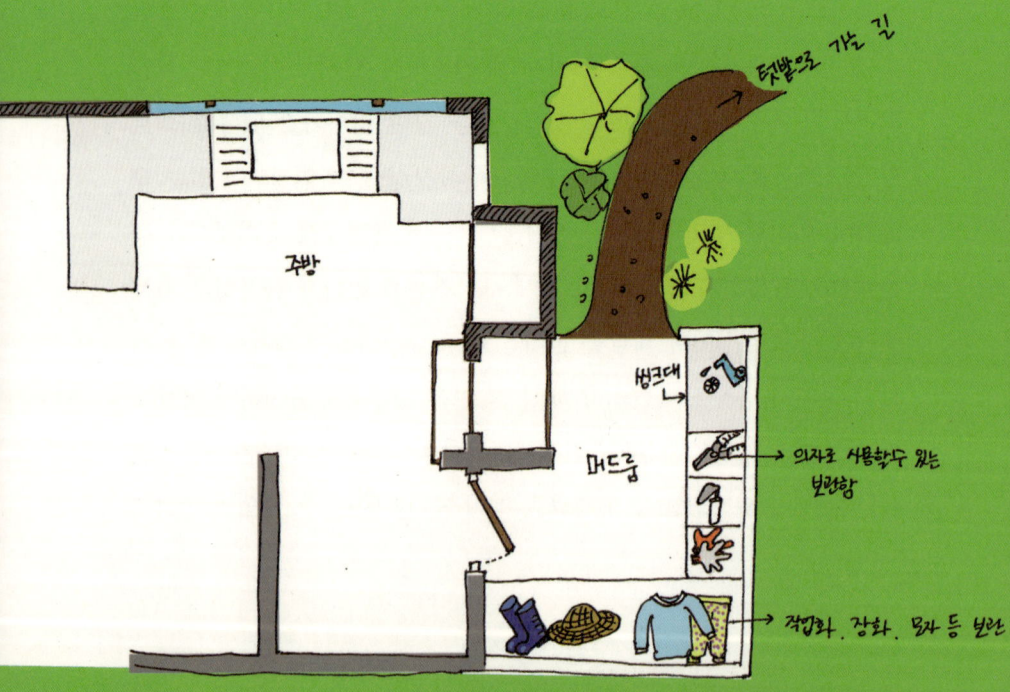

첫 번째 이유는 주택면적을 도시의 아파트 평형에 맞추어 생각하기 때문이다. 아파트의 평형은 주택의 실제 면적이 표현된 것이 아니고 복도, 계단, 주차장 등 단지에서 공동 소유한 토지의 면적까지 포함된 개념이다. 그래서 아파트 평형을 기준으로 면적을 산정하면 매우 큰 집이 지어진다. 두 번째는 도시에서 빡빡하게 살았으니 좀 넓게 살아보자는 생각이다. 농촌에서 실내 공간은 그다지 효용이 높지 않다. 신선한 공기와 피톤치트, 꽃내음을 맡을 수 있는 시골에 와서 실내에 틀어박혀 살 이유가 없지 않은가. 오히려 실내도 아니고 실외도 아닌 공간이 유용하다. 지붕은 있지만 외부와 완전하게 막혀 있지 않은 공간, 한옥이라면 대청마루, 툇마루 등이고 서양식 주택이라면 베란다, 데크 공간에 해당한다. 아주 추운 지방이 아니라면 이러한 공간을 1년의 2/3 이상 동안 활용할 수 있기 때문에 넓은 집을 원한다면 실내공간은 작게, 이러한 공간은 넓게 계획하면 된다. 세 번째는 가족이나 친지들이 자주 찾아올 것을 예상해서다. 하지만 이렇게 찾아오는 사람들이 매일 있는 것은 아닌 이상 특별할 때를 대비해서 집을 크게 지어 관리할 필요가 없다. 지인들이 자주 찾아오는 것도 귀농귀촌의 실패요인 중 하나다. 대접 아닌 대접을 해야 하고 그 때문에 절기에 맞추어 꼭 해야 할 일을 못 하게 될 수 있다. 집이 넓으면 공연히 불필요한 지인까지 불러들일 수 있다. 집을 계획할 때는 '작고 소박한 집에 우주가 담긴다'는 말을 새길 필요가 있다.[67]

---

[67] 건축가 임형남, 노은주 부부가 쓴 『작은 집, 큰 생각』(교보문고, 2011)에 나오는 말. 금산에 사는 교사 부부 내외의 소박한 집인 '금산주택'의 사례가 잘 나와 있다. 소박한 농촌주택의 귀감이 될 만하다.

에너지는 돈이다

퍼머컬처의 0지구 계획, 집짓기에서 반드시 고려해야 하는 것은 에너지다. 퍼머컬처의 원리대로 가급적 상업에너지의 사용량을 줄이고 자연에너지를 사용해야 한다. 집짓기에 퍼머컬처의 에너지 원리를 적용하기 위해서는 에너지에 대한 기본적인 이해가 필요하다. 에너지는 크게 재생 불가능한 에너지와 재생 가능한 에너지로 나눌 수 있다. 에너지를 소비하는 속도와 에너지를 새로 만들어내는 속도가 월등하게 차이가 나는 경우 재생 불가능한 에너지라 하고, 비슷비슷한 경우 재생 가능한 에너지라 한다. 재생 불가능한 에너지로는 석탄, 석유, 가스, 원자력 등이 있는바, 인류가 이러한 에너지를 사용한 역사는 그리 길지 않다. 불과 300~400년 만에 오랜 시간 동안 만들어진 석탄, 석유, 가스 등의 에너지자원을 다 써버리고 있는 셈이다.[68] 재생 불가능한 에너

---

[68] 재생 불가능한 에너지의 사용은 고갈의 문제뿐 아니라 환경오염의 중요한 원인을 제공한다는 문제도 있다. 원자력은 깨끗한 에너지이기는 하지만 공간적으로 광범위하고 세대를 넘어가는 치명적인 영향을 미치는 방사능 오염을 일으킨다.

지는 돈을 주고 사야 되는 것이어서 농장 경영상 중요한 지출항목이다. 또한 그 대부분은 수입에 의존하고 있기 때문에 장기적으로 볼 때 지속적인 공급이나 안정된 가격을 기대하기 어렵다. 따라서 자연으로부터 얻을 수 있는 재생 가능한 에너지원을 농장 주변에서 찾아 주택뿐 아니라 농장에 적용하는 것이 필요하다. 이런 재생 가능한 자원으로는 태양, 수력, 풍력, 생체에너지, 지열 등이 있다.

태양에너지는 지구상의 어느 곳에서나 이용할 수 있다는 장점이 있지만, 비가 오거나 날씨가 흐리면 사용할 수 없다는 단점이 있다. 태양을 에너지로 이용하는 방법은 열(熱)을 이용하는 방법과 광(光)을 이용하는 방법이 있다. 태양의 열을 이용하는 방법은 수동적인(passive) 방식과 능동적인(active) 방식으로 나뉜다. 수동적인 방식은 시설과 장비를 통해 햇빛의 열을 집적하여 사용하는 것이 아니라 햇빛을 자연스럽게 집으로 끌어들여 활용하는 방식을 의미한다. 여기에서 최근 회자되고 있는 패시브 하우스(Passive House)라는 말이 생겨났다. 패시브 하우스는 햇빛을 최대한 받아들인 후 그 열이 밖으로 새어나가지 않도록 차단하여 실내온도를 유지할 수 있는 집을 말한다. 구체적으로는 주택의 냉난방 부하가 $10w/m^2$이하인 집을 말하는데, 이를 석유로 환산하면 3리터 이하여서 우리나라 주택의 평균 부하 16리터보다 80% 이상 에너지를 절약하고 그만큼 이산화탄소 배출을 줄일 수 있다. 남향으로 집을 짓고 햇빛을 받을 수 있는 창문을 만들어 태양열을 받아들이되 복사

열을 빼앗기지 않도록 단열성능이 높은 창과 벽을 만들어야 한다.[69] 더 나아가 폐열회수형 환기장치를 통해 신선하지만 차가운 외부공기를 내부공기로 덥혀 끌어들이기도 한다. 이를 통해 겨울에는 난방장치를 별도로 가동하지 않고도 20℃를 유지하고 여름에는 냉방장치 없이 26℃를 유지할 수 있다. 물론 건축비는 올라간다. 하지만 많은 전문가들은 집을 지을 때 건축비가 더 들더라도 패시브 하우스로 짓는 것이 낫다고 조언한다. 매년 들어가는 에너지 비용을 생각하면 더 경제적이라는 것이다.

태양열을 이용하는 능동적인 방식은 태양열집열판을 설치하여 열을 가두어 집적하고, 이 집열판에 파이프를 설치하고 물을 통과시켜 온수를 사용하는 방식이다. 이론적으로 대전 이남지역에서는 난방이 가능하다고 하지만, 장마철이나 흐린 날에는 사용할 수 없어 보조 난방으로 사용하거나 온수 전용으로 사용한다. 난방·온수겸용 보일러의 경우 온수를 쓰기 위해 간헐적으로 보일러를 작동시킬 때 더 많은 기름이 들어가기 때문에, 태양열로 온수만 사용해도 상당한 기름을 아낄 수 있다. 또한 태양열집열판에 물을 통과시키면 온수가 되지만 공기를 통과시키면 따뜻한 공기를 만들 수도 있다. 이 따뜻한 공기를 실내로 끌어들이면 온풍기가 된다. 이러한 태양열 장치는 원리가 간단해서 스스로 만들 수 있다. 많은 귀농인들이 태양열온수기와 온풍기를 손수 만드는 노력

---

[69] 패시브 하우스에서는 겨울 햇빛은 집안으로 들이고 여름 햇빛은 처마가 차단하여 실내로 들이지 않아야 하기 때문에 처마각도와 처마길이를 잘 조정해야 한다. 하지의 남중고도 (90°-위도+23.5)의 햇빛은 막고 동지(90°-위도-23.5)의 햇빛은 끌어들일 수 있도록 지붕을 만들면 된다. 계산하기 어렵다면 인근에 있는 한옥을 몇 군데 찾아 그 한옥의 처마를 따라하면 거의 틀림없다.

런던의 베드제드(Bedzed) 생태마을에 지어진 패시브 하우스.
햇빛을 많이 들이기 위한 창, 열교환 환기장치, 충분한 단열 등이 이루어져 있다. (사진 제공 : 전호상)
❶ 베드제드 패시브 하우스의 넓은 창문
❷ 베드제드 패시브 하우스의 천창
❸ 베드제드 패시브 하우스의 환기장치
❹ 베드제드 패시브 하우스의 단열시스템

태양열온수기와 태양열온풍기.
(좌) 완주군 고산면 지역경제순환센터의 태양열온풍기. 집열판에서 데워진 공기가 지역경제순환센터 2층의 카페로 순환된다.
(우 상) 에너지자립마을인 완주군 고산면 덕암마을의 주택에 설치된 태양열온수기. 집열파이프에서 데워진 물이 집 안의 온수 파이프와 연결되어 순환된다.
(우 하) 태국 에너지아쉬람의 다양한 태양열온수장치의 집열판.

을 하고 있으며, 서로 정보를 교환하는 워크숍도 하고 있다.[70]

태양열을 이용한 조리기도 가능하다. 간단한 태양열조리기는 스티로폼

---

[70] 신재생에너지와 관련된 기업정보는 에너지관리공단 홈페이지(http://www.knrec.or.kr)에서 얻을 수 있다. 스스로 만드는 재생에너지에 대한 정보는 전국귀농운동본부(http://www.refarm.org), 흙부대생활기술네트워크(http://cafe.naver.com/earthbaghouse)에서 얻을 수 있다.

박스, 유리판, 마분지, 쿠킹호일만 있으면 집에서 만들 수 있다. 작은 냄비가 들어갈 만한 스티로폼 박스 안에 열이 반사될 수 있도록 쿠킹호일을 붙이고, 햇빛을 더 많이 박스에 들어오게 하는 반사판 날개를 마분지에 쿠킹호일을 붙여 만든 후 박스에 붙인다. 박스 크기에 맞추어 유리판을 잘라 박스의 뚜껑을 만들면 조리기가 완성된다. 검은색이 열을 더 잘 흡수하므로 음식재료를 검은색 냄비에 넣어 스티로폼 박스에 넣으면 된다. 감자, 계란 등은 물을 넣지 않아도 복사열로 익는다. 이 조리기의 단점은 반사판 날개를 달았더라도 태양의 이동에 따라 방향을 맞춰주어야 한다는 것이다. 이러한 단점을 보완한 조리기를 독일의 쉐플러가 만들었다. 쉐플러조리기는 타원형으로 만들어진 반사판이 간단한 기계장치를 통해 좌우로 움직이도록 되어 있어 자동으로 태양을 추적한다. 쉐플러는 이 태양열조리기의 설계도에 특허를 내지 않았을 뿐 아니라, 이 조리기를 계속 개량하면서 제3세계 여성들에게 제작방법을 알려주는 일을 하고 있다. 쉐플러조리기의 설계도는 인터넷에서 쉽게 구할 수 있다.[71]

태양광을 이용하는 방법은 빛이 비치면 전기를 생산하는 반도체를 활용해서 전기를 생산하는 것이다. 이러한 반도체를 모아 태양광 패널을 만들고 이 패널을 지붕에 올려 전기를 생산한다. 태양광으로 생산하는 전기는 낮은 직류 전압이 발생하기 때문에 이것을 교류로 바꾸고 승압하여 축전지에 충전하여 사용하면 된다. 태양광패널, 교류변환기,

---

[71] 물리학을 전공한 볼프강 쉐플러(Wolfgang Scheffler)가 개발한 이 조리기는 2~2.7㎡의 타원형 반사판을 가지고 있고 반사된 햇빛이 그릇에 초점을 맞춰 조리를 한다. 이 조리기는 대단히 효율적이어서 물 1ℓ를 약 6분 만에 100℃로 끓일 수 있다.

태양광발전기와 태양열가로등.
(좌) 에너지자립마을인 완주군 고산면 덕암마을에 설치된 태양광가로등.
(우 상) 덕암마을에 설치된 태양광발전기.
(우 하) 태양광발전기를 계통연계형으로 설치하면 전력계가 발전용, 소비용 2개로 설치된다.

승압기, 축전지 등으로 구성된 태양광발전 설비 중 가장 비싼 장비는 축전지다. 그래서 우리나라에서는 계통연계방식(System Linked Type)을 많이 활용한다. 계통연계형은 생산한 전기는 한전으로 보내고 사용하는 전기는 한전으로부터 받는 방식이어서 축전지가 필요 없다. 태양광발전 설비의 설치비를 정부에서 보조받는 경우 생산한 전기를 팔 수 없고 사용한 전기량만큼 차감하게 된다. 정부의 보조를 받지 않고 태양광발전 설비를 설치하면 한전에 높은 가격으로 전기를 팔 수 있는데,

이러한 방식으로 쓰지 않는 땅에 태양광발전 설비를 갖추어 수익사업을 하는 경우도 있다.[72] 이 밖에도 태양광반도체를 활용한 소형 장비와 장치들이 있다. 솔라펌프, 태양광조경등 등은 큰 비용이 들지 않아 농촌주택에 바로 적용할 수 있다.

농촌에서도 수력, 풍력 등을 활용할 수 있지만, 이를 활용하여 전기를 생산하려면 물과 바람을 많이 얻을 수 있어야 하고 비싼 장치와 설비가 필요하다. 옮겨 다니면서 가축을 키우는 몽골인들의 저렴한 소형 풍력발전기나 대규모의 댐을 만들지 않고 전기를 생산하는 소수력 발전은 가능하기는 하되 우리의 농촌주택에 적용하기가 쉽지 않다. 대신 바람과 물로 전기를 생산하지 않고 그 에너지를 그대로 이용하는 방식을 고려해볼 만하다. 풍력은 주택의 자연환기에 활용할 수 있다. 몇 가지 간단한 장치를 지붕에 설치하면 바람의 힘으로 실내의 공기를 효과적으로 외부와 교환시킬 수 있다. 이 장치는 여름철에 냉방을 필요 없게 만든다.[73] 수력을 이용하여 낮은 곳에 있는 물을 높은 곳으로 올릴 수도 있다. 예를 들어 계곡에 흐르는 물이 있다면 이 물의 에너지를 이용하여 흘러내려가는 물의 일부를 높은 곳으로 양수할 수 있다. 이러한 장치를 수격펌프(Water Hammer Pump)라 한다. 이런 방식으로 수력과 풍력의 힘을 그대로 이용하는 것이 전기를 만드는 것보다 훨씬 효율적이다.

---

[72] 가정용 태양광 설비는 보통 3kw 규모인데 농촌에서는 전기 소비량이 적어 이보다 작은 규모가 필요하다고 전문가들이 이야기하고 있다. 1kw 규모의 태양광발전 설비를, 계통연계를 하지 않고 발전한 전기를 바로 쓰는 방식으로 활용해도 꽤 많은 전기를 절약할 수 있다.

[73] 이러한 장치를 바람잡이 탑이라 하여 굴뚝에 설치하면 어느 방향에서 바람이 불더라도 외부 공기를 실내로 유입할 수 있다. 태양굴뚝이라는 것도 가능한데 햇빛과 바람의 힘을 이용하여 통풍을 효과적으로 할 수 있다.

자연의 에너지를 그대로 이용하는 장치들.
(상) 태양굴뚝 : 태양열을 이용해서 실내의 공기를 순환한다.
(중) 탑 : 바람잡이라고도 하는데, 바람의 힘을 이용하여 실내의 공기를 순환한다.
(하) 수격펌프 : 물의 낙차를 이용하여 물을 높은 곳으로 끌어올린다. (사진 제공 : 전환기술사회적협동조합)

농촌주택에서 활용도가 높은 에너지원은 생물로 얻는 생체에너지(Biomass Energy)다. 생체에너지 중에 장작은 단순하지만 인류가 가장 오랫동안 사용해온 에너지다. 우리나라의 전통 구들은 장작을 쓰는 매우 효율적인 난방시스템이다. 경남 하동 칠불사에는 스님들이 참선수행을 하는 아자방이 있다. 구들의 연도 모양이 아(亞)자 모양이라 아자방이라는 이름이 붙었는데, 한번 불을 지피면 100일 동안 따뜻했다는 전설 같은 이야기가 있다. 구들은 장작이 타는 공간과 따뜻해지는 공간이 분리되어 있어 쾌적한 실내 환경을 유지할 수 있고 취사를 겸할 수 있는 장점이 있다. 장작을 효율적으로 사용할 수 있는 또 하나의 연소 방법은 로켓스토브다. 로켓스토브는 단열을 한 수직 연소실을 만들고 연기가 빠져나가는 연도를 효과적으로 만들어 이중, 삼중 연소를 유도함으로써 고효율의 완전연소가 일어난다. 이 로켓스토브를 곤로, 난로, 벽난로, 구들에 적용할 수 있다.[74] 그런데 장작을 어디서 구해야 할까? 물론 산에서 장작을 구할 수 있지만, 많은 사람들이 그렇게 한다면 다시 산은 민둥산이 되고 말 것이다. 퍼머컬처에서는 농장에 나무를 심어 연료로 사용할 수 있도록 농장을 계획한다. 가지치기를 통해 목재를 얻기도 하지만, 빨리 자라는 나무로 방풍림을 서너 겹으로 만들고 나무가 자라면 한 겹의 나무를 잘라 장작으로 사용한 뒤 다시 조림한다. 1년 뒤에는 다음 겹의 나무를 같은 방식으로 사용하고 조림을 하면 3, 4년 후에 처음 조림했던 나무를 장작을 활용할 수 있어 지속적

---

[74] 이렇게 효율이 높은 화목난로, 곤로를 자작(自作)하는 사람들이 1년에 한 번씩 모여 정보도 공유하고 서로의 솜씨를 뽐내는 '나는 난로다!'라는 행사가 있다. 이 행사에 참여하면 다양한 고효율 난로 제작에 대한 정보를 얻을 수 있다.

로켓스토브.
(상 좌) 가장 간단한 형태의 로켓스토브.
(상 우) 깡통으로 만든 로켓스토브는 화력도 세다.
(하) 열효율이 좋은 다양한 곤로와 화덕.
(사진 제공 : 전환기술 사회적협동조합)

으로 장작을 얻을 수 있다. 이 밖에 쓰고 남은 식용류로 바이오디젤을 만들어 트럭과 농기계에 사용할 수도 있고, 축분을 발효하여 얻은 메탄가스를 취사에 활용할 수도 있다.[75]

---

[75] 경남 산청의 민들레공동체가 대안기술센터를 운영하고 있다. 영국에서 적정기술을 공부한 이동근 씨가 소장인데 바이오디젤, 메탄발효를 실제로 쓰고 있으며 관련된 교육 프로그램을 운영하고 있다. (http://www.atcenter.org)

지열 활용법은 지구가 원래 가지고 있는 열을 이용하는 방법이다. 땅속은 보통 100미터를 내려갈 때마다 4℃가 올라간다. 깊게 팔수록 높은 열을 얻을 수 있지만 비용의 한계가 있기 때문에 보통 100~200미터를 파서 15~20℃ 정도의 열을 얻는다. 20℃ 물을 온돌에 연결하여 겨울철 난방에 활용하고 라디에이터를 만들어 팬을 연결하면 여름철 냉방에 활용할 수 있다. 하지만 굴착작업과 관련된 설비의 가격이 만만치 않아서 개인주택에 적용하기는 아직 무리다. 주로 펜션, 연수원 등에서 활용하고 있다.

예전에 한 귀농인이 대형공사용 장비는 환경과 생태계를 파괴하고 화석에너지를 사용하므로 자신의 농장은 삽으로만 만들겠다고 이야기하는 것을 들은 적이 있다. 매우 훌륭한 각오이기는 하지만, 이분의 말처럼 재생 불가능한 에너지를 절대 사용하지 말아야 하는 것은 아니다. 예를 들어 농장에 물이 없어서 지하수 관정을 파고 전기펌프를 쓰고 있다고 하자. 그런데 농장 옆으로 흘러가는 계곡 물을 끌어들일 수 있는 수로를 중장비로 만들었다면? 화석연료를 사용하여 수로를 만들기는 했으되, 더 이상 전기를 사용하며 펌프를 쓰지 않아도 된다. 즉, 재생 가능한 자원을 지속적으로 이용하게 된 것이다. 재생 불가능한 에너지를 일상적인 에너지 소비에 사용하지 않아야 한다. 지구상에 얼마 남지 않은 재생 불가능한 에너지로 재생 가능한 에너지를 활용할 수 있는 기반을 만드는 데 써야 한다. 그러한 지혜가 우리에게 필요한 시점이다.

빗물도 돈이다

농장에 없으면 안 되는 것이 물이다. 지구상의 물은 14억km^3가 존재하는데 이 물의 대부분은 쓸 수 없는 바닷물, 즉 짠물이다. 소금기가 없는 민물은 전체 지구상의 물 가운데 3%에 불과하다. 불행하게도 이 물 중의 70%는 빙하와 만년설이기 때문에 역시 쓸 수 없다. 남아 있는 물의 대부분은 지하수로, 땅 속 깊은 곳에 있어서 이용하기 쉽지 않다. 결국 지구상에 존재하는 물 가운데 우리가 이용할 수 있는 물은 1%도 되지 않는다. 그럼에도 우리가 물을 지속적으로 사용할 수 있는 이유는 단 한 가지, 물은 순환하기 때문이다. 대기 중의 수증기 상태로 존재하다가 응결하여 땅으로 떨어진 물은 지표면, 하천, 호수 등을 거쳐 바다로 나아가고 이러한 과정에서 증발하여 다시 대기 중의 수증기로 돌아간다. 너무나 다행스러운 것은 어떠한 오염물질을 함유하고 있었더라도 물이 증발할 때는 그 오염물질은 놔두고 순수한 물만 수증기가 된다는 사실이다. 우리가 대기를 오염시키지 않는다면 비를 통해 우리는 이 세상에서 가장 깨끗한 물을 얻을 수 있다. 스위스에서 50년간 강물을 연구한 취리히 공대 교수인 조안 데이비스는 이러한 물을 '현명한 물(Wise Water)'이라 했고 특히 방금 내린 빗물을 '젊은 물(Juvenile Water)이라 했다.[76]

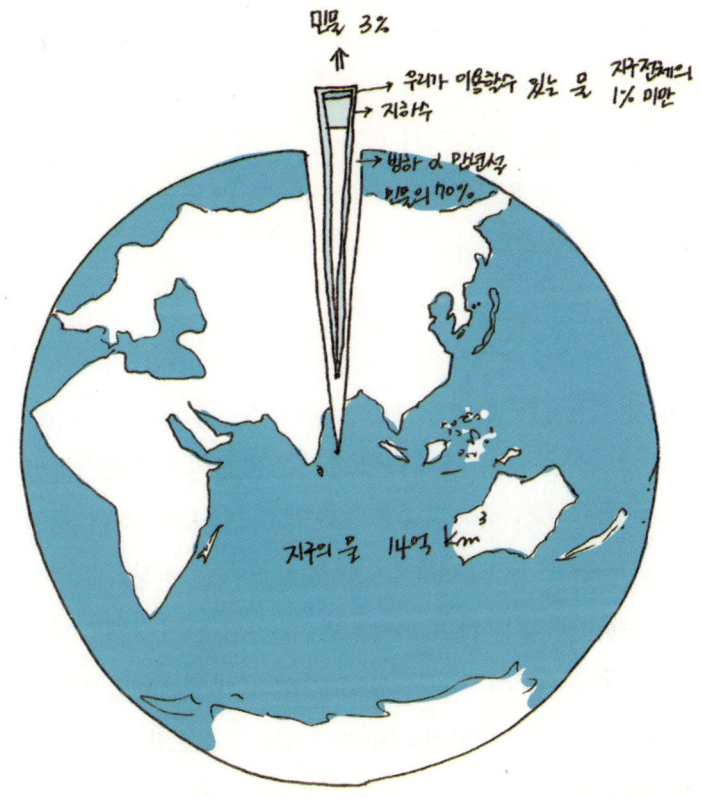

지구상에서 쓸 수 있는 물의 양.
지구상에서 우리가 쓸 수 있는 물의 양은 전체 물의 양 중에 극히 일부분이다. (일러스트 : 권혜진)

---

76 『물은 답을 알고 있다』, 에모토 마사루, 나무심는사람, 2002

그래서 퍼머컬처의 수자원 관리는 이러한 물의 순환과정을 훼손하지 않는 일을 으뜸으로 친다. 즉 물의 흐름을 적절하게 조절하고, 이 과정에서 물의 증발과 순환과정을 방해하지 않아야 한다. 또한 퍼머컬처에서는 빗물을 중요하게 생각한다. 빗물은 복잡한 과정과 오랜 시간 동안 지구 곳곳을 거친 뒤에 내가 살고 있는 지역에 스스로 떨어진 것인 만큼 소중하다. 따라서 무조건 모아 써야 한다. 쓰고 나면 바로 버리는 것이 아니라 어떻게 하든 다시 쓴다. 쓰고 또 쓴 후 버려야 한다면 토양에 버린다. 왜냐하면 토양을 통해 정화된 후 다른 사람, 혹은 다른 지역에서 그 물을 쓸 기회를 주기 때문이다.

우리가 주변에서 쓸 수 있는 물은 하천, 호수, 습지, 지하수 등에 존재한다. 하천의 물은 흐르기 때문에 잘 관리하지 않으면 재난을 얻는다. 많이 흐르면 홍수가 나고 적게 흐르면 가뭄이 생긴다.[77] 하천 관리와 관련해서 꼭 알고 있어야 하는 것은 유역(流域) 개념이다. 하천의 한 지점으로 물이 흘러드는 영역을 유역이라 하는데, 하천의 어떤 지점에서 오염물질이 발견되었다면 범인은 그 유역 안에 있다. 지도나 위성사진을 잘 들여다보면 이 유역을 그릴 수 있다. 하늘에서 빗방울이 떨어질 때 물이 흘러가는 방향이 갈라지는 지점을 모으면 선이 되며, 이를 분수령(分水嶺)이라 한다. 하천의 한 지점과 연결된 이 분수령의 폐곡선

---

[77] 홍수와 가뭄을 동시에 막을 수 있는 댐은 없다. 홍수를 막기 위한 댐은 비어 있어야 하고 가뭄을 막기 위한 댐은 항상 물을 채워놓고 있어야 하는데, 하나의 댐이 이 두 가지 일을 할 수 없기 때문이다. 또한 홍수를 막기 위해 하천을 직선으로 만드는 직강화 사업은 상류의 문제를 하류로 전가시킬 뿐이다. 직강화된 강에 흘러들어온 빗물은 빠른 시간 안에 하류로 이동하기 때문에 최근의 홍수는 주로 하류에서 바닷물의 수위가 높아져 상류에서 한 번에 밀려든 강물을 받아줄 수 없을 때 하수구가 역류하는 방식으로 발생하고 있다.

이 유역이다. 집이나 농장이 속한 유역을 잘 살펴봐야 한다. 산이 높고 나무가 많으면 수량이 풍부하고 안정적이다. 하지만 산이 낮으면 수량이 풍부하지 못할 가능성이 높다. 가장 위험한 상황은 산이 높으나 나무가 없는 경우다. 이 경우에는 산사태 등의 우려가 있다. 가뭄과 홍수를 막으려면 유역관리를 잘해야 한다. 치산치수(治山治水)라는 말은 허튼 말이 아니다. 산에 나무를 많이 심으면 토양이 빗물을 머금었다가 천천히 배출해주므로 하천의 수량을 안정적으로 유지할 수 있다.

호수의 물은 정체되어 있다. 그래서 햇볕을 받는 표면의 물은 따뜻하고 호수 아래의 물은 차갑다. 위의 온도가 높고 아래의 온도가 낮아서 위 아래의 물이 잘 섞이지 않기 때문에 호수의 물은 층이 나누어져 있다. 따라서 호수의 물은 아래와 위가 잘 섞이지 않아 안정적이다. 하지만 겨울에서 봄이 될 때 깊지 않은 호수의 경우 깊이에 따른 온도 차이가 없어지면 위 아래의 물이 섞일 수 있다. 그러면 호수 아래 가라앉아 있던 영양염류가 호수 전체에 퍼지고 그에 따라 플랑크톤이 많이 자라게 된다. 마치 녹색물감을 호수에 풀어놓은 것처럼 호수물이 푸른색으로 변한다. 이를 녹조현상이라 한다. 여기까지는 큰 문제가 되지 않는다. 문제는 플랑크톤이 죽어 분해되면서 호수의 산소를 다 써버릴 때 일어난다. 결국 용존산소가 부족해서 물고기가 떠오르는 죽은 호수가 된다. 또한 독성물질을 내놓는 남조류가 생길 수도 있다. 이를 방지하기 위해서는 호수에 영양염류가 과도하게 들어가지 않도록 해야 한다. 플랑크톤을 많이 생기게 하는 것은 인(燐)으로, 비료, 세제, 치약 등에 들어 있다. 이러한 물질의 사용을 자제해야 한다. 또한 하천, 호수변 가장자리에 습지를 보전하거나 일부러 식물을 심어 영양염류의 유입을 막아야 한다. 습지는 오염물질과 영양염류를 식물과의 상호작용을 통해 마치 여과지처럼 걸러준다. 또한 호수나 하천으로 물이 많이 유입될 때는 스펀지처럼 물을 머금었다가 하천과 호수의 수량이 적어지면 물을 내어줌으로써 홍수와 가뭄을 조절한다. 습지의 물을 그대로 사용하기는 어렵지만, 주변에 습지가 있다면 절대 훼손하지 말아야 하고 훼손된 습지의 기능은 빨리 복원시켜주어야 한다. 그래야 하천과 호수가 지속적으로 깨끗한 물을 공급할 수 있다.

농촌에서 많이 사용하는 수자원은 지하수다. 최근 농촌지역도 광역상수도를 연결하여 식수를 공급받고 있기는 하지만 그러지 못한 곳에서는 대개 지하수를 사용한다. 또한 비싼 수돗물로 농사를 지을 수 없기 때문에 지하수는 농업용수로 흔히 사용된다. 지하 암반 위에 존재하는 대수층의 물을 이용하기 위해서는 얕은 우물을 파면 되지만, 암반 아래의 지하수를 이용하기 위해서는 깊은 우물을 파야 한다. 얕은 우물의 깊이는 보통 20~30미터이며, 두레박 우물처럼 그 수위는 지하수의 공급량에 따라 변화한다. 같은 지역에서 관정을 마구 파서 지하수를 사용하면 지하수 수위가 점점 내려가게 되므로 주변의 상황을 고려하여 개발해야 한다. 깊은 우물은 100미터 이상 암반을 굴착하여 지하수를 찾는다. 인근의 다른 관정에 크게 영향을 주지 않기 때문에 민원의 걱정은 없다. 하지만 얕은 우물에 비해 개발비가 10배 정도 비싸다. 하천과 달리 지하수는 그 흐름에 대해 잘 알지 못하고 오염이 되더라도 파악하기 힘들뿐 아니라 정화하는 것은 더 어렵다. 따라서 매우 조심스럽게 사용해야 한다. 지하수법에 따라 소규모 지하수라도 지 자체에 모두 신고를 해야 한다. 또한 물이 나오지 않은 폐공도 오염물 질이 유입되지 않도록 충진 처리를 해야 한다. 지하수 오염의 우려가 있는 지역은 지하수 보전지역으로 지정되어 있으므로 개발 전에 이를 확인해야 한다.

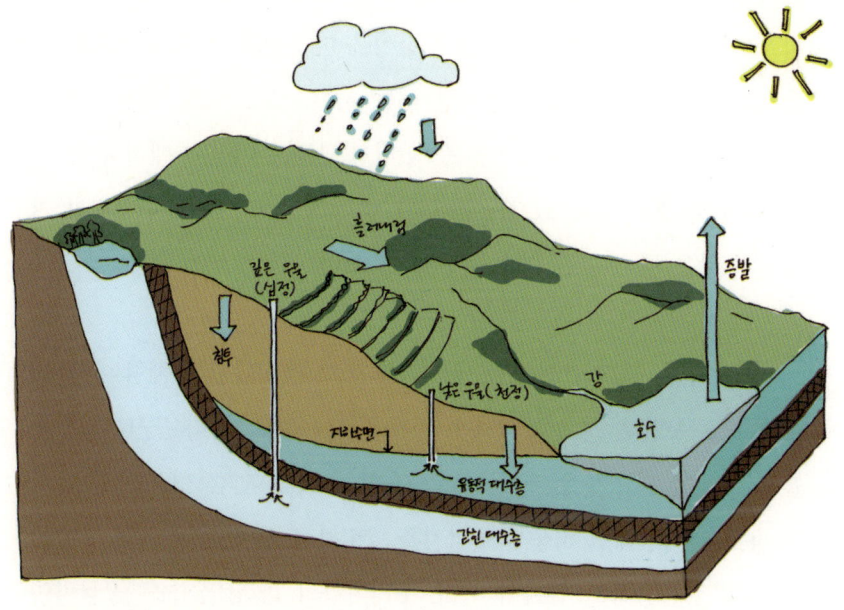

심정(깊은 우물)과 천정(낮은 우물). (일러스트 : 권혜진)

퍼머컬처에서는 용도에 맞게 수자원을 선택하고, 가능하다면 사용한 물을 다시 쓰도록 하고 있다. 농장에서 물은 식수, 생활용수, 농업용수로 쓰인다. 이를 쓰는 물, 상수라고 한다. 마시고 요리하고 설거지하는 용도로 쓰는 식수는 가장 깨끗해야 하는 물이다. 상수도가 연결되어 있는 곳에서는 수돗물을 쓰면 된다. 하지만 하천이나 계곡의 물과 같은 지표수, 지하수도 많이 쓴다. 식수는 없어서는 안 될 것이므로, 한 가지 식수원에 의존하지 말고 비상시를 대비한 보조 식수원이 필요하다. 호주의 크리스탈워터즈 생태마을에서와 같이 빗물을 마실 수 있다. 빗물을 먹는다는 것이 찜찜하게 여겨지겠지만, 처음 내리는 비가 대기 중의 오염물질을 대부분 끌고 내려오면서 산성비가 되는 것일 뿐, 초기 강우를 분리하면 오염물질도 없고 산성을 띠지 않는 비교적 깨끗한 물을 얻을 수 있다.[78] 오염이 우려될 때는 자갈, 모래, 숯을 넣은 간단한 정화장치로 오염물질을 제거할 수 있다.[79] 빗물은 어느 곳에서나 큰 비용 없이 얻을 수 있어 보조 식수원으로 가장 좋고, 다른 수자원이 적절하지 않은 경우 주된 식수원이 될 수 있다.

생활용수는 씻고 빨래하고 청소할 때 쓰는 물이다. 식수처럼 아주 깨끗할 필요는 없다. 지표수, 지하수, 빗물을 사용해도 되므로 구태여 수돗물을 사용할 필요가 없다. 식수로 사용할 수 있을 만큼 깨끗한 물을 다른 용도로 사용하면 비용과 에너지를 낭비하는 셈이 된다. 특히 수돗물은 이렇게 사용하지 말아야 한다. 우리나라의 1인당 상수도 공급량이 다른 나라에 비해 월등하게 높은 이유는 용도를 구별하지 않고 가장 높은 수준으로 정화 처리한 수돗물을 마구 쓰고 있기 때문이다. 생활용수

---

[78] 서울대학교 한무영 교수가 운영하는 빗물연구센터에서 빗물을 효과적으로 모으고 사용하는 방법을 연구하고 있다. 초기 강우를 간단한 원리로 배제하는 장치도 개발했다. 『빗물과 당신』, 한무영, 강창래, 알마, 2011

[79] 일본 나스에서 비전력공방을 운영하고 있는 후지무라 야스유키(藤村康之)는 제3세계 사람들을 위해 전기를 사용하지 않고 물을 정화하는 방법과 유해세균을 살균하는 방법을 개발하여 보급했다. 비전력공방에는 전기를 사용하지 않고 집과 농장에서 사용할 수 있는 다양한 발명품들이 있다. (http://www.hidenka.net).『플러그를 뽑으면 지구가 아름답다』, 북센스, 2011, 『3만엔 비즈니스, 적게 일하고 더 행복하기』, 북센스, 2012

산너울 생태전원마을에 설치된 초기강우배제시설. (사진 제공 : 이경주)

는 식수처럼 민감하게 오염을 신경 쓰지 않아도 되므로 빗물이 담당하도록 하면 좋다. 지붕에 떨어지는 빗물은 무조건 모아 생활용수로 써야 한다. 농사에 사용하는 농업용수도 지표수, 지하수, 빗물 등을 사용할 수 있다. 빗물은 별도의 처리가 필요 없고 비용도 거의 들지 않아서 농업용수에 가장 적절하다. 생활용수용 저장탱크에서 넘쳐흐르는 빗물은 텃밭 주변에 작은 연못을 만들어 수로로 연결하여 저장한다. 텃밭에 작은 바가지가 있으면 쉽게 텃밭에 물을 줄 수 있다. 대규모로 필요한 농업용수는 지표수, 지하수, 빗물 등을 다양하게 활용할 수 있도록 수로, 저수지, 관정 등을 설치한다. 한편 생활용수로 사용한 후 버리는 생활하수를 농업용수로 활용할 수 있다. 세제를 사용하지 않은 생활하수는 작물에 주어도 크게 상관없다. 이때 생활하수에 포함된 유기물질은 식물의 영양분이 된다. 작업 후에 비누로 꼼꼼히 씻지 않는 샤워장이라면 그 옆에 배수구를 만들지 않고 샤워한 물을 토양에 흡수시켜 그 물을 온실의 과수가 이용하게 할 수 있다. 반신욕을 하고 난 물을 온실 한쪽에 모아놓으면 온실은 따뜻해지고 식은 후에는 온실 식물에 사용할 수 있다. 야외에서 사용하는 개수대의 하수 파이프에 구멍을 뚫어 아예 텃밭 아래 묻어놓으면 개수대를 쓸 때마다 텃밭에 물을 줄 수 있다.

이렇게 퍼머컬처에서는 빗물은 꼭 모아쓰고 쓴 물도 다시 쓰도록 하고 있다. 하지만 다시 쓰고도 마지막에 버려야 할 때는 어떻게 해야 할까? 가급적 토양에 버려야 한다. 물은 토양을 통과하는 동안 토양알갱이와 토양 속에 살고 있는 미생물에 의해 정화된다. 그래서 내가 쓰지 못하더라도 하류 지역에 있는 사람들에게 깨끗한 물을 이용할 기회를 줄 수 있다. 물론 오염이 심한 물은 거르거나 어느 정도 정화한 후 토양에 버려야 한다. 토양에 버려진 물은 지하수 수위를 높이고 하천에 흐르는 물을 일정하게 유지해줄 것이다. 하지만 용도에 맞게 수자원을 개발하고 쓰고 난 물을 다시 쓰는 것보다 중요한 일이 있다. 가정에서 주로 쓰는 바가지의 크기는 대개 1.5~2ℓ다. 페트병에 들어 있는 생수는 많아 보이는 반면, 바가지에 담긴 물은 하찮아 보여 마구 버리기 쉽다. 퍼머컬처를 배우러 오는 사람들에게 하루 1인당 물 사용량을 계산해보라고 하면 대개 100ℓ~150ℓ 사이를 대답한다. 우리나라의 1인당 물 사용량은 약 330ℓ라고 이야기를 해주면 모두 깜짝 놀란다.[80] 그렇게 많이 사

---

[80] 우리나라의 1인당 상수도 사용량은 수돗물 공급량을 국민 수로 나눈 것이어서 수돗물을 쓰지 않는 가구나 누수량을 감안하면 오차가 있기는 하다. 어쨌거나 덴마크 114ℓ, 영국 139ℓ, 독일 151ℓ에 비해 매우 많은 양인 것은 사실이다.(《서울신문》, '우리나라 1인당 수자원량 세계 153개국 중 129위', 2013년 3월 22일)

물을 재이용하는 방법들.
(상) 지붕에 떨어지는 빗물은 모으고 또 모아 써야 한다.
(하) 개수대에서 버려지는 물도 다시 쓴다. (일러스트 : 권혜진)

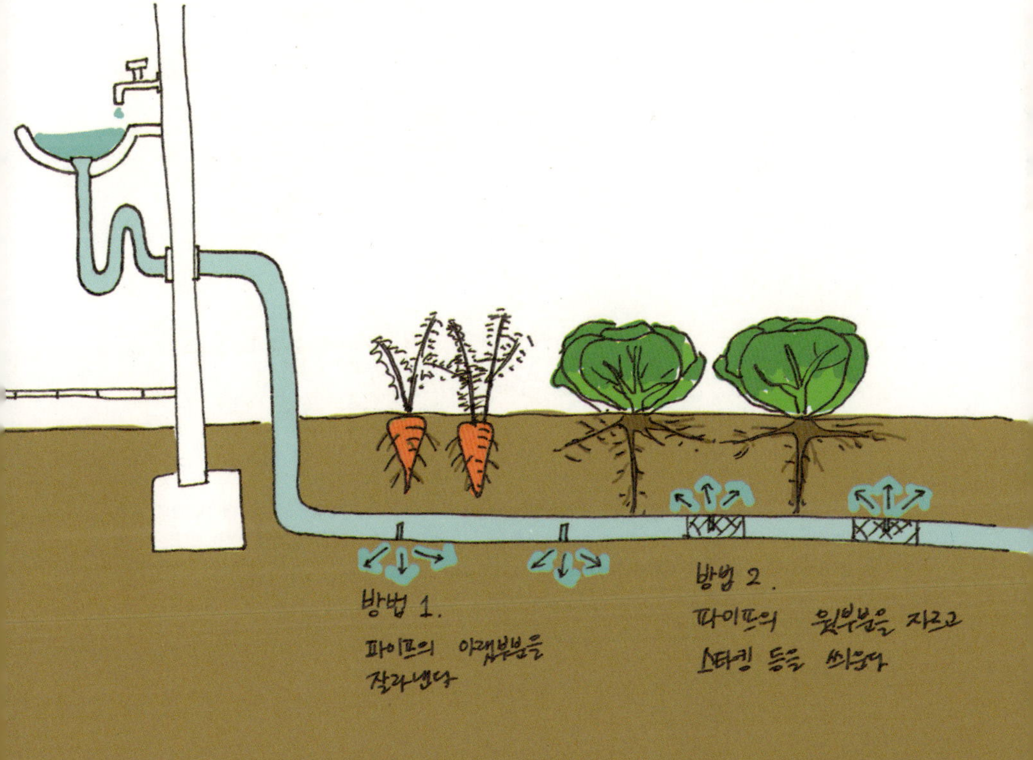

용하고 있는 줄 몰랐다는 것이다. 물이 부족한 인도에서 목회 활동을 한 경험이 있는 목사님은 하루에 50ℓ를 썼다며, 세숫대야 하나의 물로 목욕하는 법을 알려주신 적이 있다.[81] 어떤 방법으로 물을 공급받을 것인가를 고민하기 전에 어떻게 아껴 쓸 수 있을지를 먼저 고민해야 한다.

---

[81] 세숫대야 두 개와 작은 컵이 필요하다. 세숫대야 하나에 물을 받고 그 물을 컵으로 떠서 머리를 감되, 감은 물이 비어 있는 다른 세수 대야에 담기도록 해야 한다. 이 물을 컵을 이용해 몸에 끼얹고 비누칠을 한다. 이제 첫 번째 대야에 남아 있는 깨끗한 물을 이용해 컵을 사용해서 몸을 헹구면 된다.

버리는 물은 없다

집에서 쓰고 버리는 물 가운데 가장 골치 아픈 물이 오수(汚水)다. 오수는 분뇨가 섞여 있는 물, 즉 수세식 변기에서 버려지는 물이다. 인류가 만든 최악의 발명품 중의 하나로 꼽을 정도로 문제가 많은 것이 수세식 변기다. 우리와 마찬가지로 유럽도 중세까지 요강을 사용했는데 요강의 오물을 그야말로 '아무 곳'에나 버렸다. 도시에서는 어쩔 수 없이 길에 버렸는데, 그 오물을 치맛단에 묻히지 않으려고 여자들 신발의 굽이 높아지면서 하이힐이 만들어졌고, 2층에서 던지는 오물을 뒤집어쓰지 않기 위해 남자들은 모자를 쓰고 오물을 털어내기 쉬운 소재로 만든 레인코트를 입게 되었다고 한다. 여자들을 건물 쪽으로 통행하도록 하는 예절도 2층에서 떨어지는 오물 때문에 생겼다고 하니 여간 심각한 문제가 아니었던 모양이다. 도로의 오물은 전염병을 불러왔고, 전염병 매개체인 오물을 빨리 생활공간으로부터 멀리 보내야 했던 유럽인들은 수세식 변기를 개발했다. 수세식 변기는 많은 물을 낭

비할 뿐 아니라, 자원이 될 수 있는 똥을 물에 실어 하천으로 보냄으로써 수질오염을 일으킨다.[82]

물의 낭비와 수질오염을 막고 똥의 영양분을 땅으로 되돌려주려면 수세식 화장실을 사용하지 않아야 한다. 물을 사용하지 않았던 우리나라의 전통적인 화장실은 매우 다양했다. 가장 간단한 것은 역시 요강이다. 화장실을 따로 만들 필요도 없고 방 안에서 오물을 처리한 후 집 바깥의 퇴비장 등에 버리면 그만이었다. 하지만 방 안에서 냄새도 나고 자주 처리해야 해서 오물을 오랫동안 저장해놓을 수 있는 다양한 화장실을 만들었다. 가장 쉽게 만들 수 있었던 것은 잿간이다. 작고 얇은 구덩이를 파고 부춛돌로 발판을 만들어 용변을 보는 방식이다. 빨리 구덩이가 차서 자주 비워야 하기 때문에 넉가래로 오물을 퍼서 한쪽에 쌓아놓았다. 이 오물과 재를 섞어 토양에 사용했는데, 그래서 '회치장(灰治粧)', '잿간'이라 불렀다. 이 방식과 함께 보다 깊고 큰 구덩이를 파고 그 구덩이 위해 적절하게 앉을 수 있도록 판자를 걸친 후 용변을 보는 이른바 푸세식 화장실도 많이 사용했다.[83] 많은 오물을 오랫동안 저장할 수는 있지만 오물을 퍼서 올리는 일은 쉽지 않았다. 용변

---

82 오물을 물을 이용해 처리한 것은 기원전부터라고 한다. 하지만 1847년 영국 정부가 런던에 하수시설을 완성시켜놓고 모든 분뇨를 하수에 방류해야 한다는 법을 선포한 이후 수세식 화장실은 비약적으로 발전했다. 서양에서 수세식 화장실 문제를 깊게 바라본 사람은 조셉 젠킨스(Joseph Jenkins)다. 미국 펜실베이니아에서 유기농으로 농사를 짓는 그는 똥을 비롯해서 버려지는 유기물은 폐기물이 아니라 땅을 살릴 수 있는 자원으로 활용해야 한다고 주장했다. 그의 책 『똥 살리기 땅 살리기』는 이러한 기술적인 대안을 제시하는 동시에 자연과 유리된 현대 문명의 소모적인 삶의 방식을 돌아볼 수 있게 해준다.(녹색평론사, 2004)

83 푸세식 화장실의 '푸세식'은 국어사전에도 없는 적절하지 않은 표현인데, 수세식의 '수(水)'를 '푸다'의 '푸'로 바꾸어 재래식 화장실을 부르는 말로 많이 쓰이고 있다.

다양한 생태화장실.
❶,❷충남 홍성 풀무학교의 생태화장실과 그 내부.
(사진 제공 : 황바람)
❸,❹영국 핀드혼 마을의 생태화장실과 그 내부.
(사진 제공 : 전호상)
❺,❻호주 크리스탈워터즈 마을의 생태화장실 변기.
(사진 제공 : 이신애)

을 보는 곳을 높게 만들어 오물을 꺼내기 쉽게 만들기도 했다. 일부 양반집에서는 2층 누각으로 만들기도 하고, 전라남도 순천의 선암사 해우소는 비탈의 경사면을 이용하여 이러한 화장실을 만들었다. 이 밖에 화장실과 돼지우리가 연결되어 있어 인분을 돼지가 활용하는 제주도의 똥돼지간도 있었고, 커다란 항아리에 널판을 얹고 용변을 보는 똥항아리 화장실도 있었다.[84]

많은 귀농인들이 농촌생활을 시작하면서 생태적인 화장실에 도전하고 있다. 생태화장실을 만들기 전에 얼마나 자주 오물을 처리할 것인가를 결정해야 한다. 처리주기에 따라 저장해야 하는 오물의 양이 결정되기 때문에 화장실의 크기, 위치, 구조가 달라진다. 앞서 이야기한 대로 가장 간단히 오물을 처리하는 방식은 요강이다. 화장실 자체가 필요 없지만 용변을 보는 대로 바로 처리해야 한다. 수세식 화장실은 오물을 장기간 모아두기 때문에 커다란 저장탱크를 필요로 한다. 결국 처리주기가 길어질수록 오물의 저장공간도 커져야 한다. 또한 집 안에 둘 것인가, 집 바깥에 둘 것인가도 결정해야 한다. 외부 화장실은 갈 때마다 신발을 신어야 하고 밤에는 무섭고 겨울에는 춥다. 그래서 크기와 구조에 제약이 있고 냄새 방지도 어렵지만 많은 사람들이 집 안에 생태적인 화장실을 만들려는 다양한 노력을 해왔다.

실내에 설치하는 가장 쉬운 생태화장실은 버린 의자, 빈 페인트통, 양변기 뚜껑만 있으면 만들 수 있다. 버린 의자에서 엉덩이판을 떼어내고 양변기 뚜껑을 붙인 후 그 아래 페인트통을 놓으면 된다. 용변은 페인트통에 모으면 되는데, 용변을 볼 때마다 톱밥과 재를 뿌리거나 미생

---

[84] 이동범 씨가 지은 『자연을 꿈꾸는 뒷간』(들녘, 2000)에는 철학적, 생태적 관점에서 다양한 우리의 전통 화장실을 소개하고 있다.

물제재를 뿌리면 냄새를 막을 수 있다. 페인트통에 용변이 다 차면 퇴비장에 처리한다. 이 방식을 응용하면 작은 나무상자 안에 페인트통을 넣고 변기 뚜껑을 달아 용변을 볼 수 있게 만들 수 있다. 영국의 핀드혼(Findhorn) 생태마을을 방문했을 때 이렇게 만든 화장실을 이용했다. 이 페인트통 화장실은 용변이 담긴 통을 집 안에서 바깥으로 옮겨야 하는 단점이 있다. 이러한 단점을 극복한 화장실은 집 안에서 용변을 해결하고 오물은 집 바깥에서 처리하는 구조로 되어 있다. 집을 조금 높게 짓거나 화장실만 조금 높게 만들어 화장실 아래에 용변을 모았다가 처리하는 방식이다. 저장탱크를 화장실 아래에 만들고 저장탱크에서 오물을 끌어내는 방식도 있고, 아예 바퀴가 달린 수레를 화장실 아래에 두어 오물을 꺼내기 쉽게 할 수도 있다. 큰 수레를 이용하려면 지하공간이 커야 하지만, 페인트통에 바퀴를 달아 사용할 경우 지하공간은 크지 않아도 된다. 무주에 귀농했던 허병섭 목사는 예전 구들방 밑에 연탄을 밀어 넣었던 바퀴 달린 연탄화로를 연상시키는 구조로 화장실을 만들기도 했다.[85]

기업에서도 생태적인 발효화장실 시스템을 만든다. 물 사용과 오수를 처리하기 어려운 높은 산의 대피소, 휴양림 등에서 많이 사용하고 있는데, 소형 주택에도 설치 가능하다. 하지만 가격이 비싸고 전기와 발효보조재 등을 쓰는 경우도 있어 잘 선택해야 한다. 야외에 생태

---

[85] 서울 신설동 꼬방동네에서 가난한 사람들과의 삶을 시작한 허병섭 목사는 '똘배의 집', '월곡동 일꾼두레'를 만들어 빈민, 노동자들을 위해 일했고, 1996년 전북 무주로 귀농해서 생태주의 대안학교인 '푸른꿈학교'를 세우고 함양의 '녹색대학' 창립에도 기여했다. 안타깝게도 2012년 3월 27일, 향년 71세로 소천하셨다. 『일판 사랑판』(현존사, 1992), 『스스로 말하게 하라』(학이시습, 2009), 『넘치는 생명세상 이야기』(함께 읽는 책, 2001)의 저서가 있다.

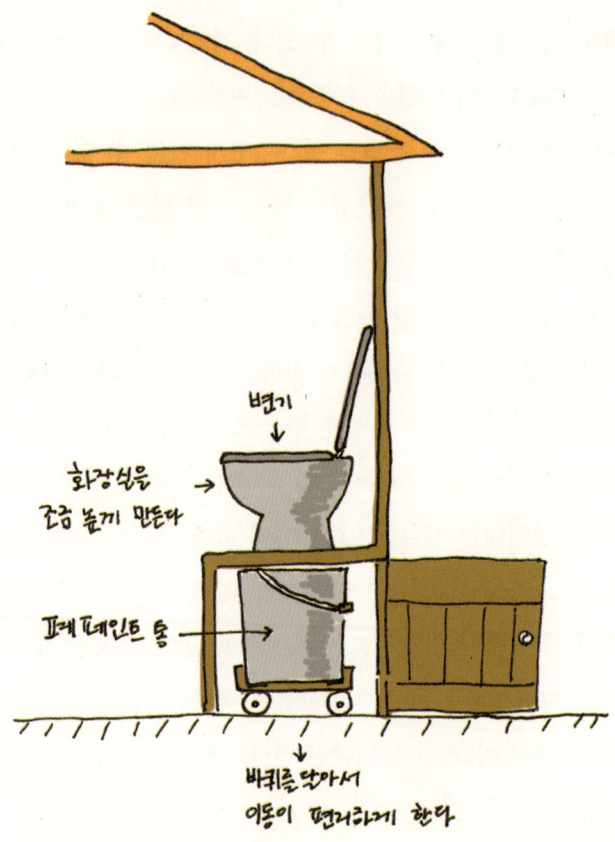

바깥으로 오물을 쉽게 꺼낼 수 있는 생태화장실 구조도. (일러스트 : 권혜진)

화장실을 만드는 경우 선택의 폭은 조금 넓어질 수 있다. 야외 생태화장실도 실내 화장실을 만들 때 사용한 방식을 그대로 활용할 수 있다. 야외에서는 크기, 공간, 구조의 제약이 적기 때문에 훨씬 많은 상상력을 동원하여 만들 수 있다. 야외 화장실을 만들 때 지형을 잘 활용하면 오물처리를 손쉽게 할 수 있고 위치나 창의 방향, 크기 등을 잘 계획하면 화장실 냄새를 줄이고 시원한 시골 경관과 향기를 화장실 안으로 끌어들일 수도 있다. 단, 화장실에서 배출되는 분뇨는 퇴비장이나 텃밭으로 옮겨야 하므로 집, 퇴비장, 텃밭 사이에서 가장 적절한 위치를 잡아야 한다.

생태화장실을 만들 때 번거롭고 복잡하기는 하지만 소변과 대변을 분리하면 여러 가지 장점이 있다. 액체인 소변이 고체인 대변과 섞이면 무엇보다 부피와 무게가 늘어나 퍼내고 이동하기가 어려워진다. 또한 액체 상태에서는 산소를 접하기 어려워, 산소를 싫어하는 혐기성 미생물이 유기물을 분해하기 때문에 악취가 난다. 남자들의 소변을 분리하는 일은 비교적 간단하다. 플라스틱 간장통이나 항아리에 뚜껑을 달고 소변을 받을 수 있도록 페트병을 잘라 끼워 넣으면 된다. 양변기에서 소변과 대변을 분리하려면 변기의 앞쪽에 소변을 받을 수 있는 간단한 장치를 만들면 된다. 아미노산, 비타민, 미네랄, 호르몬, 효소면역물질, 유산균 등이 들어 있는 소변은 매우 훌륭한 액비다. 공기를 접하지 않게 하여 2주 정도 숙성을 하면 소변에 포함되어 있는 요산의 독성이 없어지고 토양에 유익한 성분이 만들어진다. 염분이 포함되어 있으므로 물과 희석하여 거름으로 사용하면 된다. 소변과 분리된 대변은 고체 상태이기 때문에 공기를 접할 수 있어 냄새가 덜 나는 호기성 발효로 유도할 수 있고, 양이 적어져 관리하기 쉬워진다.

농촌생활을 시작했지만 여러 가지 이유로 수세식 화장실을 써야 할 경우도 있다. 수세식 양변기는 평균 1회에 13ℓ 이상의 물을 흘려보내기 때문에 4인 가족이 한 달간 1톤이 넘는 물을 쓰게 된다. 최근 6~7ℓ를

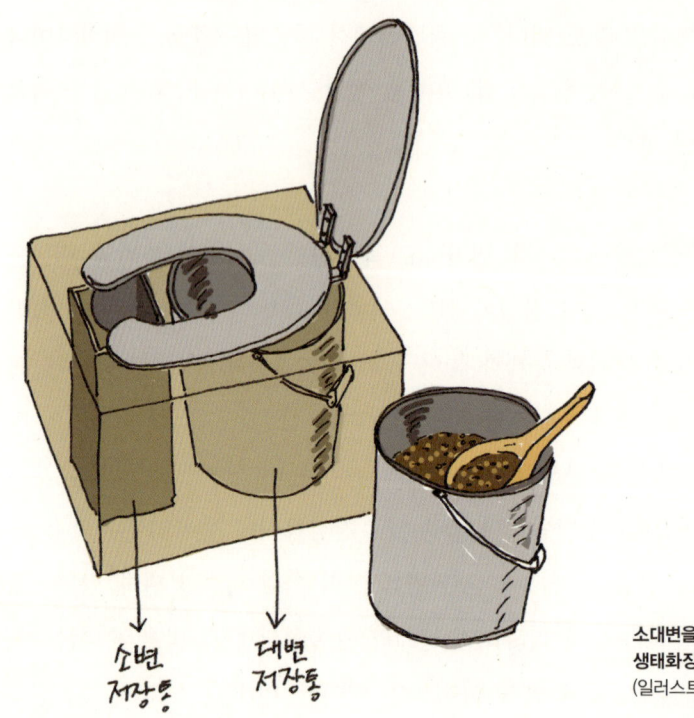

소대변을 분리하는
생태화장실 구조도.
(일러스트 : 권혜진)

사용하는 절수형 변기도 있고, 손 씻은 물을 재활용하는 변기도 있으며, 절수 부품도 개발되어 있다. 수세식 변기를 쓰는 경우 이런 것들을 적극적으로 활용해야 한다. 기존의 양변기에 벽돌, 물 담은 페트병을 넣어놓으면 그 만큼 물이 절약되니, 수세식 변기가 이미 설치된 경우에는 이 방법이라도 활용해야 한다.

수세식 변기를 빠져나간 오물은 정화조에 일단 저장된다. 정화조는 2개의 부패탱크를 가지고 있는데, 첫 번째 부패탱크로 들어온 오물은 일정한 체류시간을 거친 후 상류부의 액체만 두 번째 부패탱크로 넘어가 찌꺼기를 침전시킨 후 여과탱크를 거쳐 유출되도록 되어 있다. 정화조 구조는 오물을 혐기상태에서 숙성하는 구조이므로 적절한 체류시간이 지켜지고 정화조 관리를 잘만 한다면 액비를 만들고 있는 셈이 된다. 크리스탈워터즈 생태마을에서는 수세식 화장실과 연결된 정화조에 모아진 오물을 액비로 사용하는 집이 있었다. 수세식 화장실도 들어가는 물의 양을 줄이고 정화조를 잘 관리하면 만점짜리는 아니어도 생태적인 화장실이 될 수 있다.

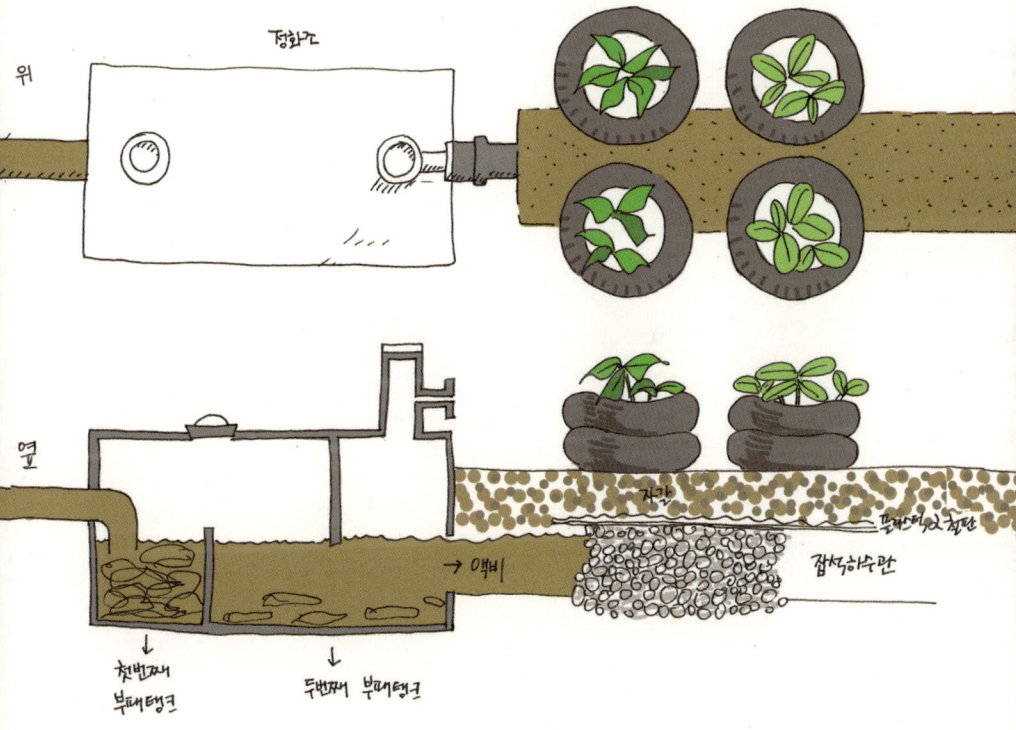

정화조의 액비를 이용한 텃밭. (일러스트 : 권혜진)

농장에서 버려지는 물은 미처 쓰지 않은 빗물, 씻고 청소하고 설거지한 생활하수, 수세식 화장실에서 나오는 오수로 구분할 수 있다. 빗물은 무조건 모아서 식수, 생활용수, 농업용수로 써야 하고, 생활하수는 농업용수로 쓸 수 있으며 정화 처리한다면 생활용수로도 쓸 수 있다. 생태적인 화장실을 만들면 오수는 아예 발생하지 않기 때문에 농장에서 사용한 물은 사실상 모두 재활용할 수 있다. 농촌에서는 버려지는 물을 100% 다시 쓰는 제로 에미션(Zero Emission)까지는 아니더라도 그에 가깝게 버려지는 물이 없도록 해야 한다.[86]

---

[86] 산업단지, 주거단지 등에서 사용한 물을 처리하여 중수도 등으로 다시 사용하면서 외부로 오폐수를 전혀 배출하지 않는 것을 제로 에미션이라 한다.

1지구는 창의력의 실험대다

1지구의 계획부터 방향을 고려해야 한다. 0지구 계획에서도 반영을 하지만 햇빛이 잘 들어오는 방향, 바람이 불어오는 방향, 야생동물이 침입할 수 있는 방향 등을 알고 있어야 지구 내에서 필요한 공간과 시설을 가장 적절한 위치에 만들 수 있다. 퍼머컬처에서는 이를 구역계획으로 실현한다. 구역은 0지구를 중심으로 피자 자르듯이 부채꼴 모양으로 공간을 나눈다. 예를 들어 해가 들어오는 동쪽에서부터 서쪽까지를 부채꼴 모양으로 잘라보자. 집 근처에 큰 나무를 심는다고 할 때 구역계획은 나무의 종류를 선택할 수 있도록 해준다. 해가 들어오는 남쪽 공간에는 활엽수를 심어야 한다. 여름에는 잎이 무성해서 집에 그늘을 만들어주고 겨울에는 잎이 떨어져 햇빛을 통과시켜줄 것이다. 해가 들어오지 않는 북쪽 공간은 상록수를 심어도 상관없다. 차가운 바람이 불어오거나 야생동물이 침입할 우려가 있는 방향의 구역에는 방풍림이나 울타리나무를 심을 필요가 있다. 여름철 차가운 바람이 들어오는 곳, 경관이 좋은 곳이라면 높은 시설을 만들지 않고 키 큰 나무나 작목을 심지 않아야 한다. 화재가 건너올 위험이 있다면 연못이나 저수지로 대비할 수도 있다. 1지구에서부터 5지구까지 5가지로 구분되어 있던 농장의 공간은 구역계획을 통해 10개, 15개, 20개로 쪼개지기 시작한다. 이렇게 구별된 공간은 지구의 용도와 구역의 성격에 따라 각기 다른 공간적 특성을 가지게 된다. 각 공간의 특성에 맞게 필요한 요소를 배치하면 농장을 보다 체계적으로 계획할 수 있다.

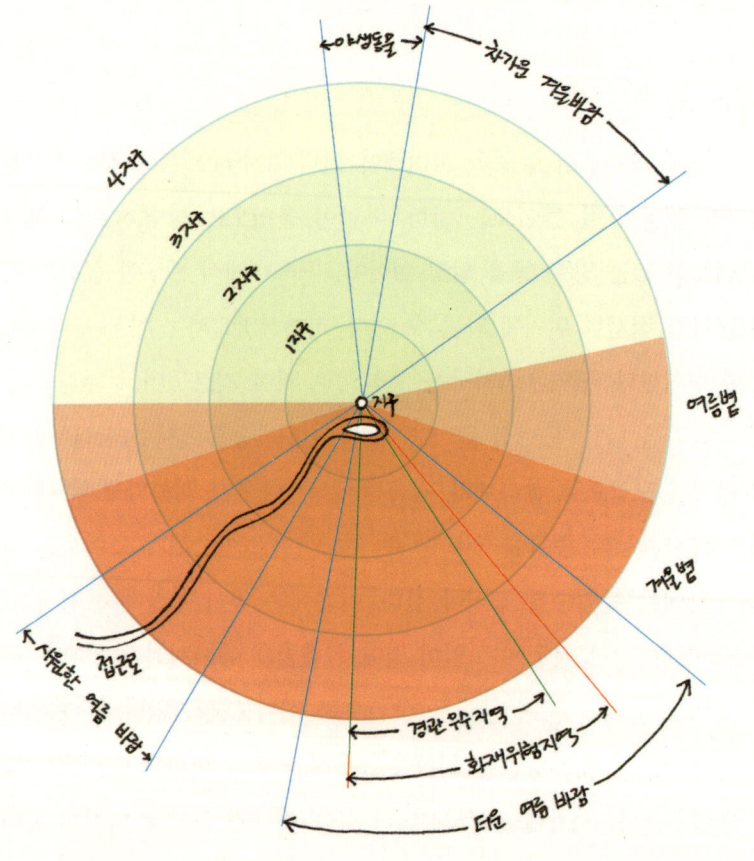

구역계획.
구역계획을 통해 지구계획을 했던 공간은 다시 특성에 따라 쪼개진다. (일러스트 : 권혜진)

집과 함께 1지구는 농장에서 매우 중요하다. 잘 만들어진 1지구는 농장주의 자족적인 삶이 가능하도록 해주는 공간이자 농장주에게 정서적, 심미적 안정감을 준다. 1지구는 집에서 가장 가까운 곳으로, 부엌과 연결된 문에서 시작하여 약 50미터 미만의 거리에 둔다. 되도록 채소와 목초가 사계절 자랄 수 있게 하며 집약적으로 작물을 키운다. 동물을 함께 키우면 동물의 배설물을 작물의 생산에 이용할 수 있을 뿐 아니라 농장에 생기를 줄 수 있다. 스스로 먹을 수 있는 작물과 동물이 있기 때문에 1지구는 매일 돌아보고 활동하는 공간이다.

1지구를 잘 가꾸면 여러 가지 좋은 점이 있다. 우선 본인이 키운 안전한 먹거리를 얻을 수 있다. 이 과정에서 토종 종자를 사용하고 생물다양성이 높아진다. 오염된 물뿐 아니라 유기성 폐기물을 정화하여 다시 이용할 수 있다. 즉 유기성 폐기물이 식량자원으로 변한다. 다양하게 조성된 1지구는 기계와 화학약품의 의존도를 줄이고 야생동물을 끌어들여 병해충에 대한 자연적 방제가 가능하도록 해준다. 2지구부터 시작되는 상업적 경작지의 크고 단순한 토지 이용으로부터 0지구인 집의 아늑함을 경관 측면에서 지켜준다. 또한 1지구는 창조적이고 생산적인 여가활동 기회를 제공한다.

1지구의 크기는 0지구에 거주하는 사람들에 따라 달라진다. 건장한 젊은 사람들이 산다면 넓어야 할 것이고 노부부가 소박하게 산다면 클 필요가 없다. 1지구의 크기와 상관없이 처음 시작은 작게 한다. 매년 넓혀갈 것을 생각하고 부엌문 앞에서부터 조성해나가면 된다. 1지구에 대한 전체 계획을 수립하고 설계도도 만들 수 있지만, 여기저기 듬성듬성 무언가를 만들다 보면 중간에서 아귀가 안 맞을 가능성이 있다. 부엌에서부터 공간을 확장하면서 만들어가야 한다. 또한 1지구계획을 세울 때 영구적으로 사용할 것을 고려해야 한다. 당장 필요한 것이 있다고 아무 곳에나 만들면 나중에 적절하지 않아 부수거나 이동시켜야 하는 일이 벌어진다. 가급적 잔디는 심지 않는다. 잔디는 키가 작아 물을 주더라도 금방 증발하여 수자원을 낭비하게 하는 식물이다. 또한 잡초에 약해서 수시로 이를 관리해주어야 한다. 잔디밭의 용도는 대개 아이들의 놀이공간, 바비큐 등의 여가공간이고 녹색 잔디가 심미적 안정감을 주기 때문에 많이 만든다. 하지만 놀이공간이나 여가공간으로 쓰는 일은 1년에 며칠 되지 않고, 녹색의 효과는 다른 방법으로 얼마든지 대체할 수 있다. 잔디는 농장에 어떤 이익도 주지 않으므로 1지구를 계획할 때 가급적 고려하지 않는다. 1지구에서 비슷한 작업이나 활동이 일어나는 곳은 한곳에 묶어 놓는 것이 좋다. 호미로 작업을 많이 하는 밭은 밭끼리, 전지가위로 작업을 하는 과수는 과수끼리 한곳에 모아놓으면 작업효율을 높일 수 있다.

1지구의 동선은 순환하도록 연결해야 한다. 집에서 시작하여 1지구의 곳곳을 돈 다음 집으로 다시 돌아오도록 하면 된다. 이러한 순환형 동선을 2~3개 만들면 1지구 어디나 쉽게 갈 수 있고 불필요하게 왔다 갔다 하는 일을 줄일 수 있다.

작목에 따라 밭의 모양도 달리 해야 한다. 상추, 잎깻잎, 쑥갓과 같이 수시로 잎을 따먹는 작물의 경우 밭의 너비는 사람의 키 정도인 것이 좋다. 그러면 밭의 양쪽에서 가운데까지 손이 닿기 때문에 굳이 밭에 들어가지 않아도 작목을 관리하고 수확할 수 있다. 하지만 감자, 고구마와 같이 한 번에 몰아서 작업과 수확을 하는 경우 너비를 넓게 해도 상관없다. 키 큰 작목이 키 작은 작목이 있는 곳에 그늘을 만들지 않도록 키에 따라 배치해야 하고, 자주 가야 하는 밭과 그렇지 않은 밭을 구별하여 배치해야 한다.

한 공간을 여러 용도로 사용하는 것이 좋다. 예를 들어 아이들의 놀이공간은 작물을 말리는 공간이 될 수 있고 손님이 많이 올 경우 주차장으로 변신할 수도 있다. 일을 하다가 잠시 쉴 수 있는 공간에 지붕을 만들면 잠깐 지나가는 비를 피할 수 있을 뿐 아니라, 개수대 시설을 해놓으면 바비큐를 즐길 수 있는 곳이 된다. 시간이 흘러 수요가 변하는 것도 고려하면 좋다. 아이들에게 모래밭은 좋은 놀이터다. 하지만 초등학교 고학년만 되면 모래밭에서 놀지 않는다. 그러면 모래를 파내고 연못을 만들 수 있다. 나중에 연못을 만들어도 될 만한 곳에 모래밭을 만들어야 한다.

1지구는 작은 공간에 많은 요소를 집어넣어야 하고 작물도 집약적으로 키워야 한다. 그래서 공간을 평면으로 생각하지 말고 수직으로도 확장시킬 필요가 있다. 집짓기에 이용한 트렐리스를 보다 다양한 모양으로 활용할 수 있다. 나뭇가지를 엮어 만든 인디언 텐트 모양의 트렐리스, 줄을 걸어 만든 트렐리스, 바구니 모양의 트렐리스, 길을 따라 벽

처럼 만든 트렐리스 등 다양한 모양의 트렐리스를 공간의 크기와 용도에 따라 활용하여 넝쿨성 작물을 심을 수 있다. 길에는 대나무를 엮어 파고라 모양의 트렐리스를 만들고 벽면에는 넝쿨성 식물을, 천장에는 비닐에 흙을 담아 배추를 키울 수도 있다.

꼭 트렐리스로만 공간을 3차원으로 확장해야 하는 것은 아니다. 가마니에 흙과 퇴비를 적절하게 섞어 담아 외부의 시선을 조금 차단할 필요가 있는 곳에 쌓는다. 거기에 고구마 줄기를 꽂아놓으면 고구마가 자라면서 푸른색의 벽이 만들어진다. 가을에는 가마니 안에 탐스러운 고구마가 남아 있게 된다. 플라스틱 원기둥 배수관을 활용할 수도 있다. 적당한 크기로 잘라 흙과 퇴비를 넣어 안정성 있게 수직으로 세운다. 배수관에 적당하게 구멍을 뚫어 딸기 모종을 심으면 딸기가 배수관에 대롱대롱 매달려 열린다. 헌옷으로 마네킹 텃밭을 만들 수도 있다. 헌 바지와 웃옷에 흙과 퇴비를 담아 꿰매고 지지대를 만들어 마네킹처럼 세운다. 옷에 구멍을 뚫어 작목을 심으면 상추 바지와 부추 셔츠를 입은 허수아비가 만들어진다. 나선형 모양으로 솟아오른 밭도 만들 수 있고, 파리의 개선문광장을 닮은 텃밭 광장도 만들 수 있다.

1지구에 꼭 먹을 것만 심는 것은 아니다. 울타리가 되는 나무를 심어도 되고 장작으로 쓰일 나무를 심을 수도 있다. 농사에 필요한 재료를 제공해줄 식물도 필요하고 나비, 벌과 같은 곤충을 불러들일 식물도 필요하다. 이러한 식물들은 우리의 눈을 즐겁게 해준다. 1지구에는 동물도 필요하다. 동물은 우리가 먹을 수 없거나 버리는 것을 먹고 똥

다양한 재료를 활용하여 디자인하는 밭.
열쇠고리 모양의 텃밭은 작업동선을 확보하면서도 작목을 가장 집약적으로 심을 수 있는 형태이고, 나선형 밭은 평면의 밭을 3차원으로 확대해준다. 드럼통, 나무상자 등의 폐자재를 활용할 수도 있다. (일러스트 : 권혜진)

1지구 텃밭의 다양한 모습.
❶ 다니는 길에 벽돌을 깔아 잡초도 막고 아름답게 꾸몄다.
❷ 밭의 경계에 판자를 사용했다.
❸ 밭의 경계에 원목을 사용했다.
(이상 사진 제공 : 이소영)
❹,❺ 완주군 지역경제순환센터의 정원형 텃밭.

을 만들어 유기물질을 순환하는 데 도움을 준다. 더 나아가 계란, 고기와 같은 식량과 털, 깃털과 같은 보온재를 제공해주고, 운송수단이 될 수 있으며, 기계가 하는 일을 대체해주기도 한다. 게다가 농장을 생동감 넘치게 만들어준다. 작업을 지루하지 않게 해주고 동물과의 교감을 통해 만족감과 안정감을 느낄 수 있다. 1지구는 농장에서 필요한 많은 것들을 스스로 만들어내는 자립의 공간이자 다양한 식물, 동물, 구조물이 어우러지는, 농장에서 가장 창조적인 공간이다.

퇴비는 애완동물이다

1지구를 잘 운영하기 위해서는 지속가능한 생산이 담보될 수 있도록 토양을 관리해야 한다. 토양을 수직으로 자르면 층이 나누어지는데 맨 위의 층부터 O, A, B, C 층이라 구별한다. 알파벳 ABC 순서인데 맨 위의 얇은 표층은 특별히 O층이라 부른다. 여기서 알파벳 O는 Organic의 O다. 토양의 맨 위층은 유기물질이 많아서 특별히 O층이라 부르는 것이다. 토양이 자원이 될 수 있는 것도 토양 표층의 유기물질이 있기 때문이다. 토양 안에는 유기물질 이외에도 토양알갱이, 수분, 영양염류, 공기, 미생물, 식물의 뿌리, 곤충과 같은 동물 등이 존재한다. 이러한 토양의 구성요소는 서로 힘을 합해 하나의 생명체처럼 기능한다. 토양의 유기물질은 먼저 곤충이 잘게 자르거나 부순다. 그러면 미생물이 분해해서 영양분으로 바꾸어놓는다. 이 영양분을 바탕으로 식물이 자라고, 다양한 식물은 곤충을 비롯한 동물을 먹여 살린다. 식물과 동물의 분비물과 사체는 다시 미생물에 의해 분해된다. 물과 공기는 이러한 과정의 내용과 속도를 조절하는 역할을 한다. 이렇게 토양은 하나의 생명체처럼 작동한다. 자연적으로 비옥한 토양 2.5센티미터를 만드는 데 200년이 걸린다고 하니, 토양은 재생 가능하지만 매우 재생하기 어려운 소중한 자원이라 하지 않을 수 없다. 그런데 우리는 이 소중한 자원을 도로를 건설한다, 아파트를 짓는다, 공장을 짓는다 하여 마구 파헤치고 있다.

토양알갱이는 모래, 미사, 점토로 구분할 수 있다. 모래는 2~0.02밀리미터 크기의 토양 알갱이를 말하는데, 모래만 있으면 서로 붙잡는 힘이 없어 뭉쳐지지 않지만 알갱이 사이의 공간이 많아 물과 공기의 소통이 쉽다. 0.002밀리미터 미만의 토양은 점토라 한다. 점토는 서로 결합하는 힘이 강해 잘 뭉쳐지지만 알갱이 사이의 공간이 없어 물과 공기의 소통이 어렵다. 모래와 점토의 중간 크기, 0.02~0.002밀리미터 사이의 알갱이를 미사라 부른다.

모암의 종류, 풍화과정, 식생의 종류, 경작과정 등에 따라 토양입자의 조합이 달라지기 때문에 모래, 미사, 점토의 상대적인 비율에 따라 식토, 식양토, 양토, 사양토, 미사토, 사토 등 12가지로 나눌 수 있다. 이를 토성(土性)이라 한다. 토성에 따라 배수가 달라지니까 재배에 적합한 식물도 달라진다. 사질토에서는 벼를 심어 기르기 어렵지만 땅콩은 잘 된다. 식양토에서는 콩이 잘되고 사양토에서는 참외가 잘된다. 이는 재배학 책에 잘 나와 있으므로 찾아보면 된다. 경작하고자 하는 땅의 토성을 알고 싶다면 토양도를 찾아보거나 간단한 실험을 통해 토성도와

비교해도 되고, 각 시군의 농업기술센터에 의뢰하면 분석해준다.[87]

가장 건강한 토양은 토양알갱이, 수분, 공기의 비율이 대략 50:25:25여야 한다. 결합력과 공극이 다른 모래, 미사, 점토의 비율을 잘 조정하여 이 비율을 맞추기는 어렵다. 하지만 토양 내의 유기물질이 중요한 역할을 할 수 있다. 토양의 유기물은 식물의 성장기반이 되는 영양물질을 지속적으로 공급해주고, 물을 정화하거나 폐기물을 처리할 수 있는 토양미생물의 서식처이자 먹이다. 토양의 유기물질은 이러한 생물학적 기능 이외에도 토양의 물리적인 성질을 변화시킨다. 유기물질은 토양을 성기면서도 엉기게 만든다. 성긴 토양은 알갱이끼리 서로 붙어 있지 못하는 대신 물과 공기를 많이 포함할 수 있고, 엉긴 토양은 서로 붙어 침식에 강하지만 물과 공기를 많이 포함할 수 없다. 그래서 토양은 성기면서도 엉긴 구조여야 한다. 즉 토양 내부에 공간이 있어 물과 공기를 적절하게 포함하면서도 토양알갱이들이 서로 떨어지지 않게 붙어 있는 안정된 구조를 갖추어야 한다.

이러한 토양의 상태를 '떼알' 구조라 한다. 토양을 떼알 구조로 만들어주는 것이 바로 유기물질이다. 유기물질은 분해되면서 진득진득한 진을 만들어 토양알갱이를 공극을 가지면서도 서로 흩어지지 않게 잡아준다. 작물을 키우기 위해 화학비료를 사용한 땅은 유기물질이 모자라 이러한 떼알 구조가 만들어지지 않는다. 이런 땅은 농사를 지을수록 딱

---

[87] 각 시군 농업기술센터는 농업인의 교육, 농업기술의 개발과 보급, 농업인에 대한 다양한 정책적 지원을 하고 있다. 귀농하는 경우 농업기술센터에서 다양한 도움을 받을 수 있다.

딱해진다. 흔히 작물을 심기 전에 땅은 꼭 갈아야 한다고 생각한다. 땅을 가는 것은 딱딱한 토양에 씨앗이나 작물을 심기 쉽게 만들고 물빠짐과 공기의 유통을 원활하게 하려는 것이다. 땅을 갈면 땅을 뒤집어 토양 아래로 침출된 영양분을 다시 이용할 수 있기도 하다. 하지만 유기물질이 충분한 토양은 갈지 않아도 이미 부슬부슬한 상태여서 씨앗과 작물을 심기 용이하고, 적절한 수분과 공기를 함유하고 있을 뿐 아니라 침출된 영양분을 끌어올릴 필요가 없어 땅을 갈지 않아도 된다. 그래서 유기농업의 중요한 원칙 중의 하나가 토양을 갈지 않는 '무경운'이다.

건강한 토양을 만들기 위해서는 토양 내 유기물질의 양을 늘리거나 유지시켜야 한다. 가장 일반적이고 많이 사용하는 것은 퇴비다. 퇴비를 만드는 과정을 이해하기 위해서는 유기물질의 분해에 대한 지식이 필요하다. 유기물질은 미생물에 의해 분해되어 무기물질이 된다. 산소가 충분한 경우 유기물질은 호기성 미생물에 의해 분해되어 이산화탄소, 물, 산화질소가 된다. 산소가 충분하지 않은 경우 혐기성 미생물에 의해 산소가 아닌 다른 원소가 결합하는데, 수소가 그 역할을 하면 메탄, 수소, 물, 암모니아 등으로 변하다. 메탄, 암모니아는 모두 악취를 동반한다. 개천 바닥에 유기물질이 쌓여 있으면 시궁창 냄새가 나는 이유는 물에 의해 산소가 공급되지 않아 혐기성 분해가 일어나기 때문이다. 발효란 무엇일까? 같은 유기물질의 분해과정이지만, 우리 생활에 유익한 경우 발효라 부르고 그렇지 않은 경우 부패라 부른다. 이는 호기성, 혐기성 미생물과는 관계가 없다. 김치와 치즈를 만드는 과정은 발효지만, 혐기성 미생물에 의해 분해되는 과정이다.

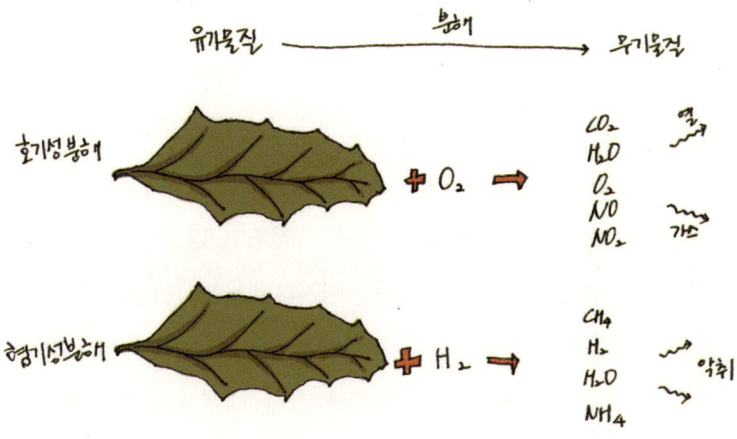

호기와 혐기 발효의 비교. (일러스트 : 권혜진)

　호기성 미생물이 작동하기 좋은 환경을 만들어 유기물질을 빨리 분해함으로써 부식질(Humus)을 만든 것을 퇴비라 한다. 볏짚, 낙엽, 왕겨 등의 유기물질을 토양에 그냥 넣을 경우 분해가 잘 일어나지 않고, 똥이나 음식쓰레기와 같은 유기물질을 토양에 넣으면 빨리 분해하면서 열과 가스가 생긴다. 이는 작물에 해가 된다. 그래서 이러한 물질을 적절하게 섞고 호기성 미생물에 적합한 환경을 만들어주면 열과 가스를 배출하면서 분해가 일어나 부식질이 된다. 부식질은 원래의 유기물질의 형상을 찾을 수 없는 암갈색이나 흑색의 유기물질 덩어리다. 이것은 고분자 화합물이기 때문에 토양에 넣으면 천천히 분해하면서 지속적으로 토양에 영양분을 공급하지만 열과 가스를 과도하게 만들지 않는다. 산에 올라가 낙엽층 아래를 들춰보면 토양 표면 위의 유기물 층이 바로 부식질이다.

퇴비를 만들려면 적절한 재료를 잘 섞어주어야 한다. 미생물이 활동하기 위해서는 에너지원과 영양원의 비율이 적당해야 한다. 미생물에게 에너지원은 탄소이고 영양원은 질소다. 그래서 탄소와 질소의 비율, 즉 탄질율(C/N)을 맞춰주어야 한다. 퇴비를 만들기 좋은 탄질율은 30 전후다. 탄소가 많으면 미생물의 증식이 어렵고, 질소가 많으면 탄소를 에너지원으로 다 써버려 남는 유기물질이 적어진다. 따라서 탄질율을 어떻게 맞추느냐가 문제가 된다. 정확히 측정하면서 퇴비를 만들 수는 없지만, 퇴비의 발효속도를 보면서 비율을 맞추면 된다. 대개 노란색을 띠는 유기물질은 탄소가 많다. 이러한 물질의 탄질율은 낙엽 50, 볏짚 65, 왕겨 100, 톱밥 500, 신문지 800 등이다. 녹색이거나 동물의 분비물은 질소가 많아 보통의 푸른 풀 15~20, 콩과식물 20~25, 계분 7, 인분 6~10 등이다. 예외적으로 노란색이지만 쌀겨, 깻묵은 탄질율이 낮다. 퇴비를 만들 때는 탄질율이 높은 층과 낮은 층을 번갈아 쌓아준다. 그리고 퇴비의 진행속도를 보면서 탄소가 많은 물질, 질소가 많은 물질을 보충해준다.

탄질율을 맞추는 동시에 다양한 재료로 퇴비를 만들어야 한다. 식물을 식물답게 만드는 것은 식물 생육에 필요한 대량 요소인 질소, 인, 칼륨이 아니다. 화학비료로 대량요소를 공급하여 키운 무는 크기는 크지만 쌉싸름하면서도 단맛이 있는 무 본연의 맛을 내지 못한다. 무를 무답게 만드는 것은 토양 속의 미량 요소들이다. 따라서 퇴비를 만들 때 다양한 재료를 사용해야 한다. 주변의 잡초를 다양한 질소 공급원으로 활용하는 것은 이러한 측면에서 바람직하다.

퇴비를 잘 만들려면 온도, 습도를 조절하고 통기에 신경을 써야 한다. 미생물은 36℃~40℃를 좋아하지만 퇴비를 만들려면 65℃ 이상의 고온이 필요하다. 그래야 퇴비더미에 포함된 잡초종자의 발아를 막고 기생충 알, 병원균 등을 없앨 수 있다. 온도가 올라가지 않으면 미생물의 영양분이 부족한 것이므로 질소분이 많은, 즉 탄질율이 적은 물질을 넣어준다. 온도가 너무 올라가면 탄소분이 많은, 즉 탄질율이 높은 물질을 섞어주고 발효열로 증발된 수분을 보충한다. 퇴비의 발효습도는 50~65%가 적절하다. 퇴비더미를 손으로 꼭 쥐었을 때 물이 한두 방울 떨어지면 적당한 상태라 할 수 있다. 물이 너무 많으면 공기가 유통되지 않아 혐기성 분해가 일어나기 쉽고, 너무 없으면 아예 분해가 일어나지 않는다. 물이 너무 많으면 퇴비를 펴서 말려주고 물이 없으면 물을 뿌려 보충한다. 이때 오줌을 사용하면 부족한 질소도 보충할 수 있다.

공기가 통하지 않으면 혐기성 분해가 일어나 안 좋은 냄새가 나기 시작한다. 산소를 공급하려면 퇴비더미를 섞어주면 된다. 이때 공기를 접하지 않은 퇴비더미 안쪽의 재료를 바깥으로, 공기를 많이 접한 바깥쪽의 재료가 안쪽으로 들어가도록 해준다. 이렇게 자주 섞어주어야 하므로, 퇴비더미가 크면 곤란하다. 가로, 세로, 높이 1미터씩이 적절하다. 많이 만들어야 한다면 작은 퇴비더미를 여러 개 만드는 게 좋다. 퇴비장에 칸막이를 여러 개 만드는 것도 좋은 방법이다. 한 칸의 퇴비를 섞어주면서 옆 칸으로 옮기는 방법인데, 연속적으로 퇴비를 만들 수 있다. 한여름에는 4~5일에 한 번, 겨울철에는 7~10일에 한 번 섞어준다. 여름에는 40일 정도면 퇴비를 만들 수 있고, 겨울철에는 80~90일 정도가 필요하다.

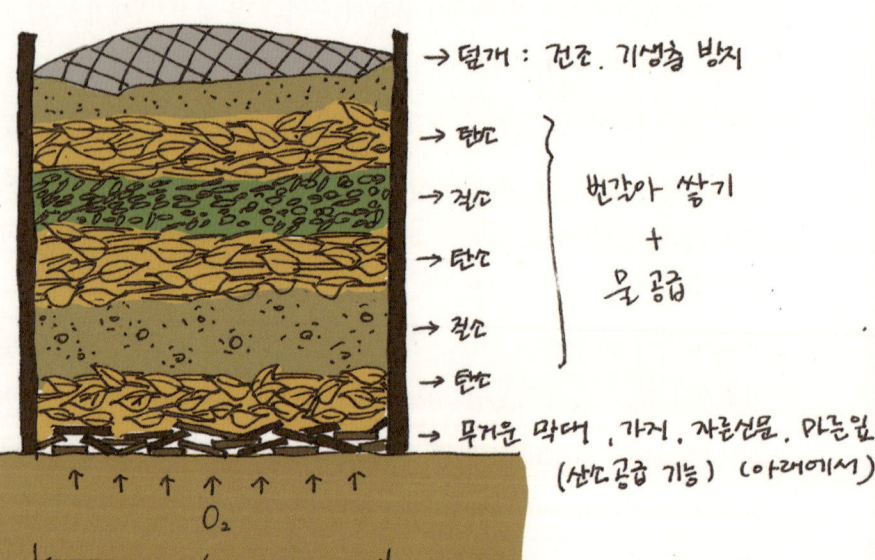

퇴비 만들기.
(앞쪽 상) 두 칸으로 만든 퇴비장. (앞쪽 하) 퇴비를 쌓는 방법. (이상 일러스트 : 권혜진)
(상) 여러 칸으로 만든 퇴비장. (사진 제공 : 전호상)

퍼머컬처에서는 퇴비를 만드는 원칙을 ADAM이라 가르친다. D는 Diversity, 즉 다양한 재료를 사용하라는 것이다. 중간의 A는 Aeration, 즉 산소의 공급, M은 Moisture, 즉 수분의 조절이다. 그렇다면 맨 앞의 A는? Aliveness, 살아 있음이다. 퇴비를 살아 있는 생명체처럼 대해야 한다는 것이다. 이 원칙은 가장 중요하기에 맨 앞을 차지하고 있다. 퇴비는 살아 있는 미생물이 만드는 것이다. 미생물도 생물이니만큼 먹이는 적당한지, 마실 물은 있는지, 춥거나 덥지는 않은지 잘 살펴보고 돌봐야 한다. 그래서 반드시 집과 가까운 1지구에 있어야 한다. 그리고 애완동물처럼 보살펴야 한다.

토양도 옷을 입는다

　퇴비로만 토양의 유기물을 관리하는 것은 아니다. 퇴비 다음으로 많이 사용하는 방법은 녹비다. 녹비는 녹색식물의 줄기와 잎을 땅에 넣어 비료가 되도록 하는 방법이다. 푸른색을 가지고 있는 풀을 토양에 넣으면 분해되면서 다양한 영양분을 공급해준다. 녹비도 탄질율이 낮으면 좋다. 주로 질소 부족 때문에 식물 성장이 제한되므로 탄질율이 낮은 유기물, 즉 질소성분이 많은 유기물질을 토양에 넣는 것이 유리하다. 하지만 똥과 같이 탄질율이 낮은 유기물을 그대로 토양에 넣을 경우 미생물의 활동이 빨라, 식물뿌리에 해가 될 발효열과 발효가스가 발생할 우려가 있다. 녹비식물은 이렇게 과도한 열과 가스를 발생시킬 만큼 탄질율이 낮지 않아 크게 걱정할 필요는 없다. 하지만 탄질율이 낮을 것이 예상되면, 생풀을 넣는 것보다는 건조시켜 사용하면 발효가 천천히 진행되기 때문에 발효열과 발효가스의 걱정을 덜 수 있다. 탄질율이 높은 경우, 즉 질소성분이 적은 경우에는 녹비작물을 분해하기 위해 토양이 원래 가지고 있던 질소를 미생물이 써버릴 수 있다. 그러면 오히려 작물이 써야 할 토양의 질소성분이 모자라게 된다. 호밀과 같은 화분과식물을 녹비로 사용했을 때 이러한 일이 일어날 수 있다. 이 경우 질소분을 같이 공급해주어야 한다.

녹비작물로 가장 대표적인 것은 자운영이다. 벼를 수확하기 10일 전쯤 논에 자운영 씨를 뿌리면, 겨울 동안 자란 자운영이 4~5월에 이름대로 자주색 구름과 같은 아름다운 꽃밭으로 논을 변신시킨다. 모내기 전에 이 자운영 논을 갈아 토양의 영양분이 되도록 하면 된다. 예전에는 겨울이 추워서 남부지방에서만 자운영을 이용할 수 있었지만, 지금은 우리나라 전역에서 사용할 수 있다. 자운영은 콩과식물로 다른 식물보다 식물체 내의 질소비율이 높아 녹비작물로 적당하다. 토끼풀, 갈퀴, 자주개자리, 풋베기콩, 루핀 등과 같은 콩과식물은 녹비로 쓰기 좋은 탄질율을 가지고 있어 녹비로 많이 이용한다. 최근에는 토종은 아니지만 넝쿨 콩과식물인 헤어리베치도 많이 사용하고 있다.

토양을 관리하기 위한 또 다른 방법은 뿌리덮개다. 뿌리덮개는 영어로 멀치(mulch)인데, 우리나라에서 멀칭(mulching)은 흔히 비닐로 밭을 덮는 것을 가리킨다. 그러나 비닐이 아니라 유기물질로 덮으면 토양에 유기물질을 공급할 수 있다. 비닐 멀칭을 하는 이유는 보온, 보습, 잡초억제, 작물의 청결유지 등 때문이다. 고추탄저병과 같은 식물 감염은 토양 내에 있는 원인 미생물인 세균, 바이러스에 의해 일어난다. 이러한 식물 감염을 지구상에서 완전하게 퇴치할 수 없는데, 그 이유는 지구

대표적인 녹비작물인 자운영(상)과 헤어리비치(하).

상의 모든 토양을 소독할 수 없기 때문이다. 비가 오면 토양 내에 있던 세균과 바이러스가 작물에 묻어나 식물 감염이 촉진된다. 멀칭은 비가 올 때 이러한 감염을 줄일 수 있다. 이런 기능을 가진 멀칭을 비닐이 아니라 유기물질을 사용하게 되면 보온, 보습, 잡초억제, 작물의 청결유지, 감염방지 등의 기능을 하면서도 토양의 유기물질 양을 늘릴 수 있다.

뿌리덮개로 쓸 수 있는 재료는 똥, 퇴비, 낙엽, 톱밥, 우드칩, 쌀겨, 볏짚 등이다. 단, 비가 올 때 쓸려 내려갈 우려가 있는 재료는 사용에 유의해야 한다. 예를 들어 톱밥, 쌀겨 등은 강한 비에 쓸려 내려가 애써 만든 뿌리덮개도 잃고 하수구 등이 막힐 수 있다. 볏짚은 얼기설기 깔아놓으면 비에도 쓸려 내려가지 않기 때문에 뿌리덮개로 가장 좋은 재료다. 비에 쓸려 내려갈 우려가 있는 재료를 써야 한다면 그 위에 볏짚을 덮는 것이 좋다. 간혹 유기물질은 아니지만 자갈을 쓰기도 한다. 자갈은 뿌리덮개의 재료를 눌러놓는 역할도 하지만 낮에 햇빛을 받아 열을 머금고 밤에 내놓아 냉해를 막는 기능도 한다.

농장에 나무를 심을 때도 뿌리덮개를 사용하면 좋다. 나무를 심고 나무 주변에 퇴비를 뿌린 후 마분지 박스 종이를 덮어놓으면 나무의 활착과 성장을 돕고, 칡 등의 넝쿨이 나무를 감아 올라가는 것도 막을 수 있다.

국제 NGO인 '생명누리'를 만들어 인도, 네팔, 중국, 라오스, 말라위 등에서 지구촌 복지를 위해 일하고 있는 정호진 목사가 십여 년 전

뿌리덮개.
(상) 낙엽으로 멀칭한 밭. (하) 짚으로 멀칭한 밭.

에 경남 합천에서 생명농업을 실천하고 있었다.[88] 정 목사의 고추밭에는 하얀 짚이 꽤 두껍게 깔려 있었는데, 자세히 보니 볏짚이 아니었고 건조된 잡초였다. 정 목사는 고추밭의 잡초들을 뽑거나 잘라 계속적으로 다시 고추밭에 깔았던 것이다. 짚처럼 변한 잡초더미를 헤치고 보니 초겨울임에도 토양 위에 하얀 곰팡이가 탐스럽게 피어 있었다. 뿌리덮개의 재료로 사용한 잡초더미가 토양에 적절한 환경을 만들어주어 곰팡이가 피고, 이 미생물들의 작용으로 뿌리덮개의 유기물질이 분해되면서 토양에 지속적으로 영양분을 공급해주는 상태가 된 것이다. 또한 정 목사의 고추밭에는 이랑과 고랑의 구분 없이 배추가 자라고 있었다. 정 목사는 곧 추워지는데도 굳이 뽑지 않고 있었다. 추워지면 얼지 않게 묶어놓았다가 배추국도 끓여 먹고 겉절이도 해먹는데, 봄까지 남아 있는 배추의 잎은 고추밭에 깔아준다고 한다. 고추밭은 고추 수확 후에는 대개 비어 있다. 그래서 고추를 수확하기 전에 배추씨를 흩뿌려놓으면 토양에 남아 있는 영양분과 가을 햇빛을 이용해 배추가 자라고, 그 배추는 유기물질이 되어 고추밭으로 돌아간다. 결국 배추를 키워 뿌리덮개의 재료로 사용한 셈이다. 배추를 키우지 않았다면 다음 해에 고추를 키우기 위해서는 비료를 뿌려야 한다. 배추로 더 많은 유기물질이 토양에 돌려진 만큼 고추밭에 비료는 덜 필요할 것이다.

이렇듯 뿌리덮개의 재료를 꼭 외부에서 가져와야 하는 것은 아니다.

---

[88] 생명누리의 활동은 www.lifeworld.or.kr에서 확인할 수 있다. 정 목사는 자신의 귀농 경험과 생명농업의 이야기를 『생명이 아름답게 꽃피는 세상을 위하여』(생명누리, 2013)에 담았다. 또한 정호진 목사는 대안의학 전문가이기도 해서, 『우리의학 이야기』(생명누리, 2012)를 저술했다.

과수원에서도 정 목사의 방법과 유사하게 잡초를 뿌리덮개로 사용한다. 무위도의 실미원 포도농장은 포도나무 아래의 어린 잡초를 뽑거나 잘라내지 않는다. 어느 정도 잡초가 자라면 잘라 포도밭의 뿌리덮개로 사용한다. 보통 과수를 키우는 농부는 과수나무 아래 땅의 잡초를 나오는 대로 뽑는다. 잡초가 과수나무에 필요한 토양의 영양분을 빼앗아 간다고 생각하기 때문이다. 당장은 토양의 영양분을 잡초가 차지한 것은 맞지만, 그만큼만 첫해 보충해준다면 잡초가 땅으로 돌아가기 때문에 다음 해에 더 많은 영양분을 땅에 축적한 셈이 된다. 잡초 대신 콩과의 녹비작물을 뿌리덮개로 사용하면 질소성분이 더 많아 효과적이다. 실제로 헤어리베치를 이렇게 이용하는 과수농가들이 많이 있다. 퍼머컬처에서는 뿌리덮개로 사용할 수 있는 식물을 작물과 함께 밭에 심는다. 예를 들어 박태기나무와 같은 넓은 잎을 가진 콩과나무를 밭 옆에 심으면 그 낙엽이 그대로 밭을 덮어 손쉽게 뿌리덮개를 할 수 있다.

뿌리덮개의 원리를 활용하여 척박한 땅에 바로 모종을 심을 수 있

뿌리덮개를 만드는 식물을 함께 심은 밭. (일러스트 : 권혜진)

는 텃밭을 만들 수 있는데, 이를 다층뿌리덮개라 한다. 퇴비를 만들기 위해 질소층, 탄소층으로 유기물을 쌓는 것처럼 토양 위에 유기물 층을 여러 층 얇게 쌓는 방법이다. 우선 텃밭을 만들 땅에 드문드문 잡초가 있다면 뽑거나 자른다. 잡초는 나중에 다시 깔아줄 거라 가까운 곳에 둔다. 삽이나 곡괭이, 펴진 쇠스랑 등으로 토양에 구멍을 낸다. 구멍만 내고 토양을 뒤집지 않는다. 뒤집기도 어렵지만 굳이 뒤집을 필요가 없다. 구멍을 통해 물과 공기가 들어가 토양의 물리적 변화를 촉진시켜줄 것이기 때문에 구멍은 많이 만들수록 좋다. 이때 물을 충분히 뿌려준다. 이제 유기물 층을 하나씩 쌓으면 된다. 유기물 층을 쌓을 때마다 물은 충분히 뿌려준다. 녹색의 풀로 질소 층을 쌓는다. 주변의 다양한 풀을 잘라 얇게 깔면 된다. 전에 뽑았던 잡초도 사용한다. 이 위에 가축의 분뇨를 마찬가지로 얇게 깐다. 발효되지 않은 생분뇨도 상관없다. 질소 층을 깔았으므로 이제 탄소 층을 깐다. 왕겨, 톱밥, 우드칩 등이 있다면 얇게 깐다. 그 위에 퇴비를 쌓을 때는 쓰지 않았던 신문지를 깐다. 신문지는 바람에 날려 깔기 힘든데, 양동이에 담가 물에 적시면 깔기 쉬워진다. 꼭 한 장씩 깔아야 하는 것은 아니니까 잡히는 대로 펴서 깐다. 대신 안 깔리는 곳이 없도록 고루 깔아야 한다. 신문지를 덮으면 보온, 보습 효과가 커지기도 하지만 햇빛의 투과를 막아 잡초의 발아를 막아주기 때문이다. 젖은 신문지가 마르면 다시 바람에 날려갈 것이므로 신문지 위에 볏짚을 덮는다. 한 방향이 아니라 얼기설기 덮어준다. 이제 바로 모종을 심으면 된다. 모종삽으로 신문지를 뚫고 원래 땅을 찾아 모종의 뿌리가 들어갈 크기보다는 더 넓고 깊게 판다. 파낸 흙으로 모종을 심는 것이 아니라 잘 발효된 퇴비로 모종을 심는다. 처음에는 이 퇴비의 힘으로 모종이 뿌리를 내리고 자랄 것이다. 이후에는 다층으로 쌓은 유기물 층이 분해되면서 영양분을 공급해준다.

다층뿌리덮개는 처음엔 꽤 두껍다. 그래서 키 작은 모종을 심으면 볏짚 사이에서 모종이 보이지 않을 수도 있다. 하지만 일주일만 지나면 유기물 층이 안정화되어 두께가 얇아지고 모종은 쑥쑥 자란다. 대개 모종을 심고 나면 며칠간 잎이 축 늘어지고 시들시들해지는데 이를 '몸살'을 앓는다고 이야기한다. 새로운 환경에 적응하기 위한 과정이다. 그런데 다층뿌리덮개에 심은 작물은 이 몸살 기간이 현저하게 줄어든다. 다층뿌리덮개를 만들고 2~3주가 지나 깔아놓은 신문지를 들춰보면 지렁이 천국이 되어 있는 것을 확인할 수 있다. 지렁이에게 살기 좋은 환경이 만들어져 척박한 토양을 비옥하게 만들어주기 시작한다. 매번 작목을 심을 때마다 같은 방식으로 다층뿌리덮개를 만들 필요는 없다. 신문지는 1년만 지나면 거의 흔적이 없어진다. 녹색 풀이나 축분으로 질소 층을 얇게 쌓고 신문지와 볏짚을 덮어주기만 해도 된다.

영양분 관리를 위해서 사용하는 또 다른 방법은 액비다. 액비는 영

다층뿌리덮개 개념도. (일러스트 : 권혜진)

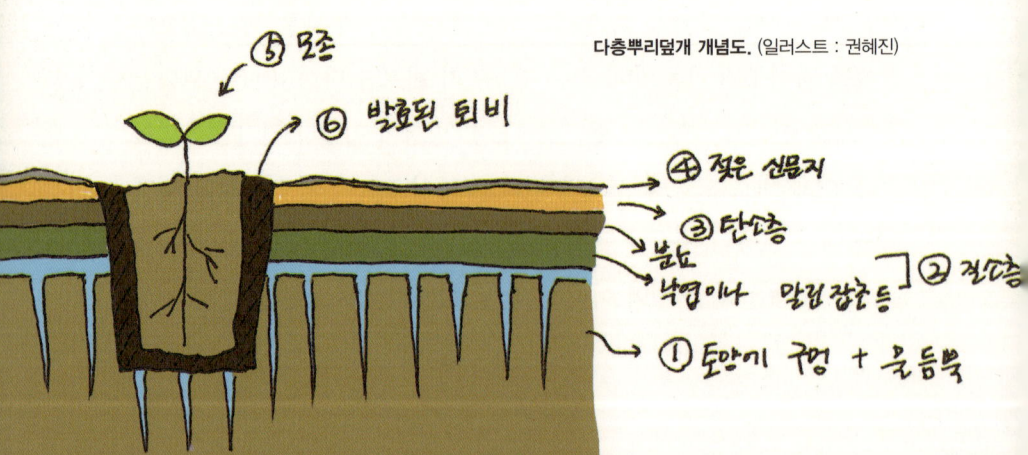

다층뿌리덮개로 열쇠고리 모양 텃밭을 만드는 과정. (사진 제공 : 사회적기업 이장)
❶토양의 잡초를 제거한다. ❷토양에 구멍을 낸다.
❸물을 뿌려 수분을 공급한다. ❹주변의 잡초를 잘라 덮어준다.
❺분뇨를 깔아준다. ❻젖은 신문을 촘촘히 덮어준다.
❼볏짚을 얼기설기 깔아준다. ❽이식할 구멍을 만든다.
❾구멍에 퇴비를 채운다. ❿모종을 심고 갈무리한다.

양분을 함유한 고체를 물에 담가 유효한 물질을 용해시켜 만든다. 식물은 영양분을 고체로 흡수하는 것이 아니라 물에 녹은 상태로 받아들이기 때문에, 액비는 뿌리면 식물이 바로 흡수해서 빠른 효과를 볼 수 있다. 하지만 액체 상태인지라 비가 오면 빗물에 씻겨 내려간다. 따라서 액비는 토양의 유기물질 양을 늘리기 위한 목적이 아니라 식물에 직접적인 도움을 주기 위해 사용한다. 축분, 분변토, 퇴비, 해초 등을 자루에 넣어 물에 일정 시간 담가놓으면 유효성분이 빠져나오므로 이 물을 사용하면 된다. 이런 재료를 구하기 어려우면 푸른 풀을 잘게 잘라 양동이에 넣고 물을 부은 후 돌로 눌러놓는다. 하루, 이틀 지나면 물 색깔이 푸르게 변하는데 이 물을 액비로 쓰면 된다. 너무 오래 담가두면 썩기 시작하므로 그 전에 사용해야 한다. 혐기성 발효를 한 축분을 희석하여 액비로 쓸 수 있다. 마찬가지로 메탄가스를 생산하기 위한 발효탱크에 남아 있는 액체는 매우 좋은 액비다. 우리 농부들 중에 잡초 혹은 특정 성분을 가진 풀에 당밀, 설탕 등을 첨가하여 당분발효를 통해 액비를 만드는 사람들도 있다. 하지만 이는 매우 많은 비용과 에너지를 들인 액비이므로 제한적으로 사용해야 한다.

1지구에는 토양에 유기물질을 공급할 수 있는 퇴비, 녹비, 액비를 만들기 위한 공간과 시설이 필요하다. 그래야 1지구뿐 아니라 다른 지구에 있는 경작지의 토양을 효과적으로 관리할 수 있다. 또한 1지구 내의 척박한 땅은 다층뿌리덮개를 통해 텃밭으로 만든다. 텃밭은 집약적이고 사계절 내내 작물을 키우는 땅이므로, 뿌리덮개라는 옷을 입혀 일상적이고 지속적으로 토양의 유기물을 관리해야 한다.

농장계획도 **진화한다**

　농장계획을 수립하려면 사전에 조사할 것들이 있다. 사전조사는 농장주 자신에 대한 조사, 일반현황조사, 대상지에 대한 조사 등 세 가지로 나눌 수 있다. 농장주에 대한 조사는 생활방식, 원하는 개인생활보호의 수준, 음식 먹는 습관, 원하는 자급의 수준, 동원할 수 있는 자원과 기술, 농장에서 특별하게 하고 싶은 일, 일의 우선순위, 대상지에서 가장 마음에 드는 요소, 대상지의 문제점 등을 조사한다. 이러한 조사는 나중에 농장에 필요한 공간과 시설을 정하는 데 도움을 줄 수 있고, 대상지를 조사함에 있어 중점적으로 조사할 사항을 정하는 데 도움이 된다. 일반현황은 대상지가 속한 지역에 대한 보다 광역적인 조사를 의미한다. 주변 토지 이용, 도로 및 교통시설, 교육기관 및 행정기관 등 주요한 공공시설, 주변 생태구조, 수자원 현황, 지역농업의 정책 현황, 주요 개발계획, 인구변화, 지역 발전 역사, 지역주민의 주요한 소득원, 소득 작물, 주변 산업 및 관광자원, 에너지자원 등을 조사해야 한다. 조사결과는 농장의 운영방향, 농장의 사업, 작목의 선정 등에 도움을 줄 수 있고, 농장에서 만들지 않아도 주변에서 해결될 수 있는 것, 마을이나 지역의 일과 연관하여 할 수 있는 일들을 알 수 있다. 대상지에 대해 조사할 내용은 크기, 지형, 토양, 기후, 배수구역, 수자원, 동식물의 서식, 연결되어 있거나 내부에 있는 도로, 기존에 있는 건축물이나 시설, 전망 및 조망, 잠재적인 에너지, 여러 가지 재난의 가능성, 역사적 정보, 특별한 요소, 전기 및 통신 등의 사용 가능한 기반시설을 조사한다.

대상지를 조사할 때 토지이용계획을 꼭 확인해야 한다. 우리나라의 모든 땅은 용도가 정해져 있다. 이를 지목(地目)이라 한다. 토지의 등기부등본을 보면 대지, 논, 밭, 임야, 도로 등으로 표기되어 있다. 지목이 논인 곳에 마음대로 집을 지을 수 없고 임야인 곳에 농사를 지을 수 없다. 하지만 정부의 허가를 받아 지목을 바꿀 수 있다. 이를 형질변경이라 하는데 형질변경이 필요하면 행정기관에 전용허가를 신청한다. 전용허가에는 비용이 필요한데, 임야를 전용할 경우 대체산림자원조성비, 논밭을 전용할 경우 농지전용부담금을 내야 한다.[89] 하지만 형질변경허가가 무조건 이루어지는 것은 아니다. 토지이용계획 상에 허락된 용도일 때 전용허가가 이루어진다. 우리나라의 모든 땅은 현재의 지목과 상관없이 향후 어떠한 용도로 쓰여야 할 것을 정해놓았는바, 이를 토지이용계획이라 한다. 토지이용계획은 「국토의 계획 및 이용에 관한 법률」에

---

[89] 대체산림조성비는 산림청에서 매년 고시하고 있다. 2013년은 준보전산지 3,709원/㎡, 보전산지 3,990원/㎡, 산지전용제한지역 6,140원/㎡이다. 농지전용부담금은 공시지가의 30%이고 상한가는 50,000원/㎡이다. 이러한 비용 이외에 토지개발을 통한 이익이 발생하는 일정 규모 이상(농촌지역 1,650㎡ 이상)의 개발행위는 개발부담금도 내야 한다.

의해 우리나라 전 국토가 적용을 받는다. 토지이용계획은 주거, 상업, 공업, 녹지, 관리, 농림, 자연환경보전지역으로 크게 구분하고 그 안에서 세부적인 용도지역을 21개로 나누어 관리한다. 용도지역에 따라 허가가 가능한 건축물의 용도와 건폐율 및 용적률이 달라진다.[90] 따라서 땅을 사기 전이나 농장계획을 하기 전에 토지이용계획을 반드시 확인해야 한다. 농촌지역은 대개 계획관리지역, 생산관리지역, 보전관리지역, 농림지역, 자연환경보전지역 등에 속한다. 여기에 용도지구, 용도구역이 지역 실정에 따라 설정되어 있고 농지법, 수도법, 자연환경보전법, 토양환경보전법 등 개별법에 의한 토지이용규제도 있으므로 이를 일일이 다 확인해야 한다. 예전에는 담당부서를 찾아다니며 확인해야 했지만 지금은

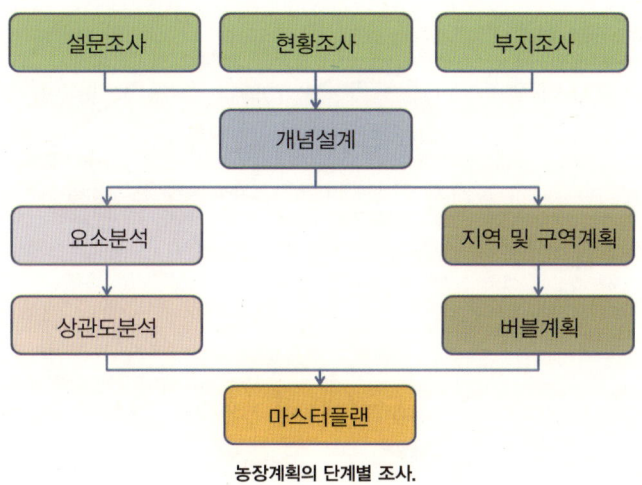

농장계획의 단계별 조사.

---

[90] 건폐율은 대지면적에서 건축물의 바닥면적이 차지하는 비율이고, 용적률은 대지면적에서 건축물의 연면적이 차지하는 비율을 의미한다. 건폐율은 대지면적에 최소한의 공터 면적을 조정하는 역할을 하고, 용적률은 건축물의 높이를 규제할 수 있다.

쉽게 확인할 수 있는 인터넷 서비스를 국토교통부가 제공하고 있다.[91]

농장주조사, 일반현황조사, 대상지조사가 끝나면 이를 종합해서 농장개발 혹은 농장사업의 기본방향을 정해야 한다. 조사결과를 종합적으로 분석하기 위해 PNI분석, SWOT분석 등을 통해 조사내용 중에 장점과 단점을 구별한다. 이러한 분석을 거치면 어떠한 점을 살리고 어떠한 점을 극복하면 되는지를 알 수 있기 때문에, 농장에서 어떤 일을 해야 하는지 판단할 수 있게 된다.[92] 우선 농장을 만드는 목적을 분명히 해야 한다. 노후에 편안한 농촌생활을 원하는 것인지, 생활이 가능한 소득을 얻어야 하는 것인지, 보다 경제적인 수익을 중심에 둘 것인지, 마을이나

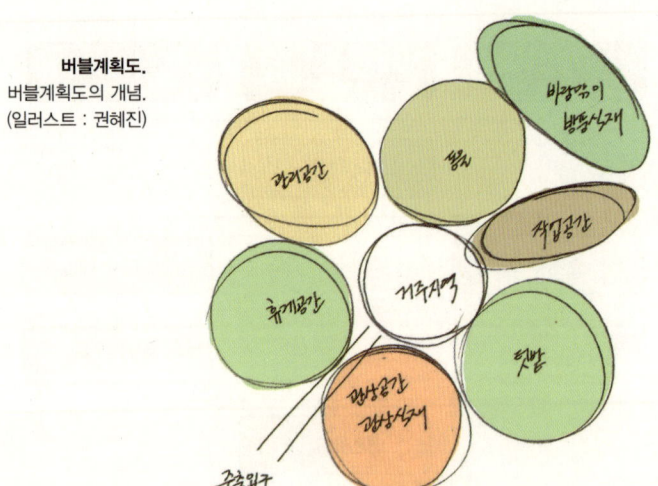

버블계획도.
버블계획도의 개념.
(일러스트 : 권혜진)

---
[91] 주소만 알고 있으면 국토교통부가 운영하는 토지이용규제정보서비스(http://luris.molit.go.kr)에서 확인할 수 있고, 위성지도 서비스를 함께 하고 있는 온나라부동산포탈(http://onnara.go.kr)을 활용하면 편리하다.

[92] PNI분석은 조사내용을 장점(Positive), 단점(Negative), 관심(Interest)으로 구분하고 SWOT는 강점(Strength), 약점(Weakness), 기회(Opportunity), 위협(Threat)으로 구분하여 의사결정을 할 때 도움을 주는 분석방법이다.

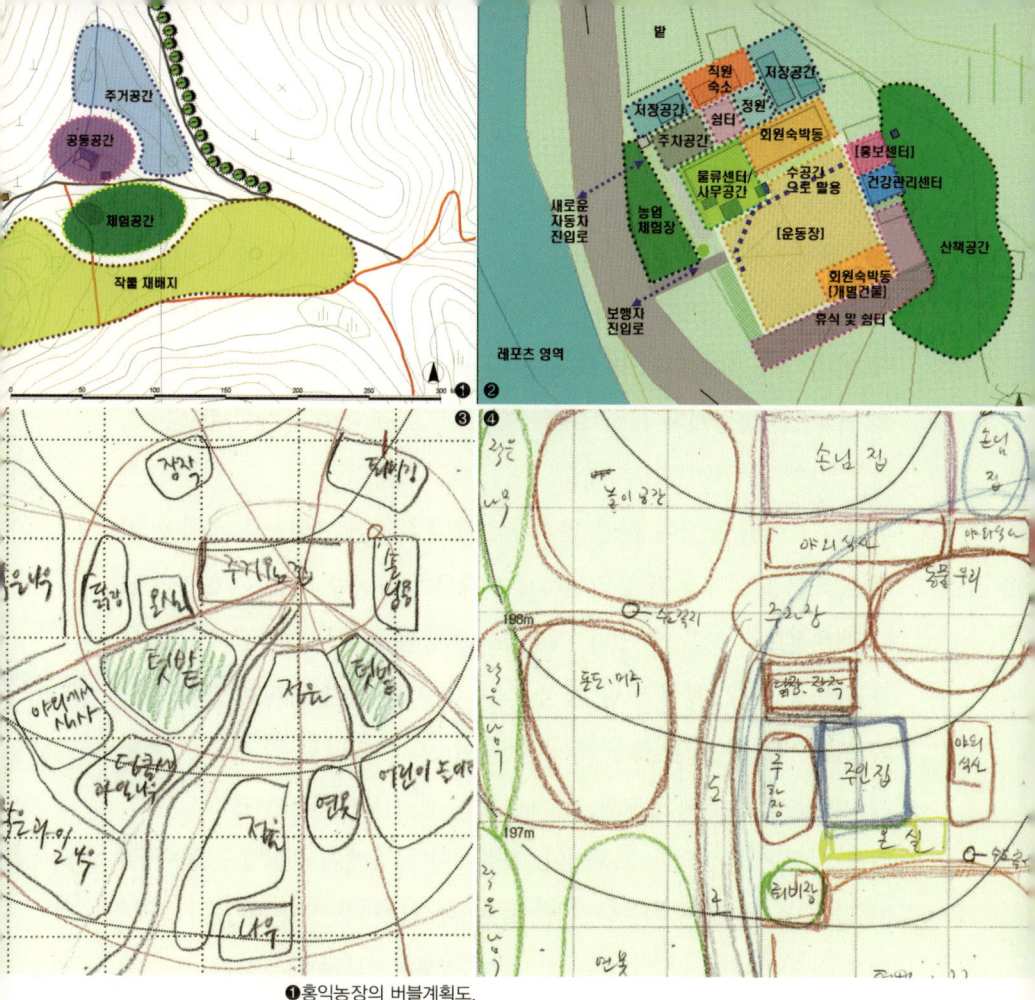

❶ 홍익농장의 버블계획도.
❷ 폐교 리노베이션사업의 버블계획도.
(이상 자료 제공 : 사회적기업 이장)
❸,❹ 퍼머컬처를 배우는 교육생들이 그린 버블계획도.
(자료 제공 : 온누리살이학교 퍼머컬처대학)

지역에 필요한 일을 하려고 하는 것인지를 결정한다. 그 다음에는 1차 농업, 2차 가공, 3차 관광이나 체험의 비율을 정하면 좋다. 여러 가지 기준으로 비율을 정할 수 있겠지만, 수익 측면에서 개략적인 비율을 정해 놓으면 나중에 농장에 필요한 공간과 시설을 결정할 때 반영할 수 있다.

대상지에 대한 조사를 바탕으로 지구 및 구역계획을 한다. 지구 및 구역계획을 하고 나면 지구의 용도와 구역의 특성에 따라 공간이 쪼개지고 나누어지는데, 특성이 비슷한 공간끼리 묶어 더 큰 공간으로 합친다. 공간을 합치면서 경계를 둥글둥글하게 그리면 마치 거품 모양과 같다 하여 이 도면을 버블계획도라 부른다. 각 버블에 들어가야 할 공간과 시설을 써넣으면 농장계획이고, 이것을 도면으로 그린 것이 농장설계도다.

그러면 이제 농장에 어떤 공간과 시설이 필요한 것인지를 찾아야 한다. 필요한 시설과 공간을 막연하게 생각하여 목록을 만들 수 있지만 보다 체계적으로 찾을 수 있다. 매트릭스 연상법을 활용하면 된다. 6×6 표를 만들고 맨 위 행에 사람, 동물, 식물, 건축물, 공간, 기타를 써넣고 왼쪽 열에 똑같이 사람, 동물, 식물, 건축물, 공간, 기타를 써넣는다. 첫 번째 빈칸은 사람에게 필요한 사람이다. 이 칸은 비워두고 넘어가자. 다음 칸은 사람에게 필요한 동물이다. 농장에서 사람에게 필요한 동물이 뭐가 있을지 생각해서 적는다. 예를 들면 닭, 염소, 강아지, 지렁이……, 이렇게 적으면 된다. 다음 칸은 사람에게 필요한 식물이므로 사람에게 필요한 작물이나 식물을 적는다. 상추, 배추, 고추, 감자, 고구마, 사과, 복숭아, 포도 등등……. 다음 칸인 건축물에는 집, 정자, 야외 화장실 등이 적힐 것이고, 다음 칸의 공간에는 빨래 말리는 곳, 주차장, 명상하는 집 등이 적힐 것이다. 이렇게 빈 칸을 하나씩 채우면서 적어나가면 농장에 필요한 요소를 모두 생각해낼 수 있다. 모든 칸을 채울 필요는 없다. 사람에게 필요한 사람처럼 필요한 요소가 없으면 채우지 않아도 된다. 이 방법을 매트릭스 연상법을 활용한 필요요소의 분석이라 한다.

	사람	동물	식물	건축물	공간	기타
사람						
동물						
식물						
건축물						
공간						
기타						

필요요소 찾기 매트릭스.

이렇게 찾아낸 요소를 목록으로 만들어 정리한다. 예를 들어 사람에게 필요한 동물로 닭을 찾았고 동물에게 필요한 건축물로 닭장을 찾아냈다면 공간계획에 필요한 것이니 목록에는 닭은 빼고 닭장만 적는다. 작목들은 비슷한 공간에 들어가는 것을 묶어 텃밭1, 텃밭2, 경작지1, 경작지2, 과수원1, 과수원2 등으로 구별한다. 이를 공간요소라 하자. 다음 단계는 필요한 공간요소의 상관성을 분석한다. 큰 종이에 찾아낸 공

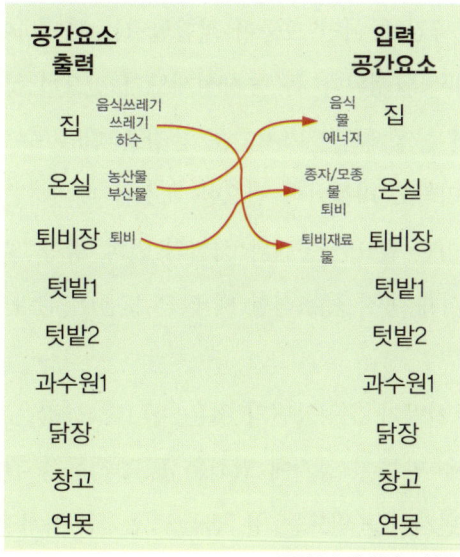

공간요소의 상관도 분석.

간요소를 왼쪽 편에 위에서 아래로 쭉 쓰고 오른 편에서 똑같은 순서대로 쓴다. 다음에는 왼쪽 편에 쓴 각 공간요소의 오른쪽에 각 요소에서 생산되거나 배출되는 것을 적는다. 예를 들어 닭장 옆에는 계란, 닭고기, 계분이 적힐 것이다. 오른편에 쓴 공간요소에는 들어가야 할 것, 공급해야 할 것을 적는다. 닭장에는 물, 사료 등이 적힐 것이다. 이렇게 필요한 공간요소에 입력되는 것과 출력되는 것을 다 적으면 오른쪽 입력과 왼쪽 출력에 같은 것이 생긴다. 그러면 이 둘을 줄로 연결한다. 즉 한 공간요소에서 만들어진 출력이 다른 공간요소에 필요한 입력이 될 수 있는 것을 찾는 것이다. 이를 필요요소의 입출력 상관분석이라 한다.

이 과정이 끝나면 어떤 필요 요소가 같은 공간에 혹은 가까운 곳에 들어가야 하는지를 알 수 있다. 같은 공간, 가까운 곳에 배치해야 하는 필요요소를 묶어 모둠을 만든다. 이 모둠을 적어놓고 버블계획도의 어떤 거품 모양 공간에 어떤 모둠이 적합할지를 판단하여 버블 위에 적으면 농장계획은 완성된다. 꼭 농장설계도가 필요한 것은 아니다. 그림 솜씨가 없으면 농장계획만 가지고도 농장을 만들 수 있다. 하지만 그림 솜씨가 없더라도 버블마다 필요한 요소를 배치하는 그림을 그려보자. 그림을 그리면 필요한 공간과 시설의 면적, 방향, 모양을 생각할 수 있기 때문에 실제 농장을 조성할 때 많은 도움이 된다.

농장계획과 설계가 고정불변의 것은 아니다. 농장은 공장처럼 한 번에 모든 시설을 만들어 장치에 열쇠를 꽂고 시동을 걸어 시작하는 것이 아니다. 기반시설을 만드는 일, 집을 짓는 일, 작목을 심는 일, 심은

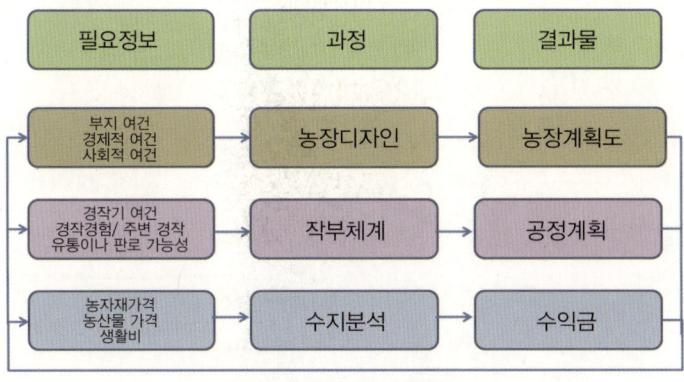

농장경영의 순환적인 운영절차

작목을 관리하고 동물을 키우는 일, 필요한 공간과 시설을 만드는 일 등 다양한 일을 우선순위에 따라 길게는 10년이 넘게 하나씩 해나가야 한다. 즉 농장의 단계별, 연차별 계획이 필요하다. 연차별 계획에 따라 매년 해야 하는 작업내용이 정해지면 그 일을 어느 시기에 얼마만큼 해야 하는지도 정할 수 있다. 이는 농장의 공정계획이라 할 수 있다. 이 공정계획이 만들어지면 수입·지출을 예상할 수 있다. 이는 농장의 재정계획이 된다.

이렇듯 농장은 농장설계, 공정계획, 재정계획이 서로 순차적으로 연결되어 순환하면서 운영된다. 만일 1년 동안 농장을 운영했는데 목표한 재정적인 목적을 달성하지 못했다면 농장설계, 공정계획, 재정계획에서 잘못된 점을 찾아 수정해야 한다. 또한 처음에는 예상하지 못한 변수가 생기기도 하고 처음에 가졌던 생각이 변하기도 한다. 그때마다 농장계획과 설계를 수정해야 한다. 농장이 진화하듯 농장의 계획과 설계도 진

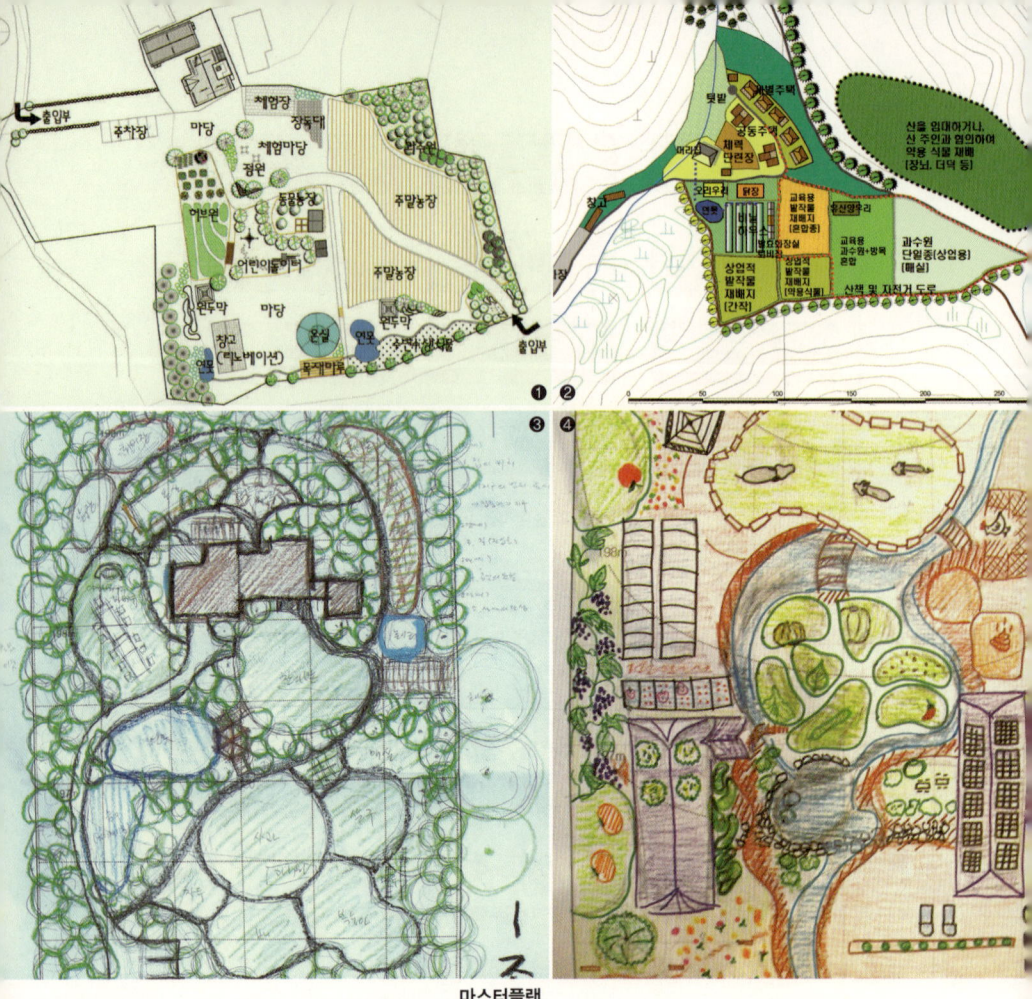

마스터플랜.
❶ 초록향기농장의 마스터플랜.
❷ 홍익농장의 마스터플랜.
(이상 자료 제공 : 사회적기업 이장)
❸,❹ 귀농귀촌 교육생들이 그린 마스터플랜

화한다. 농장을 계획하는 단계마다 이렇게 농장이 진화할 수 있는 여지를 남겨놓은 것이 좋다. 시설과 공간의 용도가 다르게 바뀔 것을 가정하여 유연하게 계획하고, 어떤 공간은 특정한 용도를 정하지 않고 이러한 변화에 대응할 수 있도록 해놓아야 한다.

생물이 재난도 막는다

 귀농하려는 사람들에게 두려운 것이 무엇이냐 물어보면 많은 분들이 잡초와 병해충이라 대답한다. 실제로, 농장을 운영하고 관리할 때 가장 고역인 일이 잡초제거와 병충해방제다. 물론 제초제와 농약을 사용하면 쉽게 해결할 수 있다. 그러나 화학약품의 남용은 식품의 안전성과 생산의 지속성에 영향을 주고 주변 생태계를 교란시켜 생물다양성을 감소시키는 등 바람직하지 않다. 잡초는 경작방법의 개선과 뿌리덮개 등으로 어느 정도 감소시킬 수 있다. '잡초는 필요 없는 것'이라는 생각에서 벗어나 잡초를 이용하여 토양의 유기물을 관리하는 적극적인 방법을 찾아내면 잡초를 유연하게 허용하면서 이를 활용할 수 있다. 병해충의 경우도 비슷하다. 병해충을 지구상에서 완전하게 박멸할 수 없듯이 농장에서 100% 완전하게 병해충의 피해를 받지 않을 방법은 없다. 여름철의 파리는 알에서 성체가 되는 데 6일이 걸리고, 알을 낳을 때 한 번에 600개씩 낳는다. 이 알이 모두 파리가 된다고 가정하면 집파리 한 쌍이 번식하는 여름 한철의 알만 가지고도 지구 표면 전체를 수백 미터의 두께로 덮을 수 있다고 한다. 이런 끔찍한 일이 일어나지 않는 것은 자연이 스스로 조절해주기 때문이다. 병해충을 우리가 완전하게 방제하겠다는 생각에서 벗어나 어느 정도 허용하되 자연의 조절능력이 농장에서 발휘될 수 있도록 만들어주어야 한다.

잡초라는 이름이 완벽하게 인간의 관점에서 붙여진 이름이듯이 해충도 인간의 입장만 주장하는 단어다. 인간에게 해로운 곤충을 해충이라 한다면 '좋은 벌레란 오직 죽은 벌레'가 될 수밖에 없다. 해충은 환경과의 적정한 조화를 벗어난 생물로 봐야 한다. 즉 건강하지 못한 농업생태계의 지표로 인간의 농업행위가 주변 환경과 생태계를 교란시켰기 때문에 나타난 것이다. 병해충의 문제를 빠르게 처리해야 할 골치아픈 문제로 보았기 때문에 살충제를 사용하게 되었다. 오늘날 50, 60년 전에 사용했던 살충제 성분은 우리가 먹는 음식, 물, 토양에 잔류하고 있고, 산모의 모유에서, 남극 펭귄의 지방조직에서도 발견된다. 또한 살충제와 같은 화학약품을 만들면서 스위스 라인 강 오염, 인도 보팔 사고와 같은 환경재해까지 겪고 있다.[93] 이러한 피해가 있더라도 농업에서 병해충의 피해가 줄었다면 다행스러운 일이지만, 미국에서 1942년 이래 합성농약의 사용은 33배 증가했지만 미국의 식량공급량 중 해충에 의한 손실은 1940년대 31%에서 현재 37%로 오히려 늘었다. 세계적

---

[93] 라인 강 오염사고는 라인 강 상류인 스위스 바젤에서 1986년 산도스제약회사의 화재로 살충제, 살균제, 중금속 등 11여종의 화학물질 7톤이 라인 강으로 흘러들어갔던 사고다. 이 때문에 하류에서 수생생물이 떼죽음을 당하고 하류 국가들의 상수 공급에 차질을 야기했다. 1984년 인도 보팔에 소재한 미국 유니언카바이트사의 농약공장에서 메틸이소시안이라는 유독가스 36톤이 누출하여 주민 2,800여 명이 죽었던 사고가 있었다.

으로도 합성농약의 사용량은 10배가 늘었지만 해충에 의한 식량의 손실량은 거의 두 배가 되었다. 더 큰 문제는 살충제의 내성이다. 1950년 이후 최소한 520종의 곤충과 선충, 150가지의 식물병, 10종의 설치류가 한 가지 혹은 그 이상의 농약에 대해 유전적인 저항성이 생겼다.[94] 살충제와 살균제를 통해 병해충과의 전쟁에 임하고 있는 인류는 이 전쟁에서 승산이 없어 보인다.

병해충의 원인은 곤충이 있기 때문이 아니다. 병해충의 원인은 인간이 제공한 것이다. 연약한 식물 한 종을 넓은 면적에서 재배하는 단일재배방식, 해충의 천적이 사는 서식처의 파괴, 병해충뿐 아니라 천적까지 함께 죽이는 살충제의 사용, 자연적 방어기작을 상실하게 만든 식물 육종과 유전자조작, 천적이 없는 외래종의 도입, 병충해 발생을 쉽게 만드는 경작습관 등이 그 원인이 된 것이다. 원인이 우리에게 있다면, 곤충 자체를 문제의 원인으로 보고 대처할 것이 아니라 조화가 깨진 생태계의 증상이라는 관점에서 우리의 잘못된 습관을 고쳐나가야 이 문제를 근본적으로 해결할 수 있다. 퍼머컬처에서는 병해충의 천적이 은신할 수 있는 생울타리, 천적이 먹이가 되는 식물의 식재 등을 통해 농장에서의 생물다양성을 높여 자연적으로 병해충의 만연을 방지한다. 또는 병해충이 좋아하는 유인식물을 심어 작물에 해를 덜 주도록 하거나, 병해충이 싫어하는 회피식물을 중간 중간에 심어 작목에 해충이 접근하는 것을 막기도 한다. 병해충방제에 응급처방으로 쓸 수

---
[94] 『알기 쉬운 환경과학』, 문영수 외 공역, 시그마프레스, 1999

있는 것은 비누다. 합성세제는 자연에서 분해되지 않으므로 사용할 수 없지만 천연비누 성분은 토양에서 분해되므로 해가 없다. 천연비누로 거품을 내 작물에 뿌리면 병해충이 씻겨 나가기도 하고 곤충의 피부호흡을 막아 응급처방으로 쓸 수 있다. 생물학적 농약을 만드는 것도 가능하다. 제충국의 꽃에 들어 있는 피레트린은 인체에 무해하지만 곤충의 운동신경을 마비시킨다. 제충국의 꽃에서 알코올이나 주정으로 이 성분을 추출해 사용하면 해충을 방제할 수 있다. 마늘을 먹으면 항균, 살균효과가 있다고 하는데 마늘즙, 마늘추출액 등도 마찬가지 효과가 있어 이를 농약으로 활용할 수 있다. 티트리 오일도 유사한 작용을 한다.

유인식물과 회피식물.
유인식물은 병해충이 좋아하는 식물을 심어 작물에 피해를 적게 하는 것이고, 회피식물은 병해충이 싫어하는 식물을 심어 작물에 접근하지 못하게 하는 방법이다. (일러스트 : 권혜진)

병해충과 함께 농장에 재난을 줄 수 있는 것은 바람이다. 센 바람은 집과 시설물을 파괴하고 애써 심은 나무와 작목을 뽑거나 무너뜨린다. 바람은 눈에 보이는 피해를 주기도 하지만 동식물의 성장에 영향을 미친다. 동물 서식처의 바람을 막아주면 고기, 유유, 털 등의 생산량을 높일 수 있고, 과수나무의 바람을 막아주면 성장을 돕고 수확량을 높일 수 있다. 바람은 동물과 식물의 체온을 빼앗아가기 때문에 낮아진 체온을 높이기 위해 영양분을 쓸 수밖에 없다. 그래서 바람을 막아주는 일은 재난도 막고 동물과 식물의 성장을 유지시켜주며 원하는 생산물의 수확량을 늘릴 수 있는 방법이다.

바람을 막는 가장 좋은 방법은 방풍림을 만드는 것이다. 방풍림은 바람을 막을 뿐 아니라 토사와 물의 유실을 방지하고 토양에 물을 잘 스며들게 하며, 동물에게는 먹이와 은신처, 이동 통행로를 제공하고, 불을 막아주는 방화대의 역할을 할 수 있으며, 꿀의 원료와 땔감을 생산하는 등 다기능을 가지고 있다. 방풍림은 주택에 대해 세찬 겨울바람을 막아 난방비를 줄이고 여름에는 시원한 바람의 통로를 제공해줄 수 있다. 따라서 방풍림은 농장계획에 빼놓지 않아야 할 요소 중의 하나다. 농장 전체의 바람을 막을 수 있는 방풍림도 필요하고, 집, 축사, 과수원과 같은 중요한 시설에 방풍림을 만드는 것도 필요하다. 바람을 막기 위해 꼭 나무를 심어야 하는 것은 아니다. 옥수수와 같이 일년생이지만 키 큰 식물을 활용하여 일정 기간 동안 바람을 막을 수도 있다. 또한 야생의 숲처럼 그냥 내버려두어야 하는 것도 아니다. 장작을 사용하기 위해 가지치기를 할 수도 있고, 순차적으로 베어내고 다시 심어 지속적으로 장작을 생산할 수도 있다. 또한 방풍림을 활용하여 벌꿀을 키우거나 명상할 수 있는 장소를 만드는 등 다용도로 계획할 수 있다.

방풍림을 조성할 때는 바람의 침투성을 고려해야 한다. 바람의 침투는 나무의 밀도, 방풍림을 구성하는 나무의 종류, 방풍림의 너비 등에 따라 달라진다. 대부분의 방풍림은 침투성에 비해 너무 높은 밀도를 갖고 있다. 높은 밀도는 나무의 정상적인 성장을 방해한다. 밀도가 높은 경우 나무의 아래 부분 가지가 햇빛을 받지 못해 도태되어 아래로 바람의 통로를 만들어주기도 한다. 적절한 밀도를 유지하고 햇빛의 방향에 따라 키 작은 나무에서 키 큰 나무를 섞어 심는 것이 좋다. 나무의 모양, 가지의 모양, 가지에 달린 잎의 모양에 따라 바람의 유통이 달라지므로 다양한 나무를 섞어 심어 바람을 효과적으로 차단하는 것이 필요하다. 방풍림의 너비는 넓을수록 바람을 효과적으로 차단하기는 하지만 공간에 제약이 있기 때문에 적절한 너비로 만들어야 한다. 방풍림의 폭이 좁으면 바람이 방풍림을 넘으면서 다시 아래로 들이치는 돌풍이 생겨 방풍림 아래에 바람 피해가 날 수 있으니 이를 고려해야 한다. 마찬가지로 길쭉한 방풍림은 바람이 옆으로 비껴 나가다가 안쪽으로 휘감아 들어오는 와류가 생길 수 있다. 이를 방지하기 위해서는 방풍림의 모양을 직선이 아니라 사선으로 만들어야 한다. 바람이 불어오는 방향에서 45도에서 60도 정도의 각도로 부드럽게 초승달 모양으로 만들면 불어오는 바람을 와류가 생기지 않게 다른 쪽으로 유도할 수 있다.

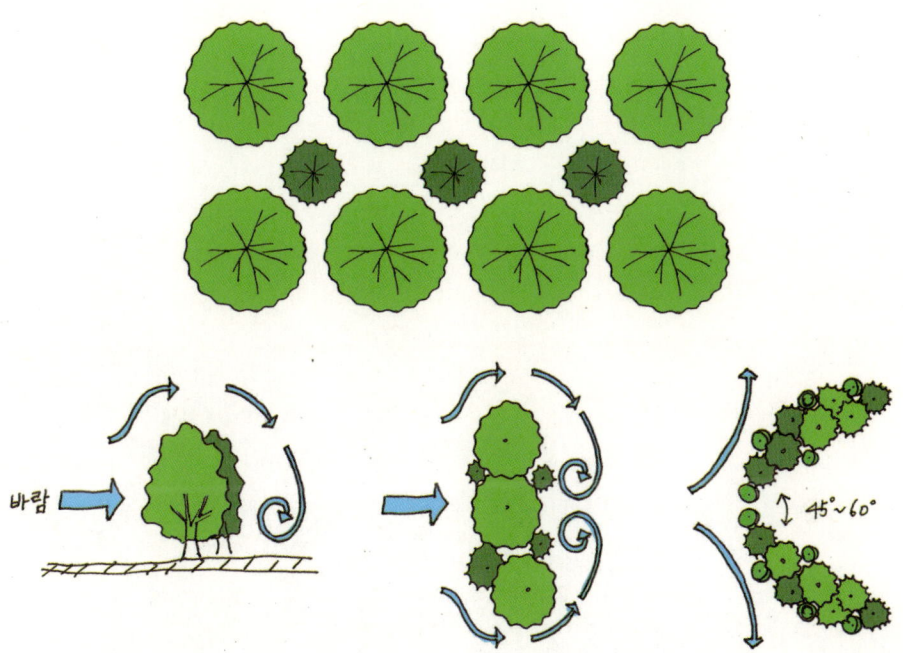

효과적인 방풍림의 구조.
크고 작은 나무를 섞어 심고 와류가 생기지 않도록 해야 한다. (일러스트 : 권혜진)

 이렇듯 농장에서 병해충과 바람의 피해를 막을 수 있는 방법을 제공하는 것은 인간이 아니라 동식물이다. 농장디자인이란 토양, 물, 에너지 등의 기반시설을 통해 생물자원을 도입하여 성장시키고, 이를 상호 연결하여 하나의 생명체처럼 조화를 이루게 만드는 일이다. 나의 하루 몇 시간의 노동에 의해 농장 전체에 많은 생물들이 들고 나며 스스로 움직이면서 내가 필요한 것들을 만들어낸다고 상상해보라! 더구나 예측할 수 없는 재난까지 막아줄 수 있다니 얼마나 고마운가. 이 일은 세상의 어떤 일보다 창의적이어서 사람의 가슴을 뛰게 만든다.

3부 농촌살림

마을을 만든다?

　마을만들기운동은 워낙 다양해서 명확하게 정의하기 어렵다. 일본의 마을만들기운동을 국내에 소개하여 마을만들기운동을 촉발한 김찬호 씨는 일본의 마을만들기(마치쓰쿠리)에 대해 "지역공간을 주민들이 스스로 디자인해나가는 과정"이라 정의한 바 있다.[95] 김찬호 씨가 쓴 『이런 마을에서 살고 싶다』는 1990년대 후반 다양한 분야로 분화하던 시민운동의 활동가들을 마을로 눈을 돌리게 했고, 지역으로 돌아가 마을에서 다양한 일을 할 수 있다는 가능성과 상상력을 갖게 해주었다. 그 이후 우리나라에서 마을만들기운동은 정치, 문화, 예술, 건축, 농업, 관광 등 다양한 분야에서 많은 시도가 이뤄지고 있으며 그 목적, 내용, 방법 또한 다양하게 나타나고 있다. 그래서 우리나라의 마을만들기운동은 마을디자인, 마을가꾸기, 마을만들기, 마을진흥사업, 생태마을운

---

[95] "일본의 도시화 과정에서 마을만들기의 전개와 주민참여", 한국도시행정학회, 도시행정학보, 제13권 11호, 2000년 6월. 그의 책은 『이런 마을에서 살고 싶다』, 김찬호, 황금가지, 1997.

동, 공동체운동, 주민자치운동, 마을의제운동 등으로 다양하게 불리고 있다. 우선 우리나라의 마을만들기운동을 조금 느슨하고 폭넓게 "지역 공간을 중심으로 주민들이 공동체성을 바탕으로 스스로 지역의 문제를 해결하고자 하는 다양한 활동"으로 정의하고 넘어가 보자.

많은 사람들이 마을만들기운동에 주목한 이유는 마을이라는 공간이 가진 매력 때문이다. 마을은 한정된 작은 공간이고 계획가 혹은 활동가 입장에서 보면 읽어내기 좋은, 다시 말하면 계획하기 좋은 공간이다. 비교적 동질적인 인문적, 문화적 요소가 모여 있고, 중요한 도로를 중심으로 다양한 용도와 기능을 가진 공간요소가 조화롭게 집합되어 있다. 같은 물을 쓰고 있다는 한자의 동(洞)이 의미하듯이 동일한 수계로 한마을이 이루어져 있어 환경관리 측면에서도 용이하다. 두 번째는 정서적으로 주민참여를 이끌어내기 좋다. 마을주민들은 길든 짧든 같은 역사적 경험을 공유하고 있고 친밀한 관계를 맺고 있어 특정한 일에 공감대를 형성하기 쉽다. 또한 마을에서 일어난 일은 빠르게 영향을 미치고 예측 가능하기 때문에 적극적인 의사결정을 할 수가 있다. 세 번째로 우리나라 사람들은 마을에 대한 특별한 애착과 향수를 가지고 있다. 간혹 식당 이름이 ○○마을인 간판을 볼 수 있는데 이는 이러한 정서가 있기 때문이다. "마을을 위해서", "마을이 잘된다면"이라는 말은 개인적이고 사사로운 이익을 주장하기 어려운 상황을 만들기도 한다. 이러한 마을에 대한 특별한 감정은 마을을 홍보하는 좋은 수단이기도 하다.

도시에서의 마을만들기운동은 서울 인사동에서 지역의 정체성과 장소성을 찾기 위한 다양한 활동을 벌이면서 북촌 한옥마을로 이어졌으며, 여러 도시에서 차 없는 골목 만들기, 쌈지공원 만들기, 어린이 통학로 확보운동 등으로 번져나갔다.[96] 도시의 마을만들기운동 중에서 대구 삼덕동의 사례는 주목할 만하다. 이 동네에 살고 있던 시민활동가 김경민 씨가 자신이 살고 있던 집의 담장을 헐면서 시작한 골목가꾸기 사업은 주민들의 자발적인 참여를 이끌어내면서 담장을 허물거나 예쁘게 꾸미는 다양한 활동을 전개하게 했고, 이는 행정기관이 스스로 담장을 허물게 하는 계기가 되었다. 하지만 삼덕동의 마을만들기운동은 담장을 허물고 골목을 꾸미는 단순한 일에만 그쳤던 것은 아니다. 삼덕동 내에 마을회관, 청소년쉼터, 마을미술관 등을 만들어나가고 마을축제를 운영하는 등 삼덕동의 마을공동체를 형성하기 위한 활동이 이어졌다. 2006년 삼덕동에도 재개발 바람이 불어 옆 동네가 아파트와 고급상가로 재개발이 이루어지면서 마을주민들이 찬반으로 갈리기도 했지만, 재개발은 이루어지지 않았고 여전히 사람 냄새 나는 동네를 만들어가고 있다.[97] 도시의 마을만들기운동에서 특이한 사례로는 홍대 앞 클럽을 중심으로 한 거리문화운동을 들 수 있다. 문화활동가 최정한 씨에 의해 2001년부터 시작된 홍대 앞의 거리문화운동은 대학가에 클럽이라는 독특하면서도 젊은 생산적인 문화활동을 통해 지역공간의 정체성을 찾고자 했다.[98] 하지만 홍대 마을만들기에서 눈여겨보아야 할

---

[96] 이러한 도시의 마을만들기운동에 많은 공헌을 한 단체로 1994년 시민교통환경연구소로 출발한 (사)걷고 싶은 도시 만들기 시민연대가 있다. (http://www.dosi.or.kr)

[97] 삼덕동 이야기는 『그들이 허문 것이 담장뿐이었을까』, 김은희, 김경민, 한울, 2010에서 확인할 수 있다.

[98] 『지역의 재구성』(알트, 2012)이라는 책 3장에 최정한 씨의 홍대 마을만들기 이야기와 그의 생각이 담겨 있다.

대구 삼덕동의 마을만들기.
❶도시의 마을이지만 담이 없는 집이 많다.
❷담을 없앨 수 없는 집은 담장을 예쁘게 꾸몄다.
❸도시 마을의 마을회관.
❹마을에 필요한 일들이 만들어지기 시작했다.
❺마을의 축제 모습.

좁은 거리를 디자인하고 거리축제를 만든 일이 아니라, 한 달에 한 번씩 열리는 클럽데이가 홍대 주변의 클럽들을 경제적 공동체로 만들었다는 것이다. 매월 특정 토요일에는 홍대 주변 거리에서 종이팔찌를 팔고 이 팔찌를 찬 사람들은 그날만큼은 홍대의 모든 클럽에 들어갈 수 있다. 그날의 팔찌 수입은 클럽들이 공정하게 배분한다. 클럽데이를 통해 더 많은 젊은이들이 홍대 주변의 클럽을 찾게 만들었고, 장사가 잘 되지 않았던 클럽들은 이날 자신의 클럽을 더 열심히 홍보했다. 결국 클럽들의 장사가 잘되기 시작했고 새로운 클럽도 생겨났다. 이 클럽들이 함께 모여 홍대 거리를 막고 로드페스티발이라고 하는 큰 축제까지 하게 된 것이다. 결국 종이팔찌가 경쟁만 알았던 클럽을 공동체로 묶어낸 셈이다. 한편 성미산의 나무를 지키기 위해 시작된 마포구의 마을만들기운동은 공동육아 유치원을 만들고 운영한 주민들의 경험을 동력으로 대안학교, 동네부엌, 생협, 마을식당, 공동체카페, 지역방송, 마을극장 등 도시에서 꿈꾸었던 다양한 공동체사업을 현실로 만들면서 마을만들기운동의 순례지가 되었다.

농촌의 경우는 오래전부터 농촌지도자들이 마을을 중심으로 다양한 활동을 해왔다. 하지만 마을만들기운동으로 볼 수 있는 사례는 1990년대 후반 녹색연합이 지원한 충남 금산의 생태마을사업에서부터 나타나기 시작했다. 이 사업은 시민단체와 전문가가 결합하여 마을을 지원했지만, 이러한 방식에 익숙하지 않은 주민들의 소극적인 참여로 만족할 만한 결과를 만들어내지 못했다. 하지만 녹색연합은 강화, 무주, 홍성에서 지속적으로 생태마을사업을 추진했고, 특히 홍성 문당리에서 농촌마을만들기의 성공적인 모형을 제시하게 된다. 마침 농촌관광사업을 농촌마을을 중심으로 추진하려는 정부의 지원정책과 맞물리면서 농촌의 마을만들기는 활발하게 추진되기 시작했다. 정부가 지원하는 농촌의 마을만들기는 도시의 마을만들기운동과 달리 시민운동

문당리의 마을만들기.
❶마을정보센터. 도농교류학습관으로 쓰이고 있다. ❷농촌생활유물관.
❸마을 표지. ❹황토건강체험실. 어르신들을 위한 찜질방이기도 하다.

에서 비즈니스로 발전하여 농촌마을만들기과 관련한 컨설팅, 디자인, IT 관련 회사도 생겼다. 정부 및 전문가의 참여, 마을지도자들의 적극적인 활동 덕분에 화천 토고미마을, 양평 부래미마을, 남해 다랭이마을, 단양 한드미마을 등 소위 스타 마을이 탄생하기도 했다. 농촌마을 사업의 이러한 발전과정은 새마을운동 이후 농촌마을에서 무언가 새로운 일을 시작하는 계기를 마련하는 긍정적인 면도 있었지만, 수익 측면의 단기적인 성과를 강조하여 마을공동체를 와해시키는 부정적인 영향을 드리우기도 했다.

귀농귀촌인을 위한 마을만들기.
❶ 경남 산청 안솔기마을. ❷ 충남 서천 산너울마을.
❸ 전북 진안 새울터마을. ❹ 경남 함양 청미래마을.

　농촌마을만들기운동의 또 다른 흐름은 생태적 삶을 지향하는 사람들의 시도로 나타나고 있다. 외국의 의도적 공동체 운동(Intentional Community)의 관점에서 보면 폐쇄적인 종교적 공동체를 이 범주에 넣기는 어렵고, 경남 산청의 안솔기마을, 전북 무주 진도리의 귀농마을, 경남 함양의 청미래마을, 전북 장수군의 하늘소마을 등의 사례가 여기에 속한다. 이후 농림부의 도시민 유입을 지원하는 전원마을사업이 시작되면서 전북 진안의 새울터마을, 충남 서천의 산너울마을 등이 만들어졌다.

그런데 왜 마을만들기운동이라 부르게 된 것일까? 물론 일본에서 먼저 '만들기'라는 말을 썼고 그것을 받아들였기 때문이기도 하다. 하지만 우리나라의 마을은 엄연히 존재하고 있고 그 속에 사는 사람들과 어떤 일을 하고자 하는 것인데, 왜 굳이 '만들기'라는 말을 쓰고 있는 것일까? 또한 왜 거부감 없이 받아들이고 있을까? 이 물음을 품고 농촌마을과 마을만들기운동을 좀 더 들여다보자.

화천의 두 마을

　호주의 크리스탈워터즈에서 돌아와 우리나라의 농촌마을과 처음 일하게 된 곳은 강원도 화천의 용호리다. 춘천에서 화천으로 가는 국도 상에 있는, 파로호 때문에 수몰된 지역주민이 이주해 와 형성한 마을이다. 약 50여 호로 낚시, 빙어잡기가 가능한 파로호와 수려한 용화산이라는 관광자원이 있기는 하지만 큰 소득이 되지는 못했고, 월남 파병 군대가 훈련받던 지역으로 한때는 번창한 상가가 있기도 했지만 대부분 농사에 종사하고 일부 주민만이 낚시꾼을 상대하는 식당, 민박 등을 운영하고 있었다. 수몰민이라는 피해의식이 있어서 공동으로 하는 사업에 주민을 적극적으로 끌어내기 힘든 상태였다. 몇 차례의 교육을 진행해봐도 눈에 띄게 주민의식이 바뀌지는 않았다. 그러다가 이장을 비롯한 개발위원들이 조금씩 마을사업에 관심을 나타내기 시작했다.

마을에서 공동으로 할 수 있는 사업이 많지 않은지라, 아름다운 경관을 가지고 있는 이 마을을 도시민에게 알려보자는 단순한 생각으로 마을 홈페이지를 제작했다. 이 당시는 중소기업도 홈페이지가 거의 없을 때여서 우리나라에서 가장 먼저 홈페이지를 가진 농촌마을이 되었다. 이 일로 KBS '6시 내고향'이라는 프로그램에 소개되었다. 방영된 날 홈페이지를 궁금해 하는 많은 사람들로 인해 서버가 고장이 났고, 1주일 만에 홈페이지에 소개된 마을 특산물이 다 팔려나갔다. 전국적인 관심을 끈 데 이어 강원도지사도 홈페이지에 글을 남기자, 점차 주민들은 자부심을 갖게 되었고 마을 공동작업에 참여하는 주민의 숫자가 늘기 시작했다. 이러한 노력으로 강원도의 마을만들기사업인 '새농어촌건설운동'의 우수마을로 선정되어 시상금을 받으면서 마을과 마을주민은 눈에 띠게 변하기 시작했다.[99]

이제 이 마을의 숙제는 시상금의 사용처였다. 인근의 다른 마을은 이 시상금을 쓰다가 주민 사이에 분란이 일어나 돈을 받지 않은 만 못했다는 이야기도 들은 터였다. 공동으로 할 수 있는 일, 그리고 성공할 수 있는 일이 많지 않았다. 주민 사이에 의견이 달라 쉽게 결정하기도 어려웠다. 마을이장이 그 상금을 쓸데없는 곳에 쓰느니 은행에 저금하고 이자를 조금씩 사용하는 편이 낫겠다는 의견을 제시했는데, 기금을 만든다면 그렇게 사용해도 좋다는 도청의 의견을 듣고 마을이장은 조심스럽게 장학기금을 만들자고 제안했다. 장학기금은 나쁘지 않은 사

---

[99] 새농어촌건설운동은 강원도 자체의 마을단위 개발정책으로 1년 동안 마을을 스스로 잘 살아보려고 노력한 마을 중에서 10~15개씩을 선정하여 5억 원의 마을개발자금을 지원한다.

용호리 홈페이지.
우리나라 최초의 농촌마을 홈페이지를 갖게 된 용호리.

업이었지만 문제가 있었다. 이 마을 주민의 50% 이상은 공부를 해야 하는 자녀가 없었다. 같이 노력해서 받는 상금인데 그 혜택을 받을 수 있는 젊은 층과 그렇지 못한 노인층이 서로 다툴 수 있었다. 하지만 이 마을의 어르신들은 자신이 혜택을 받지 못하지만 마을아이들을 위한 일이라면서 장학기금조성에 모두 찬성해주었다. 장학기금은 마을에 두 가지 변화를 불러왔다. 우선 젊은 농가들이 마을을 떠나지 않게 되었다. 이 마을에서는 적어도 교육비 걱정은 하지 않아도 되기 때문이었다. 그리고 마을아이들이 대부분 대학진학을 꿈꾸게 되었다.

어르신의 양보로 장학기금을 만들었다는 소식을 들은 화천군수는 마을어르신들에게 고맙다며 경로당을 지을 수 있는 사업비를 추가적으로 지원했다. 이 마을회관이 용호리의 또 하나의 자랑거리가 되었다. 기존의 농촌마을회관은 주로 빨간색 벽돌의 네모반듯한 건물이었는데, 목구조, 흙벽돌, 기와지붕을 가진 아담한 한옥 마을회관이 우여곡절 끝에 만들어졌다. 이 마을회관 덕분에 마을에 두 가지 변화가 더 생겼다. 겨울에는 어르신들이 자기 집의 기름 값도 아끼고 무료한 시간을 보내기 위해 마을회관에 모이는데 요일별로 젊은 부녀회원 두 사람씩 돌아가면서 점심식사를 준비한다. 장학기금을 만들어준 어르신들에게 보답하기 위해서다. 그리고 설날 마을주민들이 모두 모인다. 어르신들이 한쪽 편에 앉고 아이들이 어르신들에게 공동으로 세배를 하면 노인회장이 아이들에게 장학금을 나누어준다. 장학기금을 통해 공동세배의 공동체적 전통이 복원된 것이다. 이 마을은 이후 소득사업을 활발하게 추진하지는 못했다. 하지만 마을만들기의 목적이 꼭 돈 버는 데만 있는 것은 아니지 않은가.

용호리를 도와준 일에 성과가 있자 다른 마을을 소개받았다. 신대리라는 마을이었다. 화천읍에서 철원으로 가는 길에 위치한, 품삯을 쌀로 받을 수 있다는 뜻의 '토고미(土雇米)'라는 옛 이름이 있을 만큼 큰 하천과 너른 논, 바람을 막아줄 든든한 병풍형 산을 가진 마을이다. 농가소득은 높지 않지만, 시설채소나 특수작물에 대한 투자기회가 없어 농가부채도 많지 않았다. 한편 교회를 중심으로 한 주민조직이 탄탄하여 교회모임이 마을의 의사결정에 긍정적인 역할을 하고 있었다.

용호리의 마을회관.
네모반듯한 빨간 벽돌 마을회관이 아닌 전통가옥 형태의 용호리 마을회관.

　신대리는 마을주민을 대상으로 한 교육이 바로 효과가 날 만큼 주민의 변화가 눈에 띄었으며, 스스로 마을을 가꾸고 정돈하는 마을공동사업을 계획하고 실행까지 했다. 마을이장이 마을의 폐가를 정리하고 비게 된 공간의 활용을 물어온 적이 있었다. 나는 집을 헐지 말고 옛날 집으로 복원해보자고 쉽게 대답했다. 한 달 뒤에 가보니 정말 그 집을 멋진 초가집으로 복원하여 마을박물관으로 만들어놓았다! 청년회가 그 집을 복원하면서 마을노인들의 전통기술을 배우고 서로 어울리는 좋은 계기까지 마련되었다고 한다.

　마을에서 이미 몇 가구가 벼농사를 오리농법으로 전환했고 그것을 확대하고자 했기 때문에 첫 번째 사업으로 오리입식행사를 계획했다.[100] 오리입식행사는 마을주민 대부분이 참여해야 해서 부담스럽기는 했지만, 도농교류의 첫 번째 사업인 만큼 참여한 도시인을 지속적인 쌀 구매자로 만들어 소득으로 연결시킬 수 있는 중요한 사업이었다. 이 행사에 도시민 400여 명이 참석했고, 행사에 참여한 도시민 중 일부가 지속적으로 쌀을 구매하겠다는 회원이 되어주었다. 이에 마을주민들은 자신감을 갖기 시작했다. 이후 지속적인 도농교류사업을 추진하여, 별다른 관광자원도 없는 마을에 1년에 만 명 이상 찾아오게 만들었다. 이 방문자들의 일부가 지속적인 구매자가 되어 마을에서 생산하는 오리쌀을 직거래로 팔 수 있었다. 이러한 안정적인 판로에 힘입어 이 마을 논의 대부분을 오리농법으로 전환할 수 있었다.

이 마을에는 폐교 예정인 초등학교가 있었다. 이 학교를 환경농업학교로 전환하자는 계획을 수립했다. 학교를 마을에서 활용하기 위한 사전작업으로 2001년 여름에 한국 퍼머컬처 디자인코스를 이곳에서 진행했다. 호주에서 강사가 직접 방문했으며, 화천 관내 농민뿐만 아니라 대학원생, 귀농인이 참여하여 2주일간 마을이 북적거렸다. 이 과정을 통해 마을주민, 화천군 모두 이 폐교를 마을이 이용해야 한다는 공감대를 만들 수 있었다. 신대리도 용호리와 마찬가지로 '새농어촌건설운동'에 응모하여 우수마을로 선정되어 시상금을 받게 되었다. 이 사업비

---

[100] 오리농법은 모내기 한 달 후 즈음에 오리를 논에 넣는다. 그러면 오리가 논에서 해충도 잡아먹고 잡초를 먹거나 갈퀴질로 뽑아낸다. 또 논물을 흐려 잡초가 새로이 발생하는 것을 억제하고 오리의 분뇨가 토양에 투입된다. 또한 오리의 자극으로 벼가 더 튼튼하게 자란다는 보고도 있다. 논에 오리를 처음 넣는 날 도시인을 초청하여 도시인이 직접 오리를 풀어주는 행사를 오리입식행사라 한다.

(상) **신대리마을의 전경.**
마을안내판에서 보이듯 너른 논을 가지고 있다.
(하) **신대리의 오리입식행사.**
오리를 풀어주는 도시민 초청행사에 400여 명이 참여했다.

를 활용하여 폐교를 강의실, 숙박시설, 화장실, 샤워장을 갖춘 자연학교로 변모시켰고, 이런 시설들 덕분에 지속적인 방문객과 안정적인 도시소비자 회원을 확보하여 농림부 주관 마을경진대회에서 최우수상을 받았다. 나아가 외국인을 위한 농촌체험마을인 Rural-20 프로젝트에 선정되는 등 우리나라 농촌의 선도적인 마을로 자리 잡게 되었다.

신대리마을의 성공은 첫째, 도시민 회원을 바탕으로 시장상황과 상관없이 지속적이고 안정적인 판로를 확보했기 때문에 가능했다. 신대리마을의 도시 회원은 시장에서 파는 쌀의 가격의 변동에 크게 영향을 받지 않고 지속적으로 쌀을 구매했다. 둘째, 마을에서 공동으로 추진하는 사업 간에 유기적인 관계가 만들어졌기 때문에 가능했다. 방문객과 관련한 수입이 체험, 숙박 등에 종사하는 주민에게 국한되는 것이 아니라 2차 가공, 1차 농업에 종사하는 사람까지 파급되도록 했다. 마을에서 점심밥을 먹을 때 나오는 두부반찬의 두부는 마을의 할머니가 만든 것이고, 그 할머니는 마을에서 생산한 콩으로 두부를 만드는 식이다. 공동체가 되어 돈까지 벌고 있으니 어찌 좋지 않으랴.

마을에도 사무장이 있다

　농촌의 마을만들기사업은 2000년대 초반 농촌진흥청의 농촌전통테마마을, 농림부의 녹색농촌체험마을사업으로 본격적으로 시작되었다. 이 사업이 처음부터 농촌마을의 전반적인 문제를 진단하여 장기적이고 지속적인 농촌마을의 발전을 시도했거나 도시의 마을만들기운동처럼 주민참여에 의한 마을발전을 시도한 것은 아니었다. 점차 확대되는 농산물시장의 개방으로 농민의 소득저하가 우려되자, 농산물 판매 이외의 농외소득원으로 농촌관광사업을 마을 단위로 추진해보고자 한 것이었다. 농촌관광사업의 시초는 1980년대에 지원한 관광농원사업이다. 개인농가에게 관광관련 시설을 조성할 수 있는 저금리의 자금을 융자하여 숙박시설, 식당시설, 휴양시설 등을 갖출 수 있도록 했다. 이에 대부분의 관광농원이 농촌과 어울리지 않는 네모반듯한 모텔을 지었고, 농원에서 생산하는 농산물을 사용하거나 향토적인 음식을 파는 식당이 아닌 관광지에 있을 법한 식당을 운영하고, 기본적인 수요조사도 하지 않고 수

영장, 눈썰매장 등의 놀이시설을 설치했다. 많은 관광농원이 정상적으로 운영되지 않음에 따라 1990년대 후반부터 이 사업의 실효성에 대한 비판이 이어졌다.[101] 이에 따라 농촌관광사업을 개인이 아닌 마을공동체가, 큰 금액의 융자가 아닌 소액의 보조금 사업으로 추진하도록 한 것이다.

농촌관광관련 사업이 마을단위 지원사업의 처음은 아니었다. 1970년대에는 새마을운동이 있었고, 이후에 낙후지역인 산촌과 어촌에 생활기반시설과 소득시설을 지원하는 산촌종합개발사업과 어촌종합개발사업이 추진 중이었다. 이러한 사업은 마을도로 개설, 재해방지를 위한 하천 정비, 마을회관이나 공동작업장 신축 등과 같이 이른바 하드웨어 중심의 사업이었다. 농촌관광관련 마을사업은 관광이나 체험프로그램을 개발하고 이에 맞추어 공간과 시설을 소규모로 조성하는 소프트웨어 중심의 사업이었다. 이러한 사업의 성과가 나타나자 산촌, 어촌종합개발사업도 사업방식을 소프트웨어 중심으로 전환했다. 또한 행정자치부의 정보화마을과 아름마을, 문광부의 문화역사마을, 환경부의 자연생태우수마을 등 지역이나 농촌과 관련이 있는 부처들이 마을단위 사업을 새로 만들어 추진했고, 광역자치단체와 기초자치단체도 유사한 사업을 만들었다. 더 나아가 농림부는 4~5개 마을, 300~500가구가 모여 공동으로 사업을 추진하는 경우 최대 70억 원까지 지원하는 농촌마을종합개발사업을 추진하고 있다.

---

[101] 〈동아일보〉, 1999년 9월 27일, '관광농원사업 부도 위기'. 이 기사는 관광농원지원사업이 15년 만에 지원받은 관광농원의 20%가 지정 취소되었고 30%가량이 사실상 부도상태라고 보도하고 있다. 현재 관광농원이라는 간판을 걸고 영업하고 있는 사업장은 몇 되지 않은 실정이고 신규 사업의 인허가도 거의 일어나지 않고 있다.

농촌마을만들기의 목표는 첫째, 서로 돕고 사는 마을공동체가 살아 있는 마을, 둘째, 생태계 보전과 소득증대가 조화를 이루는 마을, 셋째, 물질과 에너지가 순환되고 절약하는 마을, 넷째, 전통과 문화가 계승되는 마을, 다섯째, 주변지역, 도시와 함께 공생하는 마을로 설정할 수 있다. 이러한 목표를 달성하기 위해 아래 그림과 같은 절차에 의해 사업이 진행된다.

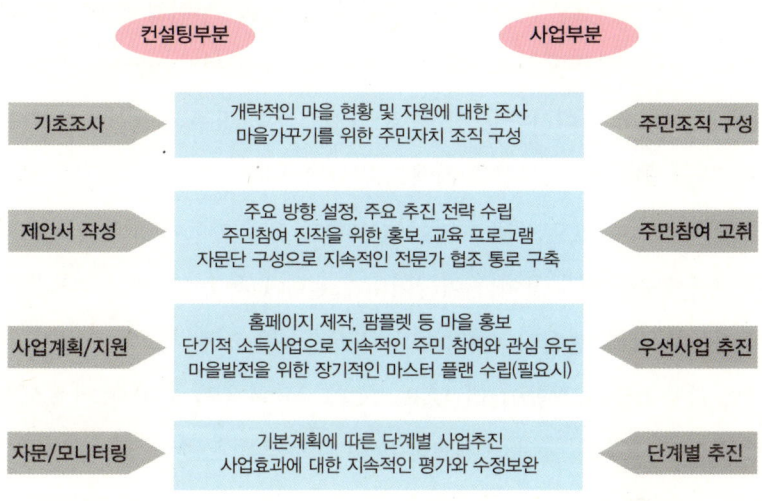

마을개발사업의 절차.

농촌마을만들기는 크게 두 부분으로 나누어 진행한다. 한 부분은 전문가들이 참여하는 컨설팅이다. 먼저 마을에 대한 개략적인 현황을 조사한다. 조사는 마을주민 인터뷰와 마을현황답사를 통해 마을주민의 의식구조, 마을의 자치조직현황, 마을의 자원을 파악한다. 조사가 끝나면 제안서를 작성한다. 이 제안서에서 마을현황과 자원을 바탕으로 마을의 발전방향을 설정하고 주민조직, 생산 및 소득, 환경 및 생태계 보전, 생활환경 및 복지, 토지이용 및 공간구조 개선 등으로 나누어 분야별, 단계별 목표와 사업내용, 사업의 추진방법을 제안한다. 이후에 전문가들은 주민들의 참여와 합의에 의해 결정된 사업을 계획하거나 지원하고, 지속적인 자문과 모니터링을 하게 된다.

다른 한 부분은 직접 주민들이 감당해야 하는 일이다. 우리나라 농촌마을에는 대동회, 개발위원회, 청년회, 노인회, 부인회 등의 조직이 있다. 주민 인터뷰를 통해 이러한 조직들의 현황이 파악된다. 마을만들기를 위해서는 이러한 조직 중에 합리적이고 민주적이며 추진력 있는 조직을 중심으로 사업을 진행해야 한다. 마을의 조직 중에 이 조건에 맞는 조직이 없으면 새로 만들어야 한다. 마을만들기를 실행할 조직이 생기면 주민들의 참여를 이끌어내기 위한 교육을 진행해야 한다. 대개 전문가 강의, 선진지 견학, 주민 워크숍 등을 진행하는데, 전문가 강의보다는 선진지 견학이 더 낫고, 그보다는 마을의 자원과 마을사업을 주민 스스로 발굴하는 워크숍이 더 효과적이다. 주민들의 참여의식이 어느 정도 생겨나면 구체적인 사업을 진행한다. 첫 번째 사업이 무엇보다 중요하다. 이 사업이 실패할 경우 마을만들기를 실행할 주민조직이 주민의 신뢰를 잃어 추진력이 떨어지고 교육사업을 통해 키워진 주민참여도 뒷걸음을 치기 때문이다. 그래서 첫 번째 사업은 우선사업이라 하여 다음의 조건을 충족시키는 사업을 발굴하여 실행해야 한다. 첫째, 주민소득사업일 것, 둘째, 작은 일이라도 성공 가능성이 높을 것, 셋째, 소득이 마을주민에게 골고루 돌아갈 것 등이다. 그동안의 농촌지원사업은 자원조사와 주민의사의 반영 없이 일률적이고 일방적으로 추진되었고 주민소득과 직접적으로 연결되지 않아 주민참여를 이끌어 내는 데 한계가 있었다. 따라서 우선사업은 소득사업 위주로 성공률이 높은 사업을 선택해야 한다. 우선사업이 성공하면 제안서 혹은 기본계획에 따라 단계별로 다른 사업을 추진, 실행하면 된다.

농촌의 마을만들기가 무조건 성공하는 것은 아니다. 농촌마을이 가지고 있는 중요한 자원은 넉넉한 농촌의 환경과 경관이다. 경남의 한 마을은 저수지를 돌아 들어가 산 아래 고즈넉이 자리를 잡고 있었다. 체험관광과 관련하여 중앙정부의 지원을 받게 되자, 해당 군청은 방문객의 편의를 높인다며 간신히 차 두 대가 비켜갈 수 있는 진입도로를 넓은 2차선으로 확장했다. 이 과정에서 계곡 사이의 산비탈을 잘라냈고, 없던 다리 4~5개가 새로 생겼으며, 심지어 도로가 마을의 집 위로 지나가기도 했다. 결국 고즈넉했던 옛날 마을 모습은 사라지고 없어졌다. 방문객도 찾아올 리 없었다. 이에 반해 강원도의 한 마을은 이 마을에 사는 목사가 마을이장과 함께 마을의 농촌다움과 쾌적성을 살리기 위해 노력했다. 마을 하천을 비롯한 도로를 정비하고, 마을 곳곳에 항아리공원, 만국기공원, 장승공원 등을 조성했다. 오래되어 방치된 마을회관을 단장하여 조그만 전시공간을 만들기도 했다. 이러한 노력이 주민들을 자극했고, 마을 뒷산으로 등산을 오는 도시민을 마을로 끌어들여 마을사업을 시작하게 되었다. 마을의 어메니티가 마을사업의 중요한 자산이 된 것이다.[102]

---

[102] 어메니티(Amenity)는 어떤 사물이나 환경에 대해 긍정적으로 느끼는 감흥으로서 도시에서는 쾌적성을 의미하지만 농촌에서는 농촌다움으로 해석하고 있다. 농촌주민에게는 일상적인 생활환경이더라도 도시민을 유인

농촌마을만들기의 지속성은 소득 창출에 달려 있다. 소득이 생기지 않는 이벤트에 주민들을 지속적으로 참여시키기는 어렵다. 충북의 한 마을은 상수원 보호기금으로 숯가마, 체험식당, 숙박시설 등을 만들었지만, 주민참여를 이끌어내지 못해 좋은 시설을 외부 사람에게 임대해 줄 수밖에 없었다. 물론 그 임대료가 마을발전기금이 되기는 했다. 하지만 이 시설을 통해 마을의 농산물이 활용되거나 마을주민의 일자리가 창출되지는 않았다. 더 이상 마을주민들도 이 사업에 관심을 가지지 않았다. 이에 반해 전북의 한 마을은 친환경농업을 하는 지도자가 마을의 소득을 높이기 위해 농산물 가공을 시작했는데, 가장 중요한 원칙이 가공에 사용할 농산물은 무조건 마을에서 생산한 것을 쓴다는 것이었다. 마을의 배나무과수원에서 떨어진 배와 상처 난 배는 배즙이 되었고, 마을할머니가 산에서 뜯어온 쑥은 쑥즙이 되었다. 이 마을은 체험마을사업을 하면서 마을의 농산물, 가공품을 체험방문객과 연계하면서 안정적인 소득을 마을주민에게 분배해주고 있다.

마을만들기에서 성공의 가장 중요한 열쇠는 마을지도자다. 강원도의 한 마을에서는 나이 많은 마을이장이 체험마을사업을 유치했고, 젊은 총무가 마을이장직을 물려받아 그 체험마을사업을 추진하게 되었다. 새로운 이장이 일을 맡고 나서 한 달 뒤에 가보니, 마을주민은 반으로 나누어져 있었다. 원래 이장과 새로운 이장의 체험마을에 대한 생각이 달랐던 것이다. 주민들은 전임이장파, 신임이장파로 갈려 어떤

할 수 있는 중요한 자원이어서 경제적 가치도 있다고 본다.

것도 결정하지 못한 채 거의 1년을 허비했다. 결국 마을이장은 젊은 이장이 계속 맡되 체험마을사업은 원래 이장이 맡는 역할분담을 하고서야 마을 일을 시작할 수 있었다. 충남의 한 마을은 농업고등학교 출신인 한 지도자가 오리농법을 도입하면서 마을을 중심으로 작목반을 운영하고 흑향미 판매수익의 일부를 마을발전기금으로 적립했다가 이 기금을 활용하여 도시민을 교육하는 도농교류학습관을 지으면서 마을사업을 본격적으로 시작했다. 모든 일을 투명하게 공개하고 마을 일은 주민들의 토론과 합의를 통해 결정하면서 성공적인 마을로 발전시켰다.

이러한 마을사업에서 마을지도자와 함께 중요한 역할을 맡는 사람들이 있다. 바로 마을사무장이다. 마을사업을 추진하는 과정에서 마을지도자를 돕고, 복잡한 서류처리와 비용관리를 맡으며, 방문객을 대응하고 농산물을 판매한다. 중앙부처, 지자체가 마을사무장의 인건비를 지원하기도 한다.[103] 마을사무장의 성격상 귀농귀촌했거나 귀농귀촌할 예정인 사람들이 많이 맡고 있다. 농촌을 미리 경험하고 지역의 다양한 정보를 얻을 수 있으며 사람들도 사귈 수 있는 더할 나위 없이 좋은 기회가 될 수 있다. 마을사무장의 일이 힘들고 고되기는 하지만, 귀농귀촌을 하고자 하는 사람들로서는 도전해볼 만한 일이다.

---

[103] 마을사무장이라는 말 대신에 마을매니저라는 말을 쓰기도 한다. 대개 마을사무장의 인건비는 100만 원에서 150만 원 정도인데, 80%를 정부가 지원하고 나머지 20%는 마을에서 부담한다.

완주군의 농촌마을에서 일하는 사무장들이 회의를 하고 있다.

마을도 **공부한다**

농촌의 마을계획은 마을 홍보, 소득구조의 개선, 주민 삶의 질의 제고, 도시민 유치, 마을의 환경과 경관 정비, 주민참여 등의 내용을 포함한다. 마을을 홍보하기 위한 수단은 많지 않다. 마을에서 생산하는 생산물이나 마을에서 할 수 있는 일들이 한정되어 있기 때문에 홍보에 투자를 많이 해도 그 만큼 효과를 거두기 어렵다. 하지만 마을의 이미지를 높여 마을 농산물의 가치를 높이거나 마을의 방문객을 유도하는 일은 필요하다.

이를 위해 보통 마을의 별명을 짓는다. 우리나라의 마을 이름은 어려운 한자인데, 일제가 한글이름을 한자로 바꾸는 과정에서 원래 이름이 바뀐 경우도 많다. 이러한 행정적인 이름을 바꾸는 것이 아니라 마을사업을 위한 이름을 새로 짓는다. 강원도 화천의 신대리는 토고미마을을 쓰고 있고, 충북 단양의 어의곡리는 한드미마을을 쓰고 있다. 어감과 의미가 좋다면 예전 이름을 쓰는 것이 무난하다. 마을의 생산물을 중심으로 이름을 짓기도 한다. 강원도 양구에는 송천떡마을이 있고 전북 임실에는 임실치즈마을이 있다. 마을 이름이 곧 마을 브랜드가 되기 때문에 대표적인 상품이 있는 경우 이 방식이 유효하다. 인근 지명이나 지역의 특색을 사용하기도 한다. 강원도 양구군에는 한반도의 중앙에 있다 하여 국토정중앙배꼽마을이 있고, 지평선을 볼 수 있는 전북 김제에는 지평선결두리마을이 있다. 마을의 특색을 나타내는 이름도 좋다. 경남 남해의 다랭이논으로 이루어진 마을은 다랭이마을이고, 경기 화성에는 오래된 은행나무 때문에 은행나무마을이 있다. 마을이 지향하고 있는 바를 나타내기도 한다. 전북 완주군에는 건강과 관련한 음식과 체험이 있는 힐링마을이 있고, 전남 완도군에는 청산도 느림보마을이 있다.

농촌마을에서 지속적으로 사용할 수 있는 홍보수단은 홈페이지다. 마을의 수시로 변하는 정보를 전달할 수 있고, 도시민과 게시판 등을 통해 지속적인 교류가 가능하기 때문이다. 하지만 가장 효과적인 수단은 TV 방송 프로그램에 소개되는 것이다. 마을의 인지도를 금방 높일 수 있지만 준비 없이 방송에 나왔다가 방문객이나 소비자들의 항의를 받기도 한다.

농촌마을의 소득구조를 개선하기 위해서는 1차 농업, 2차 가공, 3차 도농교류를 포함하는 체계적인 계획이 필요하다. 1차 농업은 시장의 불확실성을 줄이기 위해 작목을 다양화해야 한다. 식품 안전에 대해 소

다양한 마을이름과 마을브랜드.

비자의 요구가 높아지고 있으므로 친환경농업이 가능한 품목을 도입할 필요도 있다. 특수한 작물이 아닌 경우 마을 단위에서 시장경쟁력을 갖기 위해 과도한 농산물 포장디자인, 마케팅 등을 추진하는 것은 적절하지 않다. 강원도 화천 신대리마을의 경우에서처럼 방문객을 구매자로 만들어 다품종소량생산의 농산물을 지속적으로 구매하도록 만드는 도농교류와 연계된 직거래 전략이 유효하다. 그래서 1차 농업을 통한 소득증대는 3차 도농교류사업과 긴밀하게 연계해야 한다.

우리나라 농촌의 소득이 유럽 농촌과 비교하여 높지 않은 이유는 농가가공 때문이다. 1차 농업과 비교할 때 2차 가공은 부가가치가 높다. 또한 농산물의 저장성을 높여 판매시기를 조정할 수 있고, 버려야 하는 농산물도 가공하여 소득이 될 수 있도록 만든다. 또한 농번기에 집중되어 있는 일감을 농한기까지 확대해주기도 한다. 문제는 시설이다. 농산물을 가공하기 위해서는 식품제조허가를 받아야 하는데 환경기준, 위생기준 등을 맞추려면 경제적으로 부담스러운 시설을 만들고 장비를 설치해야 한다. 그래서 정부의 보조금을 활용하여 가공공장을 만들기도 하지만, 시설비의 100%가 지원되지 않기 때문에 일정 비율의 자부담 사업비가 필요하다. 시제품도 만들어보지 않은 상태에서 사업계획만 가지고 가공공장에 도전했다가 이 자부담을 고스란히 날리거나 이 자부담을 은행융자로 해결했다가 빚만 지게 되는 경우가 허다하다.

이러한 시행착오를 도농교류가 해결해줄 수 있다. 도농교류를 통해 가내 가공형태의 가공품을 시험해볼 수 있다. 마을에 찾아오는 사람들이 있다면 집에서 만든 가공품의 시식회 혹은 비공식적인 대면 판매를 통해 상품의 가능성, 소비자의 반응 등을 확인하는 것이다. 이를 통해 품질을 개선하고 소비자가 살 수 있다는 확신이 들었을 때 본격적인 가공시설을 조성하는 것이 좋다.[104]

도농교류는 그 자체가 중요하기보다 농산물직거래나 농산물가공을 시작할 수 있는 기반이 되기 때문에 중요하다. 물론 도농교류를 통해 체험, 식사, 숙박 등의 소득이 생기고 일자리도 창출되지만, 농촌마을에서 관

---

[104] 전라북도 완주군은 농민거점가공센터를 성공적으로 운영하고 있다. 이 시설은 농산물 가공을 할 수 있는 다양한 장비를 보유하고 있고 식품제조허가를 받았기 때문에, 마을이나 영농조합은 이를 공동으로 이용하면서 시제품을 만들거나 이 시설을 제조원으로 하여 식품허가를 받아 농산물가공품을 팔 수 있다. 이런 시설이 다른 농촌에도 있으면 좋겠지만 그렇지 못해 안타깝다.

농촌마을의 다양한 도농교류.

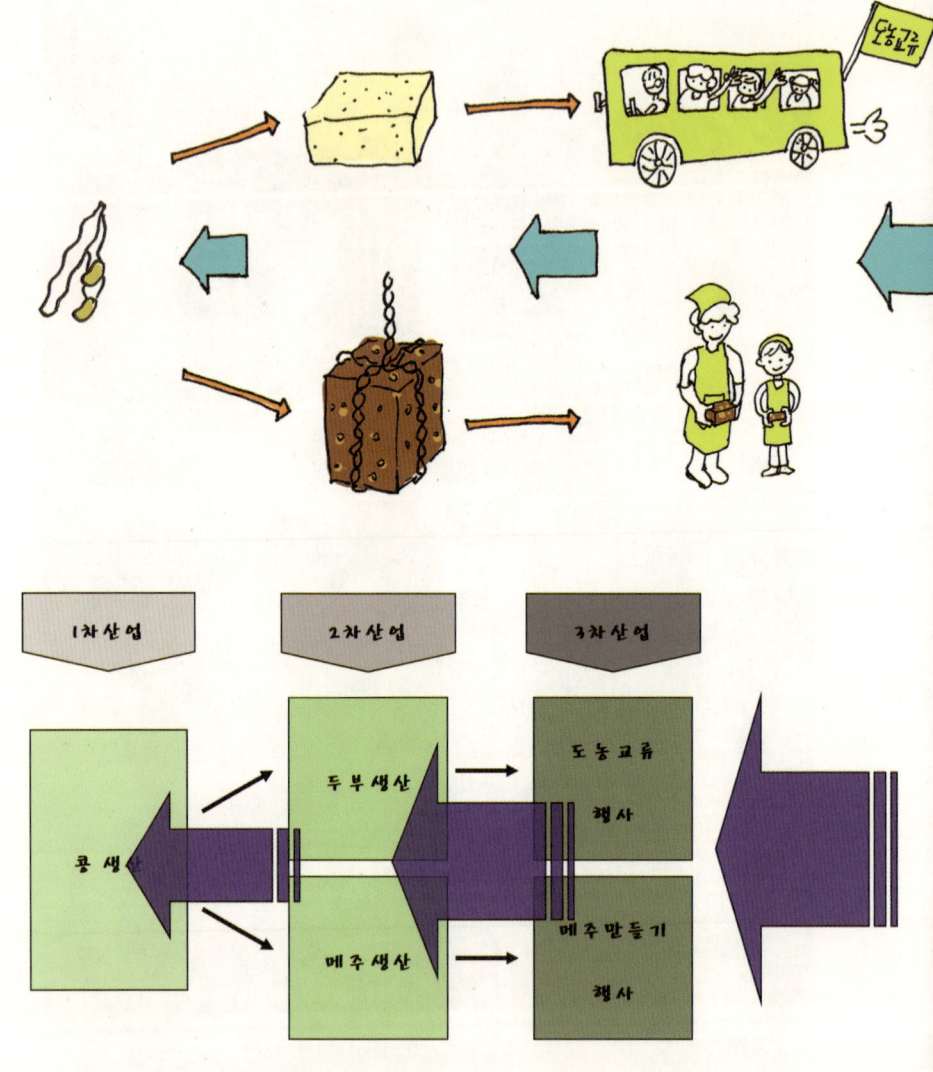

산업간 연계.
1차 농업인 콩 생산, 2차 가공인 두부와 메주 제조, 그리고 3차 도농교류행사가 긴밀하게 연결되어 소득이 골고루 분산된다. (일러스트 : 권혜진)

광사업은 한계가 있다. 관련 시설의 규모도 제한적이고 지속적인 홍보와 마케팅을 통해 새로운 방문객을 끌어들이는 것이 어렵기 때문이다. 따라서 도농교류사업은 불특정 다수를 위한 관광에서 벗어나 농산물 및 가공품과 긴밀하게 연계된 프로그램을 만들어 진행해야 마을의 소득을 높일 수 있다. 물론 도농교류를 위해 체험시설, 숙박시설, 식당 등을 완벽하게 갖추어야 하는 것은 아니다. 주변의 식당이나 콘도 등을 활용할 수도 있고, 그러한 시설을 갖춘 다른 마을과 연계하여 진행할 수도 있다.

중요한 것은 작은 프로그램이라도 일단 시작하는 것이고, 한번 방문한 도시민이 제2의 고향으로 여기도록 마음을 붙잡아 지속적인 방문과 농산물 구입이 이루어지도록 해야 한다. 결국 농촌마을의 소득사업에서 중요한 것은 1차, 2차, 3차 산업 간의 연계다. 강원도 화천의 신대리마을에서와 같이 부문 간 연계된 사업을 통해 외부로부터 마을로 들어온 돈은 빠져나가지 않도록 해야 같은 노력으로도 더 많은 주민들이 소득을 올릴 수 있다.

마을에서 도농교류의 하나로 축제를 계획하기도 한다. 많은 마을에서 짧은 시간에 마을을 홍보하고 체험, 숙박, 음식을 통한 소득을 올리기 위해 축제를 열지만, 정작 마을주민들은 손님들을 대접하느라 고생만 하고 수익은 그다지 높지 않은 경우가 많다. 그보다는 1년 동안 마을에서 열심히 노력한 주민들이 모여 서로를 위로하고 격려하는 작은 축제를 계획하는 것은 어떨까? 그 행사에 마을과 관계 있는 도시민들이 온다면 더욱 좋을 것이다. 농촌마을종합개발사업을 추진한 전북 완주군

완주군 경천면의 주민축제.

경천면의 경천애인권역 주민들은 가을에 이런 방식의 축제를 연다. 경천면의 각 마을에서 음식 한 가지씩을 준비하여 나누어 먹고 마을의 초등학교 자녀들이 공연도 한다. 그 축제에 가면 즐거워하는 마을주민들을 보고 만날 수 있어 좋다. 그래서 매년 그 축제에 가게 된다.

농촌마을 주민의 삶의 질에서 가장 중요한 시설은 마을회관이다. 마을회의와 행사가 일어나는 곳이자, 한여름에는 더위를 피하고 한겨울에는 기름을 아끼기 위해 어르신들이 함께 지내는 곳이다. 노인건강교실이 열리고 대학생농활대가 숙박하는 곳이며, 할아버지들의 술판이 벌어지는 곳이다. 마을회관이 작고 불편하다면 이 마을회관을 다시 짓거나 고치는 일이 우선이다. 마을회관은 다용도로 계획해야 한다. 이왕이면 온돌방을 만드는 것이 좋다. 둘러앉으면 회의를 할 수 있고, 식탁을 놓으면 식당이 되고, 이불을 깔면 잠을 잘 수 있기 때문이다. 단 화장실은 남녀 구분을 하여 크게 만들어 샤워도 가능하게 해야 한다. 방문객을 위해서기도 하지만, 겨울에 추워서 집에서 목욕을 못 하는 어르신들을 배려하기 위함이다.

건축가인 주대관 씨는 양구에서 의미 있는 사업을 추진했다.[105] 독거노인이 살고 있는 큰 집을 고쳐 일부를 민박으로 사용할 수 있도록 함으로써 독거노인이 용돈을 벌고 민박비의 일부는 마을기금이 되도록 했다. 농촌마을의 노인주거 문제를 민박 문제와 함께 해결한 것이다. 그 다음 해에는 독거노인들이 함께 모여 생활할 수 있는 집, 이른바 그룹 홈을 만들어 열악한 주거환경에서 사는 어르신들이 쾌적한 집에 모여 살면서 서로를 돌볼 수 있도록 했다. 농촌마을의 노인주거 문제를 적극적으로 해결하기 위한 시도였다. 농촌마을의 적은 인구는 주민 삶의 질과 관련하여 다양한 일을 추진하기 어렵게 만든다. 하지만 귀농귀촌한 사람들에 의해 다양하고 재미있는 일들이 많이 일어나고 있다. 귀촌을 한 국악전문가가 민요를 부르는 할머니합창단을 만들기도 하고, 책에 관심이 있는 귀농인에 의해 작은 도서관이 생기고, 쓰지 않는 오래된 정미소가 박물관으로 변신하기도 한다. 귀농귀촌인의 상상력과 창의력이 마을주민의 삶에 생기를 불어넣고 있는 것이다.

우리나라 농촌마을의 경관은 손대기 어려운 과제가 아닐 수 없다. 농촌주택은 가히 건축박물관이라 불러도 좋을 만큼 100여 년 전에 지

---

[105] 주대관 씨는 사회문제에 적극적으로 참여하는 건축가로, 엑토건축 소장이면서 (사)문화도시연구소를 이끌고 있다. 농촌의 주택, 공간과 연관된 다양한 일에 참여했고, 매년 여름 대학생을 모아 농촌에 의미 있는 집을 짓는 프로젝트를 2002년부터 지속적으로 해오고 있다.

리모델링 전 | 리모델링 후

양구의 농촌집짓기 사업.
독거노인의 주택문제와 민박사업을 연결하여 주거환경을 높이는 동시에 독거노인의 일자리 창출과 마을소득 증대를 꾀한 농촌마을의 집짓기 사업.

어졌을 만한 목조흙집에서 콘크리트 슬라브집, 샌드위치패널 조립식주택, 친환경통나무집까지 다양하다. 게다가 누구도 돌보지 않는 공동공간은 폐기물 적치장이 되어 있다. 대개 도로, 수로, 담장, 지붕을 개선하면 눈에 띄게 농촌 경관을 살릴 수 있다. 도로와 수로는 공공시설이라 행정기관의 지원이나 마을사업비로 개선할 수 있다. 하지만 담장과 지붕은 개인 사유물이고 수준 차이가 나서 동일하게 지원하면 효과가 없고 차등 지원하면 형평에 맞지 않아 손대기 어렵다. 주민들의 협약 등으로 장기적인 안목에서 정비하는 방법을 찾아야 한다.

주민참여는 마을사업을 추진하는 데 매우 중요하다. 주민참여라 하면

설문조사, 공청회 등을 생각하기 쉬운데 이는 매우 소극적인 방식이다. 농촌마을은 주민 수도 적고 공간도 제한적이어서 충분히 적극적인 주민참여를 시도할 수 있다. 주민들의 의견을 듣는 일이 귀찮고 오히려 시간만 낭비할 것이라 생각할 수 있다. 하지만 주민참여에 공을 들인 만큼 나중에 시간을 절약할 수 있다. 백지장도 맞들면 낫다는 말이 있듯이 몇 사람이 마을 일을 추진하는 것보다 주민들이 조금씩이라도 거들면 훨씬 빠르게 일이 진척된다. 가장 안 좋은 상황은 마을주민 간의 갈등이 발생하는 경우다. 대부분의 갈등은 정보교류와 소통이 되지 않아 발생한 오해에서 비롯된다. 주민참여는 이러한 상황을 미연에 방지해준다.

작은 마을에서 추진하는 일이지만 다양하고 복잡하다. 관련된 자료와 정보를 획득해야 하고, 전문가들의 조언도 필요하며, 미리 비슷한 일을 한 마을을 방문하여 시행착오를 줄여야 한다. 평생을 농사만 지었던 농민들에게는 어쩌면 버거운 일이다. 그래도 많은 마을이 생소한 공부에 도전하고 있다. 또한 많은 마을이 귀농귀촌인에게 손을 내민다. 귀농귀촌인에게는 좋은 기회가 될 수 있다. 하지만 꼭 잊지 말아야 할 것이 있다. 10년을 한마을에 살아도 여전히 외지인이다. 하루아침에 마을주민이 될 수 없다. 농촌주민들은 아무것도 모르니 내가 나서야겠다, 혹은 아예 마을지도자가 되어 마을을 한번 멋지게 바꾸어보자는 식의 성급한 생각은 금물이다. 마을에 필요한 일이 있다면 작은 것이라도 찾아 솔선수범하고, 마을지도자가 부탁한다면 정말 자신 있는 일부터 조금씩 함께 하면서 서서히 마을주민이 되어야 한다. 마을주민이 되는 일도 내공이 필요하다.

색카드 마을민주주의

농촌마을은 작아서 마을만들기를 할 때 주민의견을 수렴하고 주요한 사항을 결정하는 과정이 민주적으로 원활하게 추진될 것이라 생각했다면 그건 착각이다. 마을회의에서 발언을 하는 사람은 항상 정해져 있고, 대부분 주민은 자신의 의견을 말하지 않는다. 그렇다고 그런 주민들이 발언한 사람의 의견에 동의하는 것도 아니다. 다른 생각을 가진 사람이 비공식적인 방법으로 마을 일을 방해하는 경우도 흔하게 일어난다. 이러한 주민 갈등은 뿌리 깊은 것일 수도 있다. 전북의 한 마을에서 특정 주민이 관계된 일이라면 일부 마을주민들이 무조건 반대하는 상황이 반복되었다. 나중에 연유를 캐보니 예전의 빨치산과 관련된 마을의 불행한 사건이 그 배경이었다. 충남의 어떤 마을은 커뮤니티센터의 위치를 정하느라 오랜 시간이 걸렸다. 예전에 마을주민들이 지주와 소작인으로 나누어져 있었고 이제까지 대부분의 마을 시설이 예전 지주들이 살았던 곳에 지어졌는데, 이번에는 다른 곳에 만들어야 한다는 소작농 출신 주민들의 의견이 팽팽히 대두되었기 때문이었다. 이러한 주민 갈등이 마을사업의 초기 단계에서 나타나면 다행이다. 조용히 잠재되어 있다가 마을지도자가 무언가 잘못했을 때 그 일을 꼬투리 삼아 튀어나오기도 한다. 마을사업이 어느 정도 진행된 상태에서 이런 일이 생기면 그 여파는 매우 크고, 마을지도자는 마음에 상처를 입고 추진력을 상실하게 된다. 마을의 갈등이 심해지면 법적 고발과 소송이 벌어지기도 한다. 그래서 마을 일을 시작하는 초기단계에서부터 주민들의 동의를 얻어 투명하게 추진해야 한다.

주민참여를 더 적극적으로 시도하기 위해 일본의 마치쓰쿠리 사례에서 본 주민 워크숍을 농촌마을만들기에 도입해보기로 했다. 고령화된 주민들을 대상으로 능동적인 참여가 전제되는 워크숍을 원활하게 진행할 수 있을지 확신하기는 어려웠지만 먼저 마을의 자원찾기에 도전했다. 퍼머컬처에서 배운 매트릭스연상법을 활용했다. 아래 표와 같이 4×4표를 만들고 첫 번째 행에 유형, 무형, 사람을 써넣는다. 왼쪽 열에는 농업, 문화, 생태를 써넣는다. 그러면 비어 있는 두 번째 행은 농업 분야의 유형, 무형, 사람 자원에 해당하고, 세 번째 행에는 문화 분야의 유형, 무형, 사람 자원을 찾아야 하고, 네 번째 행에는 생태 분야의 유형, 무형, 사람 자원을 써넣으면 된다. 이 표의 빈칸을 마을주민들이 직접 채우도록 하는 것이다.

구분	유형	무형	사람
농업			
문화			
생태			

자원찾기 매트릭스.

자원찾기 워크숍을 강원도의 한 마을에서 처음 진행했는데, 만족할 만한 성과를 얻었다. 먼저 농촌마을에 어떤 자원이 있고 그 자원을 어떻게 이용할 수 있는지에 대한 짧은 강의를 한다. 자원찾기표는 혼자 작성하기 어렵기 때문에 마을주민 4~5명을 한 조로 만들어 토론하면서 작성하게 한다. 물론 토론이 원활하게 이루어지지 않는 조가 있을지 몰라 각 조마다 직원 한 명씩을 배치했다. 강의를 하는 동안 적극적인 반응을 보인 주민이나 젊은 주민에게 연필을 쥐어준다. A4 용지에 그려진 표의 빈칸을 그 주민이 조별 토론을 주도하면서 채워보도록 했다. 주뼛주뼛하던 주민들이 하나씩 빈칸을 채워가자 점점 관심을 나타내기 시작했다. 주민들이 해당 자원을 찾기 어려워 우왕좌왕하거나 자원찾기와 관련한 토론에 집중하지 않고 이야기가 엉뚱한 곳으로 빠지는 경우 직원이 개입하여 토론이 원활하게 이루어질 수 있도록 했다.

다음 단계는 조별 발표다. A4 용지에 그려진 표를 전지에 크레파스로 옮기고 각 조에서 주민 한 명씩 나와 발표를 하게 한다. 전지에 발표 자료를 만들 때 한 명은 줄을 긋고, 한 명은 내용을 불러주고, 한 명은 글씨를 쓰고, 다른 사람은 보기 좋게 꾸미는 식으로 가급적 같이 작업하도록 했다. 여기에서부터 조별로 미묘한 경쟁심리가 작동된다. 다른 조는 잘하고 있는지 기웃기웃하기도 하고 할머니들이 다른 조에 가서 밉지 않은 커닝을 하기도 한다. 가장 걱정한 부분이 주민이 직접 해야 하는 발표였다. 농촌의 주민들이, 어르신들이 잘 할 수 있을까? 예상은 빗나갔다. 마을주민 중에 군대에서 브리핑을 했던 경험이 있던 할아버지는 부동자세로 군대식으로 멋지게 발표를 해냈고, 수줍은 아

자원찾기 워크숍.
❶ 마을자원을 찾기 위해 토론하는 주민들.
❷ 발표자료를 만드는 주민들.
❸ 마을자원에 대해 발표하는 주민.
❹ 경청하는 마을주민들.
❺ 주민들이 만든 발표자료.

주머니는 빨개진 얼굴로 더듬더듬 발표했지만 할아버지들의 격려 박수를 이끌어냈다. 발표 내내 주민들은 흐뭇한 표정으로 웃고 박수치며 경청했다. 결과물도 훌륭했다. 직원들이 주민 인터뷰를 하고 마을 곳곳을 돌아다니며 2~3일이 걸려 찾아야 했던 마을자원을 워크숍 2시간 동안 모두 파악할 수 있었다. 젊은 주민들은 잘 몰랐던 마을의 옛날이야기를 처음 듣는 등, 주민들은 자신의 마을에 자원이 많은데 이제까지 잘 알지 못했다는 반응을 보였다.

마을자원찾기 워크숍에 이어 마을사업 발굴을 위한 워크숍 프로그램을 개발했다. 자원찾기 워크숍을 진행하는 과정에서 주민들은 다양한 사업아이디어를 이야기했는데, 마을만들기 전문가들이 상상할 수 없는 내용이 많았다. 마을주민에게는 계획가나 전문가가 가지지 못하는 다른 차원의 창의성이 숨겨져 있다. 사업발굴 워크숍은 자원찾기 워크숍보다 더 많은 준비가 필요하다. 자원찾기와 마찬가지로 표를 하나 만들었다. 사업발굴을 위한 이 표는 2×7로 만든다. 맨 위 열에는 분야와 사업명을 써넣고 왼쪽 열에는 농업, 가공, 도농교류, 복지, 경관, 기반시설 등 사업분야를 써넣는다. 나머지 빈 칸을 주민이 직접 채우면 된다. 그리고 색카드를 준비한다. 색깔이 다른 6가지 A4 용지를 삼등분하여 길쭉한 카드를 충분하게 준비한다. 카드의 색은 사업분야를 나타낸다. 즉 농업은 노란색, 가공은 연두색, 도농교류는 파란색, 복지는 주황색, 경관은 초록색, 기반시설은 회색 등이다.

이제 워크숍을 시작하면 된다. 이러저러한 사업을 마을에서 계획할 수 있다는 짧은 설명을 한 후 자원찾기 워크숍과 마찬가지로 주민 4, 5명을 한 조로 만든다. 자원찾기 워크숍을 경험한 주민들은 익숙하게 토론을 시작했다. 사업발굴표에 분야별로 하고 싶은 사업명을 주민 스스로 써내려가도록 했다. 마찬가지로 조별로 직원이 한 명씩 들어가 원활한 진행을 도왔다. 조별로 사업발굴표를 완성하면 사업명을 분야별 색깔에 맞추어 색카드에 쓰게 한다. 발굴된 사업의 숫자가 너무 많아 복잡해질 것 같으면 한 조에서 분야별로 최대 4개 혹은 5개까지만 중요한 사업을 선택하여 카드에 쓰도록 한다. 이렇게 하면 조별로 20여 개의 사업명이 적힌 색카드가 생산된다. 만약 4개조가 참여했다면 총 80여 개의 색카드가 만들어질 것이다. 80개 카드의 내용이 모두 다르지는 않다. 다른 조에서도 유사한 사업을 중복해서 적기 때문이다. 이제 이 색카드를 정리하면 된다.

우선 한 조에서 적은 농업분야 사업명이 적힌 색카드 한 장을 마을회관 벽에 붙인다. 이 카드에 '친환경농업 전환'이라 적혀 있고 이와 유사한 내용이 적힌 카드를 다른 조가 만들었다면 그 카드를 가지고 나와 그 옆에 붙이도록 한다. 다음에 농업분야의 다른 사업이 적힌 색카드를 붙이고 다른 조에 같은 내용이 있다면 그 카드를 옆에 붙이는 작업을 분야별로 계속 해나간다. 이 작업이 끝나면 주민들이 발굴한 사업아이디어가 빼곡하게 벽에 붙게 된다. 옆으로 많은 카드가 붙은 사업은 주민 다수가 원하는 사업이고 달랑 한 장만 붙어 있는 사업은 소수의 의견이다. 특정 색의 카드가 많이 붙어 있다면 그 분야의 사업을 주민들이 가장 많이 원하고 있다는 뜻이다. 벽에 붙어 있는 색카드를 보고 있으면 마을주민들이 어떤 분야의 어떤 사업을 원하고 있는지, 주민들의 공감대를 얻을 수 있는 사업이 무엇인지, 마을에서 부족한 분야가 무엇인지를 한 번에 알 수 있다. 한 마을에서 마을이장이 마을에 적합하지 않은 사업을 꼭 해야 한다고 계속 주장한 적이 있었는데, 색

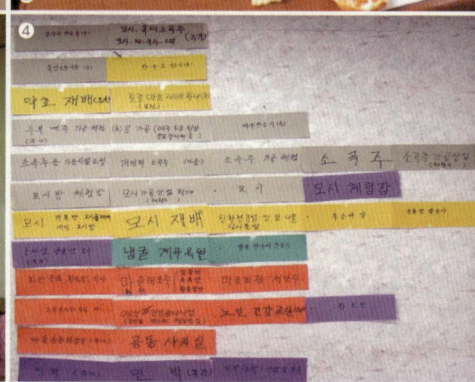

색카드 워크숍.
❶ 마을사업에 대해 토론하는 주민들.
❷ 색카드를 적는 주민.
❸ 색카드를 벽에 붙이고 설명하는 주민.
❹ 색카드가 모두 붙어 있는 모습.
❺ 색카드 워크숍을 하고 정리하는 모습.

카드 워크숍을 해본 결과 마을이장이 속한 조만 그 사업내용이 적힌 카드를 제출했다. 마을이장만 원하는 사업이었던 것이다. 그 다음부터 마을이장은 더 이상 그 사업을 해야 한다고 주장하지 않았다. 색카드로 마을회의에서 자신의 의견을 말하지 못했던 주민의 의견을 반영할 수 있었고 그 결과를 공개적인 방법으로 주민 모두가 공유할 수 있었다. 민주적인 방식으로 마을주민의 의견을 수렴하게 된 것이다.

사업발굴 워크숍의 다음 단계는 주민조직 워크숍이다. 주민조직이 필요하지 않는 하천 정비, 마을회관 개보수 등의 일은 제외하고 주민조직이 필요한 사업만 큰 글씨로 잘 보이게 카드에 써서 마을 벽에 붙인다. 이후에 이 카드를 옮겨 붙여야 하므로 이런 기능을 가진 테이프를 써서 붙인다. 마을사업을 추진하는 바람직한 주민조직에 대한 설명을 한다. 농촌마을의 컨설팅을 하던 초기에는 마을주민조직을 하나의 회사처럼 만들게 했다. 영농조합을 만들고 이 영농조합 내에 농업팀, 가공팀, 유통팀, 도농교류팀 등을 조직하여 마을이장이나 위원장이 회사의 사장처럼 영농조합을 지휘할 수 있도록 했다. 하지만 마을주민이 회사조직처럼 일사분란하게 움직여지지도 않았을 뿐더러, 가장 큰 문제는 영농조합의 한 팀이 흔들리면 모든 조직이 흔들거리며 불안해진다는 것이었다. 외국의 생태마을 사례를 공부해보니 달랐다. 마을의 각 조직은 자신의 역할과 임무를 책임지고 운영하되, 그 조직들은 느슨하게 연결되어 있다. 마을지도자의 역할은 이 조직들 간에 정보교류와 소통을 원활히 하는 것이다. 그래서 이런 방법으로 주민조직을 구성하는 것이 바람직하다고 설명하고 주민 동의를 구했다.

본격적인 워크숍은 지난번 진행했던 사업발굴 워크숍의 기억을 되새기고 벽에 붙어 있는 카드에 적힌 사업내용을 다시 설명하는 것으로 시작한다. 그다음 단계는 유사한 내용의 사업을 한 조직이 할 수 있도록 주민들의 의견을 물어보면서 카드를 묶어 모둠을 만든다. 주로 생산, 가공, 교류 등의 분야별로 묶거나, 일이 일어나는 공간의 접근성에 따라 묶는다. 이 과정에서 카드를 떼어낸 후 모아서 다시 붙인다. 결국 이 모둠이 한 사업조직이 해야 하는 사업내용이 된다. 보통 4, 5개 모둠이 만들어지도록 한다. 이 과정이 끝나면 하얀색의 카드를 주민에게 한 장씩 나누어주고 그 카드에 자신의 이름을 쓰도록 한다. 주민 이름이 적힌 카드를 모두 걷어 카드를 한 장씩 들고 그 이름의 주인공에게 벽에 카드로 붙어 있는 모둠 중에 어떤 모둠에 참여할 것인지를 물어본다. 주민이 모둠을 선택하면 그 모둠 옆에 주민 이름이 적힌 카드를 붙인다. 마을사업에 참여하겠다는 개인 의사를 확인하는 과정이다. 이렇게 주민 각자가 어떤 사업에 참여할 것인지를 묻는다. 굳이 사업에 참여하지 않겠다는 주민에게 강요할 필요는 없다. 그런 주민 이름 카드는 모둠이 없는 아래 부분에 붙여놓는다. 문제는 아무도 선택하지 않는 모둠이 생기는 경우다. 모든 주민의 선택이 끝났는데에도 그런 모둠이 있으면 그 일을 맡을 주민이 없어 추진할 수 없으므로, 혹시 모둠을 옮길 의사가 있는지, 혹 어떤 모둠도 선택하지 않았던 주민 중에 이 일을 맡을 주민이 없는지 물어본다. 새로운 선택을 한 주민이 있으면 그 이름이 적힌 카드를 옮기고, 사업을 맡을 주민이 나타나지 않으면 사업카드를 떼어 아래쪽에 옮겨 붙인다. 사업을 추진할 주민이 없으므로 그 사업은 당장 시작할 수 없다. 이제 모둠별로 주민들이 모여 회의를 하도록 한다. 모둠의 책임자인 반장을 뽑기 위해서다. 모둠에 속한 주민들이 자천 타천으로 반장을 뽑는다. 그러면 미리 준비해 가져간 임명장에 이름을 적어 넣고 워크숍의 맨 마지막 순서로 마을이장이 임명장을 수여한다.

조직 워크숍.
❶마을주민조직에 대해 설명하는 모습.
❷경청하는 주민들.
❸자신의 이름을 적는 주민들.
❹사업모둠별로 주민의 이름을 붙이는 모습.
❺주민조직의 반장에게 이장이 임명장을 주는 모습.

 이 같은 마을 워크숍의 가장 큰 장점은 마을주민들이 자부심을 갖게 된다는 것이다. 스스로 마을의 자원을 찾고 사업도 발굴하여 조직을 만들어 운영할 수 있게 되었기 때문이다. 따라서 이 워크숍의 진행 과정에 컨설팅 회사의 직원을 비롯한 외부인이 많이 간여하지 않도록 해야 한다. 그래야 마을주민들이 스스로 해냈다는 자부심을 더 많이 느낄 수 있고, 그 자부심이 사업추진의 중요한 동력이 될 수 있다. 농촌의 마을만들기 워크숍을 통해 배운 것이 있다. 마을을 가장 잘 알고 있는 사람은 주민이고, 마을계획을 가장 잘할 수 있는 사람도 주민이라는 사실이다. 또한 마을사업을 직접 추진하고 운영할 사람은 마을주민이기 때문에 주민에게 많은 것을 맡길수록 성공 가능성과 지속성은 높아진다. 그래서 마을만들기를 지원하는 전문가, 활동가는 절대 지도자나 계획가의 역할을 하지 않아야 하며, 주민을 도와주는 안내자가 되어야 한다. '마을만들기'는 '마을만들어주기'가 아니기 때문이다.

마을은 언제나 '~ing'

호주의 크리스탈워터즈 생태마을에 갔을 때 은근히 화나 가기도 했다. 굳이 생태마을이라고 포장을 하지 않아서 그렇지 우리 마을은 모두 생태마을이지 않은가. 또한 생태적인 전통기술은 우리가 더 많이 가지고 있지 않은가. 실제로 명상하는 집이라고 지은 흙집은 우리의 흙집에 비하면 조잡하고 허술했고, 흙벽은 관리를 안해서인지 금방 구멍이 날 듯했다. 이걸 보며, 우리나라에서는 흙과 짚을 섞어 반죽하여 흙벽의 강도와 단열효과를 높였다고 했더니 놀라는 눈치였다. 나는 나중에 이 마을에 한국식 흙집을 지어주겠다고 호언했는데, 아직까지 그 약속은 지키지 못하고 있다. 농촌과 관련된 일을 하면서 여러 사람으로부터 귀농귀촌하려는 사람들이 모여 사는 마을을 만들었으면 좋겠다는 제안을 받은 데다가 우리나라에도 외국에 내놓을 수 있는 생태마을을 만들어보자는 욕심이 생겨 도전하기로 했다. 그 와중에 미국 뉴욕 주

에 만들어진 생태마을 이야기가 담긴 책을 읽고 더 의지가 생겼다.[106]

2002년 충남 서천군의 한 마을을 컨설팅하면서 서천군의 공무원을 알게 되었다. 처음에는 여느 지자체의 공무원과 다를 바 없을 거라고 생각했는데, 그는 사업이 끝나고도 계속 자문을 구하거나 찾아왔고 서천군청 관계자들을 소개해주었다. 덕분에 서천군과 다양한 일을 할 수 있는 계기가 마련되었다. 참여정부에서 추진한 낙후지역 지원사업인 신활력사업을 기획하고 전반적인 진행과 자문을 맡기로 했다. 마침 마을 단위 사업만 가지고 농촌지역을 발전시키기 어렵다는 한계를 느끼고 있던 터라, 시군 단위에서 농촌발전을 위해 다양한 일을 시도해볼 수 있는 좋은 기회라고 생각했다. 서천군은 충남의 변방에 위치하고 있는 농촌지역이다. 서천읍과 장항읍이 있지만 별다른 산업시설이 없어 인구는 계속 줄어들고 고령화가 급속하게 진행되고 있었다. 귀농귀촌인을 위한 마을 조성은 인구유입을 도모하고 농촌지역에 활력을 가져다줄 새로운 인적 자원을 흡수할 계기가 될 수 있을 것이라 생각했다. 마침 농림부에 도시민이 공동으로 주택을 지어 이주하는 경우 지원을 하는 전원마을조성사업이 있어 이 사업을 활용하기로 했다.[107]

서천군과 전원마을을 만드는 몇 가지 원칙을 협의했다. 첫째, 물리적

---
[106] 『자연과 문명이 조화를 이룬 생태마을 이타가 에코빌리지』, 리즈 워커, 황소걸음, 2006
[107] 전원마을사업은 농어촌의 정주환경을 개선하기 위해 시작한 문화마을사업이 확대된 것으로 문화마을은 주로 농촌주민을 대상으로 했지만 전원마을조성사업은 도시에서 농촌으로 이주하는 사람을 지원한다. 입주자의 규모에 따라 마을조성기반시설비용을 10억에서 30억을 지원하고 농어촌주택개량사업 시행지침에 따라 주택신축자금을 융자한다.

공간을 조성하는 것뿐 아니라 마을공동체 형성을 통해 지속가능한 마을이 되어야 한다. 둘째, 단순한 전원마을이 아닌 미래지향적인 시범적 농촌마을이 되어야 한다. 셋째, 입주자가 계획에 참여하도록 해야 한다. 넷째, 계획에서 시공과 입주까지의 일들이 통합되고 유기적으로 연결되어야 한다. 다섯째, 마을과 지역을 연결하는 다양한 프로그램을 통해 지역에 도움을 주어야 한다.

서천군과 전원마을사업 대상지를 물색하던 중 서천군 판교면 등고리에 약 9천여 평의 적절한 부지가 있었다. 주변 환경에 어울리는 산너울이라는 마을이름을 짓고 사업을 시작했다. 2005년 2월 서천군이 전원마을사업을 신청하여 2006년 전원마을사업지구로 선정되었다. 그리고 2006년 태양광과 태양열에너지를 지원하는 그린빌리지 사업에도 선정되어 행정적인 처리가 이루어졌다. 입주자 모임 공고를 통해 2005년 9월 최초의 입주자 모임이 열렸다. 그 뒤 2006년부터 월 1회 입주자 정기모임인 달모임을 시작했고, 2006년 6월 입주자 모임이 비영리민간단체로 등록하면서 공식적인 활동이 시작되었다. 당시는, 퇴임하면 고향으로 가겠다는 노무현 대통령의 지시로 농촌지역의 도시민 유치에 대한 관심이 한창 높아졌을 때다. 2006년 10월 농림부 주최로 코엑스에서 전원마을 페스티발이 열렸다. 산너울마을은 이 행사에 참여하여 많은 사람들의 관심을 받았을 뿐 아니라 마을계획이 농림부장관상을 받기도 했다. 그러나 행정적인 처리에 오랜 시간이 걸려 2007년 11월에야 착공했고, 전원마을 15억 원, 그린빌리지 사업 5억 7천6백만 원, 자부담 43억 6천8백만 원이 투입된 34가구의 생태마을 산너울마을은 2009년 3월 준공식을 할 수 있었다.

산너울마을.
(상) 산너울마을의 전체 모습.
(중, 하) 산너울마을의 주택들.

산너울마을은 몇 가지 원칙을 통해 다음과 같은 특성을 가지게 되었다. 첫째, 퍼머컬처를 통해 지속가능한 주거를 위한 기반시설을 조성했다. 개별 주택은 흙벽돌을 이중으로 쌓아 단열을 도모했고, 태양열, 태양광, 구들, 벽난로, 펠릿보일러 등으로 다양한 에너지원을 사용할 수 있다. 빗물은 모아 다시 쓰고 오폐수는 자연형 하수처리장과 연못을 통해 하천으로 방류할 수 있도록 했으며, 마을도로는 투수형 포장으로 지하수가 함양될 수 있도록 했다. 둘째, 코하우징(Co-housing) 개념을 도입했다.[108] 집은 2채의 연립으로 지어 현관 등을 공유하고, 6.6㎡ 건축비를 각 가구가 부담하여 2동의 취미실을 만들어 함께 쓰고 있으며, 공동텃밭, 어린이놀이터, 간이공연장 등을 공유함으로써 공간이용 효율과 공동체성을 함께 높일 수 있었다. 셋째, 입주자의 의견을 계획과 설계에 반영할 수 있도록 했다. 전원마을조성사업을 신청하면서 개략적인 토지이용계획이 마련되어 있었지만, 입주자들의 의견을 반영하고 입주자 간 합의를 도출하기 위해 입주자 워크숍을 진행했다. 이 과정에서 개별 주택의 위치를 서로의 양보를 통해 결정했다. 개별 주택의 설계는 기본형을 바탕으로 입주자 개인의 주문사항을 반영했고, 마을의 조경, 놀이터 계획, 텃밭 조성 등에 입주자가 직접 참여할 수 있도록 했다. 넷째, 마을의 조성과정에 분절적으로 일어나는 일들을 통합, 조정하면서 추진했다. 전원마을조성사업의 지원절차상 계획은 지자체가, 토목공사는 입찰기업이, 주택공사는 개별 입주자 혹은 입주자 모임

---

[108] 코하우징(Co-housing)은 협동주거라는 의미의 collaborative housing의 준말로, 프라이버시와 자신의 욕구를 충족시키면서도 이웃과 협동생활을 하는 공동체주거단지를 의미한다. 유럽, 미국, 일본에서는 30년 전부터 대안적인 주거방식으로 자리 잡았다. '한 지붕 아래 이웃사촌 코하우징 새트렌드로'《한국일보》, 2013년 5월 3일)

이 선정한 시공회사가 맡게 되는데, 아무리 완벽한 계획과 설계를 하더라도 이해관계가 충돌하거나 책임을 미루는 일이 발생할 수밖에 없다. 전체 마을조성과정의 통합과 조정 역할을 컨설팅 회사가 맡도록 했다. 이를 통해 산너울마을의 목적과 기본적인 원칙을 지킬 수 있었다.

산너울마을에 설치된 생태적 시설들.

산너울마을의 주요 시설들.
❶ 주택에 설치된 태양열, 태양광 시설. ❷ 구들장벽난로.
❸ 구들굴뚝. ❹ 태양광조경등.
❺ 작은 공연장. ❻ 공사 중인 취미실.

물리적인 측면 이외에 산너울마을의 주요한 특징 중의 하나는 입주자가 소유한 땅의 경계가 없다는 점이다. 전체 마을의 토지를 입주자들이 일정 면적으로 분할 등기하여 공동으로 소유하고 있다. 그래서 집과 집 사이에 대지의 경계가 명확하지 않다. 이를 입주대상자들이 잘 이해하지 못해 곤란을 겪기도 했지만, 사실 도시의 아파트와 같은 방식이다. 아파트의 몇 평형이라는 말은 실제 아파트의 면적이 아니라 복도, 계단, 주차장 등 한 가구가 아파트단지 내에서 공동으로 소유한 면적의 개별 가구분을 포함한 면적을 의미한다. 산너울의 경우 주택 이외에 이러한 공간이 많은 것뿐이었다. 또한 입주자가 부득이하게 주택을 팔아야 할 경우 개별 매매를 하지 않는다는 마을규약에 동의하도록 했다. 팔 때는 마을위원회에 팔고 새로 입주하는 사람은 마을위원회로부터 매입할 수 있도록 했다. 전원마을조성사업과 대체에너지 등의 지원금액이 가구당 몇 천만 원씩 되는 상태에서 단순히 투기 목적으로 입주신청을 하는 것을 방지하고 마을공동체를 유지하기 위해서였다.

산너울마을을 조성하는 일이 순탄하지는 않았다. 입주자가 참여하여 계획한다고 설명하자 입주자 마음대로 할 수 있다고 생각하여 전체 입주자 의견과 상관없이 자신이 원하는 것을 들어주지 않는다고 화를 내는 사람들도 있었다. 또, 취미실을 만들기 위해 공동으로 추가적인 건축비를 부담해보자는 제안에 '돈 벌려고 별 짓 다하네'라는 말을 듣고 억울하고 답답해서 직원들과 소줏집에서 눈물을 흘린 일도 있었다. 달모임에 꾸준히 참석했는데도 준공이 늦어져 입주를 포기하는 분들을 보며 안타깝기도 했다. 반면에, 폐암으로 걷지도 못하는 상태에서 입주한 분이 텃밭까지 가꿀 수 있을 정도로 건강이 회복되어 고맙다며 손을 잡아줄 때는 거꾸로 내가 고마워 눈물이 나오기도 했다. 넉넉한 자본을 갖고 시작한 일이 아니어서 순탄하게 공사가 진행되지 않아 예상보다 공사기간이 길어졌지만, 대부분의 입주자 분들이 이해를 해주셨다. 시공과정에서 하자처리가 미숙하여 입주자들에게 불편을 끼친 점은 지금도 죄송하기만 하다.

'건축가의 비애'라는 말이 있다. 건축가는 설계를 한 집을 지을 때 집주인이 입주하기 전까지 얼마든지 그 집에 드나들 수 있고 이렇게 저렇게 뜯어내고 고칠 수 있지만, 일단 건축주가 입주하고 나면 함부로 집에 들어갈 수도 없거니와 건축주가 집에 대해 어떠한 행위를 하더라도 간섭하지 못한다는 것을 비유한 말이다. 건축가는 정말 자기 작품과 같은 집을 만들었어도 자신의 것이 아니기 때문에 건축주가 누더기처럼 고치더라도 할 수 있는 일이 아무 것도 없는 한계를 가지고 있다. 5~6년 동안 산너울마을을 조성하는 과정은 마치 자식을 낳은 것과 같았다. 그러나 준공식을 하고 나니 마치 딸자식 시집보낸 것과 같이 허전했고, 이후에 마을주민이 아닌 이상 내 역할이 제한적이라는 것을 실감하지 않을 수 없었다. 산너울의 주택은 밋밋한 황토벽돌로 별다른 치장이 없는 단순한 모양으로 디자인했다. 공사 중간에는 수용소 같기도 하여 내심 걱정을 했고, 준공식에 참석한 분들도 주택과 마을이 단조롭다는 의견을 주시기도 했다. 하지만 입주 후에 시간이 지나면서 밋밋한 황토벽에 예쁜 벽화를 그린 분도 계셨고 입주자들이 마당을 각각 개성 있게 꾸미면서 마치 무채색의 배경에 형형색색의 그림이 그려

주민이 만들어가는 산너울마을.
❶,❷ 입주 전부터 이루어졌던 주민 모임.
❸,❹,❺,❻ 주민이 직접 가꾼 마당들.
❼,❽ 단조로운 벽에 주민이 꾸민 벽화.

지듯 마을이 아기자기하게 변해갔다. 산너울은 입주자, 아니 이제는 마을주민들에 의해 생태마을로 진화하기 위해 '~ing', 즉 진행 중이었다. 결국 산너울마을도 마을 '만들어주기'가 아니라는 사실을 깨달았다. 그리고 산너울 주민들이 등고리마을과 서천군의 발전과 관련된 일에도 적극 참여하며 아름답게 살고 있다는 이야기를 들을 수 있어 반갑기 그지없다.

마을은 없다

　어떤 마을의 이장이 컨설팅을 의뢰했다. 농촌관광을 활성화하는 중앙정부의 지원을 받게 되었다는 것이다. 마을의 개략적인 설명도 듣고 컨설팅 과정을 설명하기 위해 군청에서 만나기로 한 마을이장은 파란색 1톤 트럭을 타고 왔다. 마을이장은 젊고 열의가 넘쳐 보였고, 아닌 게 아니라 컨설팅이 끝난 뒤 다른 분으로부터 그가 일을 잘하고 있다는 이야기를 들을 수 있었다. 몇 년 뒤 농촌마을만들기에 대한 강의 요청이 있어 일정표를 보니, 그 이장이 내 강의에 이어 마을사례 발표를 하도록 되어 있었다. 마을사업을 성공적으로 추진하여 마을지도자 강사가 된 것이다. 오래간만에 얼굴도 보고 안부도 묻기 위해 강의가 끝나고 주차장에서 마을이장을 기다렸다. 파란색 트럭을 타고 올 줄 알았던 이장은 까만색 세단 승용차를 타고 왔다. 마을사업으로 돈을 벌었던 것이다. 여유가 있어진 마을이장의 모습은 보기 좋았다. 그런데 그 이후 더 많은 돈을 번 이장은 그 돈을 어디에 썼을까? 그는 인근 도시의 아파트를 샀다. 물론 농촌에 변변한 고등학교가 없어 아이들을 인근 도시로 유학을 보내야 했기 때문이었을 것이다. 그 사정은 충분히 이해할 만하지만 무언가 찜찜한 구석이 있었다.

　이 마을의 상황을 요약하면 이렇다. 정부가 마을에 농촌관광을 활성화해보라고 보조금을 지원했다. 나는 그 보조금을 어떻게 사용하는 것이 좋을지 컨설팅을 했다. 그래서 마을은 돈을 벌었다. 그런데 그렇게 번 돈은 마을에 남지 않고 인근 도시로 빠져나갔다. 내가 컨설팅한 것은 마을을 발전시키는 일이 아니었다. 그저 밑 빠진 독을 만들었던 것이다. 이러한 상황이 만들어진 것은 이 마을이 특별하기 때문이 아니다. 우리나라 농촌마을의 일반적인 상황이다. 얼마 뒤에 녹차를 생산하는 마을의 컨설팅을 하게 되었다. 녹차 다원을 하는 농가를 대상으로 인터뷰를 하다가 이상한 느낌이 들어 질문을 했다. "술은 어디서 사먹나요?" 그 마을과 가까운 읍내가 아니었다. 대답은 인근 도시. 그 도시에 큰 공단이 있어 좋은 술집이 많단다. "먹는 농산물은 어디서 구입하나요?" 역시 그 마을에 가까운 시장이 아니고 인근 도시의 대형마트였다. "혹시 어디서 사시나요?" 녹차 농가의 40%가 인근 도시의 아파트에서 출퇴근하면서 녹차를 만들고 있었다. 녹차체험마을을 만들기 위해 지원하는 이 사업으로 농가가 번 돈은 마을에 남지 않고 인근 도시로 빠져나가는 상황은 마찬가지였던 것이다. 그러면 인근 도시로 갔던 돈이 다시 이 마을로 돌아올까? 그런 일은 일어나지 않는다. 작은 도시의 돈은 큰 도시로, 큰 도시의 돈은 더 큰 도시로 흘러간다. 결국 그 돈은 어디로 가는 것일까? 그것까지는 알 수 없었다. 알 필요도 없었다.

다만 명확하게 알게 된 것이 있었다. 마을에서 번 돈은 마을에 남지 않는다는 것. 농촌에서 번 돈은 농촌에서 다시 쓰여지지 않는다는 것. 돈은 돌고 돌아서 '돈'이다. 지금 농촌에서는 돈이 돌고 있지 않다. 이게 문제였다. 이 같은 상황이 변하지 않는다면 10년 뒤의 농촌 모습을 정확하게 예측할 수 있다. 소득이 높은 농민들은 인근 도시의 아파트에서 출퇴근하면서 농사를 짓고, 돈 있는 도시민들은 농촌에 전원주택과 별장을 짓고 산다. 그러면 지금의 농촌마을들은 독거노인이 사는 빈민촌이 될 것이다. 무엇을 위해 마을만들기를 했던 것인가. 누구를 위해 마을만들기를 했던 것인가.

도시의 마을만들기에서도 비슷한 상황이 벌어지고 있다. 전주의 풍남동과 교동 일대에는 1930년대에 조성된 700여 채의 한옥이 모여 있다. 전주한옥마을은 일본 상인들이 도성에 들어와 일본식 주택을 짓고 사는 데 반발한 전주 주민들이 한옥을 지으면서 형성되었다고 한다. 이성계의 어진을 모신 경기전, 우리나라에서 가장 아름다운 성당인 전동성당, 선조 때 지어진 전주향교, 이성계가 왜적을 무찌른 승전기념물인 오목대 등이 한옥과 어우러져 있어 1977년 한옥마을보전지구로 지정되었다. 1990년대 전주의 마을만들기 활동가들은 전주한옥마을을 전주의 전통문화가 살아 있는 마을로 만들기 위한 노력을 시작했다. 한옥을 보전하고 전통문화공방을 유치하고 전통문화공연을 시작했다. 전주시가 만든 전주전통문화센터, 전주전통술박물관, 전주한옥마을체험관 등의 민간위탁사업에도 적극 참여했다. 점차 방문객이 많아지자 전주시는 한옥마을의 중앙도로인 태조로를 넓히고 물길을 만들어 걷기

전주한옥마을. (사진 출처 : 한국관광공사)

좋은 길로 정비했다. 십여 년이 지난 한옥마을은 많이 변했다. 주민의 생활과 함께하던 작은 가게들은 관광객을 상대하는 가게로 바뀌었고, 주민이 살던 한옥은 한옥체험민박이나 게스트하우스가 되었다. 외형만 변한 것이 아니다. 한옥마을의 대부분 토지는 외지인이 소유하게 되었고, 주민과 함께 살던 영세한 상인들은 임대료가 올라가자 쫓겨났다. 한옥마을에는 전통찻집보다 커피전문점이 더 많고, 프랑스 이름을 가진 프랜차이즈 빵집이 한옥을 차지하고 있으며, 일본식 집이 지어지는 것이 싫어 만들어진 한옥에서 스시를 팔고 있다. 무엇을 위해서 마을만들기를 한 것인가. 누구를 위해서 마을만들기를 한 것인가. 마을만들기 활동가들은 혼란에 빠졌다.

2004년부터 마을만들기 활동가들이 모여 마을만들기 대화모임을 해오고 있다.[109] 초기에 활동가들은 전국에서 벌어지는 다양한 마을만들기 사례에 감동하고 마을에서 할 수 있는 일들을 상상하며 즐거워했다. 하지만 사례가 많아질수록 마음 한쪽이 채워지지 않았다. 마을의 현안사항이 해결되면 같이 노력했던 주민들이 다시 모이지 않았고, 관심이 있는 일에는 계속 참여해도 마을에 필요한 다른 일에는 관심을 두지 않았다. 마을만들기로 마을이 살기 좋아지면 원래 살았던 사람들은 마을에서 더 이상 살지 못하고 지가 상승을 기대한 외부 사람들이 차지했다. 마을만들기를 왜 하는 것인지, 마을만들기가 왜 필요한 것인지를 고민하던 활동가들은 '만들기'라는 단어에 주목했다. 마을은 엄연히 존재하고 있는데 왜 만들어야 하는 것일까? 무엇을 만들어야 하는 것일까?

마을을 만들어야 하는 이유는 마을이 없어졌기 때문이다. 도시는 대규모 아파트의 건설로 한마을에 사는 사람들이 너무 많아졌고, 농촌은 이농한 사람들로 인구가 너무 적어졌다. 이러한 인구밀도의 변화, 편리한 도로와 자동차의 보급, 대형마트 중심의 소비구조 변화는 마을에 존재하던 다양한 주민들의 관계를 단순하게 만들었다. 마을은 생산, 소비, 분배, 교육, 문화가 어우러져 돌아가는 곳이었다. 그래서 다양한 사람들이 함께 살았다. 도시의 경우 마을 바깥에 직장이 있어도 사

---

[109] 마을만들기 대화모임은 2004년 (사)대화문화아카데미의 주관으로 시작되어 2004년 마을만들기네트워크라는 협의회가 만들어진다. 2006년 전국지방의제추진협의회와 함께 마을만들기전국네트워크로 조직이 확대되었고 2007년부터 진안에서 열린 제1회 대회를 시작으로 매년 마을만들기전국대회를 개최하고 있다.

람들은 마을에서 소비했고 그래서 다양한 가게와 직업이 존재했다. 조그만 채소가게 아주머니는 젊은 새댁의 요리선생이기도 했고, 철물점 주인은 인테리어 컨설턴트였다. 농촌마을에서는 대부분의 일을 돈을 거래하지 않는 공동체 작업으로 해결했다. 두레와 품앗이로 공동 작업을 하고, 집 지을 일이 있으면 울력으로 해결했으며, 아이들을 모아 같이 키우고, 다양한 마을행사는 함께하는 놀이자 문화였다. 그래서 다양한 일을 할 줄 아는 사람들이 한마을에 살았다. 도시와 농촌의 마을 내의 다양한 관계는 함께 살기 위한 것이었고 서로를 배려하는 것이었다. 한 개인의 소득은 다른 개인의 소득이 되어 마을 내에서 순환되었고 결과적으로는 마을공동체의 것으로 축적되었다.

그러나 마을은 변했고 마을주민도 변했다. 관계보다 돈이 더 중요해지자 다른 곳에 더 좋고 싼 것이 있으면 그것을 사게 되었다. 마을의 작은 가게는 다른 마을의 가게와, 대형마트와, 인터넷 쇼핑몰과 경쟁해야 했다. 마찬가지로 얼굴도 모르는 소비자에게 농산물을 팔게 된 농민에게 이웃 농부는 같은 품목을 같은 시장에서 팔아야 하는 경쟁자였다. 점점 마을주민 간의 관계는 엷어지고 마을에서 벌어졌던 일들은 단순해지거나 없어졌다. 옆집에 누가 사는지 몰라도 생활하는 데 아무런 지장이 없고, 마을 행사에 나가지 않아도 누구 하나 뭐라고 하지 않았다. 오히려 그렇게 사는 것이 더 편했다. 마을주민과의 관계가 도움이 되는 것도 없는데 무언가 선택해야 할 때 복잡한 생각을 하지 않아도 되기 때문이다. 어느 마을에 살았거나 살고 있다는 것이 아무런 의미를 갖지 않게 되었다. 결국 마을에는 아무것도 쌓이지 않게 되었다. 기억, 추억, 관계 그리고 돈까지. 그래서 외형은 마을처럼 보이지만 마을에서 일어나야 하는 많은 일들이 일어나지 않는다. 마을은 해체되었다. 진짜 마을은 없다. 그래서 마을을 만들어야 했던 것이다. 그래서 마을 '만들기'였던 것이다.

마치町는 마을이 아니다

　마을만들기에서 만들기의 대상은 공간이나 시설이 아니다. 만들어야 할 것은 다양한 주민 간의 관계다. 공간이나 시설은 만들어야 할 주민 관계의 매개물일 뿐이다. 그런데 마을은 왜 없어지게 된 것일까? 교통이 편리하지 않은 예전의 마을은 생활을 꾸려가기 위한 가장 효율적인 공간 규모였을 것이다. 다른 곳에서 필요한 것을 구하는 것보다 마을에서 얻는 것이 더 경제적이고 편리했다. 남는 것과 필요한 것을 교환했고, 남들보다 잘하는 것이 있으면 그걸 팔았다. 그래도 부족한 것은 힘을 합쳐 만들거나 공동으로 외부에서 구해 왔다. 그러나 교통이 편리해지고 많은 것들이 풍족해져 무엇이든 쉽게 구할 수 있게 되고 다양한 정보에 접근할 수 있게 되자, 더 이상 필요한 것과 부족한 것을 마을에서 해결하지 않아도 되었다. 마을에서 필요한 것을 구하는 게 오히려 돈이 더 들고 번거로웠다. 그렇게, 그렇게 마을은 없어졌다.

마을이 없어져도 아무런 문제가 없을 것 같았다. 하지만 마을 내부에서 마을주민을 상대로 생계를 유지했던 사람들이 문제였다. 마을 바깥에서 쉽게 살 수 있는 물건을 만들거나 팔아야 하는 사람부터 어려워지기 시작했다. 마을주민이 소비해주었던 보호벽이 무너진 업종부터 문을 닫기 시작했다. 보호벽이 점점 얇아지자 마을의 작은 가게들이 한계 없는 경쟁 속에 끌려들어갔고 끝내 없어졌다. 마을에서 벌어지던 많은 일들이 없어졌다. 그렇지만 새로 만들어지지는 않았다. 그러자 문제가 생긴 사람들이 또 생겼다. 수익이 많지 않은 사람들이었다. 먼 거리를 이동하여 일자리를 찾을 수 없는 이들이 할 수 있는 일은 점점 줄어들었고, 돈이 없이도 마을주민들과 힘을 합쳐 해결했던 것들도 돈을 지불해서 얻어야 했다. 돈이 더 필요해졌지만 돈을 벌 수 있는 방법은 점점 줄어들었다. 마을 바깥에서 넉넉히 돈을 벌 수 있는 사람들은 크게 걱정하지 않았다. 돈을 벌어 필요한 것은 다른 곳에서, 대형마트에서, 인터넷에서 사면 된다고 생각했다. 그래서 마을의 변화는 자신하고 아무런 상관없는 일이라 생각했다. 어쩌면 더 좋은 물건을 더 싸게 살 수 있으니 세상이 좋아지는 것이라 생각했다. 보호벽이 무너지면서 보호공간은 점점 줄어들었다. 마을이라는 보호공간이 없어지자 점점 더 많은 사람들에게 문제가 생겼다. 그런데 그 사람들이 자신의 친구이고 가족이었다. 그리고 결국 자기 자신도 그 속에 포함되었다.

도대체 마을을 없애고 있는 것은 무엇일까? 아마도 마을에서 쓰였던 돈이 흘러들어가고 있는 곳이고, 마을에서 스스로 해결했던 일을 돈을 받고 제공하고 있는 곳일 것이다. 아마도 마을의 보호벽이 필요 없거나,

마을의 보호벽이 없어져 이득을 보고 있는 곳일 것이다. 그런 곳이 어딜까? 그런 곳을 만들고 있는 것은 바로 자본주의였다. 자본주의가 마을을 해체하고 있는 것이다. 사유재산을 인정하고 만능해결사인 시장에 의해 개인적인 이익을 조정하면 공동의 이익을 극대화할 수 있다는 자본주의는 효율적이었다. 자본주의를 중심으로 인류가 경제생활을 한 것은 불과 몇 백 년밖에 되지 않았지만, 인류가 생긴 이래로 자본주의가 해낸 일은 그전에 그 어떤 것이 한 일보다 훨씬 많을 것이다. 그래서 자본주의가 인류를 더 행복하게 해줄 것이라 생각했다. 하지만 자본주의는 마을을 해체시켰고, 그 속에서의 인간관계를 끊었으며, 마을에서 돌고 돌았던 돈을 일방적으로 흘러가게 만들었다. 공동체는 없어지고, 이웃으로부터 소외되어 질병과 범죄는 늘고, 일자리가 없어지면서 모두가 불행해졌다. 돈이 없는 사람들은 더 가난해졌고, 돈이 어느 정도 있어도 단 한 번만 선택을 잘못하면 빈곤층이 되었다. 칼 마르크스는 자본주의가 붕괴할 것이라 예언했지만, 식민지 개척을 통한 시장의 확대, 세계화를 통한 시장의 세계적인 통합, 그리고 온라인이라는 새로운 공간의 확장을 통해 자본증식의 수단을 확보하면서 자본주의는 그 위기를 극복해냈다. 이런 자본주의가 스스로 마을의 해체를 멈추고 자신의 문제를 자가 치유할 수 있을까?

어떻게 마을을 다시 만들 수 있을까? 우선, 예전의 마을 공간에서 다시 마을을 만들기는 어려워 보인다. 마을의 외적 조건들이 변했다. 도시마을은 이질적인 사람들이 너무 많이 모여 사는 곳으로, 농촌마을은 살고 있는 사람이 너무 적어서 무슨 일을 시작하기 어려운 곳으로 변했다. 도시든 농촌이든 비슷한 생각과 같은 필요를 가진 사람을 모으기 위해서는 마을이라는 경계를 벗어나야 한다. 어떻든 공간은 주민관계를 복원하기 위한 매개물이지 않은가. 즉 무슨 무슨 리, 무슨 무슨 동이라는 마을의 경계에 집착할 필요는 없다. 그 경계에 집착하면 할 수 있는 일이 많지 않고, 그 일을 찾기도 어렵다. 또한 도움이 되지 않는 마을 이기주의가 작동해서 무슨 일이든 마을 안에서 해야 하고 다른 마을과 경쟁하려고 든다. 그 경계에 집착하면 공동체 파시즘이 고개를 쳐든다. 마을주민들이 똘똘 뭉쳐야 하고 누군가 지도자의 완장을 차면 그 지휘 아래 일사분란하게 움직여야 한다. 외부사람을 들이면 안 되고 다른 생각을 가진 사람은 배신자다. 그러나 이제는 마을의 경계를 넘어 공간적 범위를 외연적으로 넓히면서 사람들을 발굴하여 다양한 방식으로 그 관계를 복원해야 한다. 이러한 과정을 통해 소득, 교육, 문화, 복지 등 다양한 사업분야에서, 협동조합이나 사회적기업, 커뮤니티비즈니스 등의 다양한 사업형태로, 크고 작은 규모의 활동과 사업이 만들어져 지역사회에 이중 삼중의 중층적 사회적 관계를 그물망처럼 만들어야 한다.

그래서 자본주의의 마을 해체에 대응하는 확장된 마을만들기는 지역공동체 복원이라는 새로운 지향점을 가지게 되었다. 이러한 지역공동체의 복원 가능성은 이미 성미산 사례를 통해 확인할 수 있다. 성미산 마을만들기는 특정 공간에 사는 사람들이 모여 그 공간에서, 그 공간에 사는 사람들만을 위해 시작한 마을만들기가 아니었다. 1994년 마포 성미산 자락에서 다른 방식으로 아이들을 키워보겠다는 인근의 학부모들이 모여 공동육아 어린이집을 만들었고, 이를 거점으로 자신의 삶에서 필요한 일을 하나씩 만들어가기 시작했다. 그 일이 벌어지는 공간

성미산 마을.
❶ 마을 지도. ❷ 두레생협
❸ 작은나무. ❹ 동네부엌.
마을카페인 작은나무와 마을반찬가게인 동네부엌은 협동조합 형태로 운영되고 있다.

은 굳이 특정한 공간에 있어야 한다는 원칙도 없고, 그 일에 참여하는 사람들이 꼭 그 공간에 살아야 한다는 원칙도 없다. 하지만 대개 성미산을 주변으로 슬리퍼를 끌고 다닐 수 있을 정도의 거리에, 가급적 성미산 주변에 사는 주민들을 대상으로 하거나 주민들이 주로 참여하는 일이면 가능했다. 그렇게 생활협동조합이 만들어졌고 반찬가게, 유기농식당, 작은 카페, 대안학교, 마을극장이 만들어졌다. 성미산의 사례에서 지역공동체의 모습을 어렴풋하게 그릴 수 있다. 회사처럼 잘 짜여 있는 하나의 조직은 아니지만 느슨하면서도 끈적거리듯 모여서, 모두가 똑같은 방향을 향해 가고 있지는 않지만 서로의 방향을 공유하면서 일정한 지향점을 향해, 지역사회 내의 자원을 바탕으로 움직이는 다양한 내용과 규모의 모임과 일의 집합체, 마치 아메바 같은 모습이 바로 지역공동체다. 그리고 그 모습은 바로 예전의 마을과 같은 모습이었다.

2000년 퍼머컬처를 배우기 위해 갔던 호주의 크리스탈워터즈 생태마을과 가장 가까운 읍내는 멀레니(Maleny)다. 퍼머컬처 디자인 교육과정 중에 인근 지역을 견학하고 반나절 동안 멀레니에서 자유시간을 갖는 일정이 있었다. 멀레니는 우리의 작은 면소재지 정도의 규모로, 아기자기한 가게들이 모여 있는 곳이었다. 생활협동조합이 있어 들어가 보았다. 다양한 생필품을 팔고 있었고, 평일 낮인데도 소비자들로 꽤 북적거렸다. 그 옆의 가게는 미술품이나 공예품 등을 파는 갤러리였는데, 이것저것 물어보니 이 지역의 예술가들이 모여 협동조합 형태로 운영한다고 했다. 예술가들이 출자하여 공동으로 가게를 얻었고, 돌아가면서 하루씩 가게에 나와 다른 예술가의 작품도 팔아주는 일을 하고 있었다. 조금 더 걸어가니 신용협동조합이 있었다. 조그마한 공간의 창구 안에 할아버지 한 분과 여성 한 분이 업무를 보고 있었다. 허름한 데다가 내가 있는 동안 조합원이 한 명도 오지 않아, 분명 이 신용협동조

호주 크리스탈워터즈 생태마을 인근의 소도읍 멀레니.
① 멀레니의 렛츠사무실.
② 멀레니의 소비자협동조합.
③ 멀레니의 소비자협동조합 내부.
④ 멀레니의 신협.
⑤ 멀레니의 커뮤니티센터.
(사진 제공 : 황바람)

합은 잘 운영되고 있지 않을 것이라 생각했다.

멜레니에서 돌아와 마을에서 저녁을 먹으면서 크리스탈워터즈의 주민이자 퍼머컬처 디자인코스의 강사 부부에게 한 달 수입이 어느 정도 되느냐고 물어보았다. 둘이서 이러쿵저러쿵 셈을 맞추어보더니 호주 달러로 얼마 정도 된다고 대답하기에 환율을 따져보았더니 고작 60만 원 정도였다. 아무리 화폐가치가 다르더라도 두 사람이 생활하기에는 너무 적은 금액이었다. 그래서 나는 그 돈으로 생활이 가능하냐고 물었다. 부부는 잠시 생각하다가 렛츠 때문에 가능하다고 대답했다. 처음 듣는 단어거니와, 이런 것이 있으리라 상상도 못 했던 나는 렛츠가 몹시 궁금해졌다. 렛츠(지역화폐, LETS : Local Exchange & Trading System)는 지역주민들이 서로가 필요한 것을 화폐를 주고받지 않고 다자간 물물교환을 통해 거래하는 것이다. 이것저것 물어보고 나서야 대충 이해할 수 있었다. 렛츠는 크리스탈워터즈 마을이 속한 멜레니 지역주민들이 참여하여 운영하고 있었다. 얼마나 많은 물건이나 서비스를 렛츠로 거래할 수 있냐고 묻자, 기다리라고 하면서 사무실에서 11장의 프린트물을 가지고 나온다. 프린트물마다 30여 개의 품목이 적혀 있으니 대략 300여 품목이 렛츠로 이용되고 있었다. 그 지역의 신문구독료도 렛츠로 낼 수 있었다. 그 부부는 당시 집을 짓고 있었는데 몇 가지 건축자재를 제외하고 대부분 렛츠로 해결하고 있다고 했다. 그러면서 렛츠의 거래품목이 적혀 있는 프린트물에서 건축과 관련된 품목들을, 자신이 이용했거나 이용하고 있는 품목들을 짚어주었다.

돈이 없어도 집을 지을 수 있다니! 거짓말 같은 이야기에 반문을 했다. 낮에 보니까 멀레니의 신협은 작고 잘 운영되지 않는 것 같던데 렛츠는 잘 운영되고 있느냐고. 신협도 이용하지 않는 주민들이 렛츠를 잘 활용하느냐는 질문이었다. 돌아온 대답은, 멀레니 지역주민들은 다른 지역으로 송금할 때 은행을 이용하고 저축과 대출은 가급적 지역의 신협을 이용한다는 것이었다. 이자조건이 좋기 때문이기도 하지만 신협은 그 이익을 지역사회에 환원하기 때문이라는 것이다. 신협 건물은 작고 보잘 것 없지만 주민들을 위한 극장을 지어 지역사회에 기증했고 청소년을 위한 교육사업 등을 지속적으로 지원한다. 한국으로 돌아와 인터넷으로 멀레니를 검색해보았다. 놀라운 뉴스가 인터넷에 올라와 있었다. 패스트푸드 프랜차이즈 식당이 멀레니에서 개업했는데, 멀레니 주민들이 이런 식당은 자신들의 지역에 필요 없다며 불매운동을 벌여 결국 철수했다는 것이었다. 그때 생각했다. 크리스탈워터즈라는 세계적인 생태마을도 지역사회의 기반 없이는 만들어질 수 없구나! 작은 생태마을을 만드는 것도 중요하겠지만 지역사회가 생태마을을 지지할 수 있도록 해야 하는구나! 까맣게 잊어버렸던 그때의 생각을 10년을 넘게 농촌마을에서 이런 저런 일을 겪고 나서야 다시 떠올릴 수 있었다.

실제로 우리가 마을만들기로 번역한 일본의 마치쓰쿠리의 마치(町)는 우리 마을과는 다르다. 일본 농촌 행정조직의 가장 아래 단계인 마치는 작은 곳이 우리의 읍 정도의 규모이고, 큰 곳은 작은 소도시 규모에 해당한다. 우리 마을보다 많고 다양한 사람들이 모여 살며, 대개 작은 도심, 즉 읍내를 포함한다. 천황을 모시는 중앙의 지배권력이 성주

중심의 토착권력에게 권력을 이임한 봉건제를 유지했던 일본은 정서적으로 작은 마을보다는 큰 범위의 마치를 주요한 공동체로 인식하고 있다. 또한 우리보다 오래전부터 지방자치제도를 발전시켰고, 마치는 그 지방자치의 가장 기초적인 단위이기도 하다. 마치의 장은 지역주민이 직접 선거로 뽑았다. 우리의 마을과는 규모뿐 아니라 역사적 경험도 다르다. 따라서 일본의 마치쓰쿠리에서 했던 일을 우리의 작은 마을에 그대로 대입하기는 어렵다. 대부분 우리 마을에는 필요 없고 부적절하거나 작은 마을의 주민들이 할 수 없는 것들이다. 이 마치쓰쿠리를 단순하게 마을만들기로 번역하면서 많은 오해와 착각을 불러일으켰다. 다시 말하지만, 일본의 마치는 우리의 마을과는 다르다. 우리가 꼭 마을 안에서 마을만들기를 해야 하고 마을 안에서만 그 일이 가능한 것도 아니다. 우리가 마치쓰쿠리에서 얻어올 것은 그것이 주민참여형 지역계획과 지역발전이었다는 것, 그리고 그 결과물이 지역공동체의 복원이었다는 점이다.

홍동면, 산내면
그리고 진안과 완주

농촌에도 이러한 지역공동체를 만들 수 있을까? 이와 같은 지역공동체가 농촌사회에 새로운 대안이 될 수 있을까? 답은 역시 현장에 있었다. 충남 홍성군 홍동면에서는 1958년 오산학교 출신의 이찬갑 선생과 이 지역 출신으로 감리대에서 공부한 주옥로 선생이 풀무고등공민학교를 개교한다. 이후 학제의 변화에 따라 풀무농업고등기술학교(풀무학교)가 되었고, 한 학년 한 학급 25명 학생들이 전원 기숙사생활을 하면서 공부하고 있다.[110] '더불어사는 평민'이라는 교육이념에 따라 풀무학교는 청년들에게 지역에 살아야 한다고 가르쳤고, 많은 청년들이 농사를 지으며 지역에 남았다. 1970~80년대 이 지역으로 농촌봉사활동을 온 이화여자 대학생들 십여 명이 풀무학교 출신의 청년들과 결혼하여 이 지역에 살게 되었다. 1970년대에는 일본의 애농회로부터 유기농업

---

[110] 풀무농업고등학교 홈페이지 http://www.poolmoo.cnehs.kr

충남 홍성의 풀무학교.
(좌) 1958년에 개교한 풀무농업고등기술학교. (우) 2000년에 개교한 풀무농업고등기술학교 전공부.

을 받아들여 유기농업을 실천하고 있고, 풀무학교에 2년제 전문대학과 정의 전공부가 만들어져 유기농업을 연구, 보급하면서 유기농업을 실천하는 농업인을 배출하고 있다. 풀무학교 졸업생인 주형노 씨는 1994년 9,000평에 오리농법을 시작하여 홍동지역의 대부분 논을 친환경농업단지로 만들었으며, 100년 마을발전계획을 수립한 홍동면 문당리를 친환경농업의 대표적인 마을로 발전시켰다.

풀무학교의 졸업생을 비롯한 주민들은 오래전부터 주민 생활을 공동체로 지원하기 위한 조직을 만들어나갔다. 1969년 지역주민 18명이 4,500원을 모아 만든 풀무신용협동조합은 3,000여 명 조합원, 250억 원대 자산을 가진 지역 금융기관으로 발전했다. 풀무학교의 학생협동조합에서 시작하여 지역주민의 생활용품과 철물 등을 공급하던 생활협동조합은 홍동지역의 유기농산물을 도시소비자에게 공급하는 풀무생활협동조합이 되어 연매출 50억이 넘는 유통조직이 되었다. 1980년 지역의 아이들을 돌보기 위해 갓골어린이집이 만들어졌다. 대안교육을 지향하는 어린이집과 풀무학교와 같은 교육기관이 있고, 유기농업과 관련된 다양한 기반조직이 자리를 잡자 1990년대부터 귀농하고자 하는 젊은 사람들이 찾아오기 시작했다. 젊은 사람들이 많아지고 아이들도 늘어나자, 2002년 아이들의 보육을 걱정하지 않고 여성들이 일을 할 수 있도록 영유아를 돌보고 방과후학교를 운영하는 여성농업인센터가 만들어지게 되었다. 많아진 아이들을 돌보기 위한 일자리가 생기자 그 일자리 때문에 다시 젊은 사람들이 들어오는 인구증가의 선순환이 시작되었다.[111]

2000년대 후반부터 이러한 지역의 변화는 더욱더 활발해졌다. 홍동 주민들은 자신들이 필요한 것들을 스스로 만들어나가기 시작했다 .우리밀로 빵을 만드는 빵집, 점원 없이 지역농산물을 파는 무인가게, 갓골목공실, 떡공장, 그물코출판사, 느티나무헌책방, 밝맑도서관, 반진고리공방, 평촌요구르트, 할머니장터협동조합, 갓골생태농업연구소, 원예조합 가꿈, 교육농연구소 논배미학교, 청년협업농장 얼렁뚝딱 등 수십 개의 공동체사업이 3,500여 명이 사는 작은 농촌의 면 단위에서 활동하고 있다. 최근 면소재지의 호프집이 망하자 주민 100여 명이 1,800여만 원의 출자금을 모아 '동네마실방 뜰'이라는 협동조합 술집을 개업하기도 했다.

---

[111] 『귀농귀촌이야기 : 농어촌복합생활공간 조성 정책대안 개발 관련 자료집』, 송미령, 임경수, 전호상, 한국농촌경제연구원, 2006.

충남 홍성군 홍동면에서 다양하게 펼쳐지고 있는 주민 활동.
❶ 갓골어린이집. ❷ 갓골작은가게.
❸ 밝맑도서관.. ❹ 풀무학교생협.

　이렇듯 홍동면은 인구증가, 인구증가에 따른 지역활동의 증가, 그로 인한 일자리의 창출, 그 일자리로 인한 인구유입의 선순환과 함께 지역에서 필요한 일을 지역주민들이 스스로 만들어냄으로써 외부로부터 지역으로 유입된 돈이 다시 지역에 쓰이는 순환적 경제시스템을 구축했다. 이러한 지역공동체 사업을 더 효과적이고 활발하게 지원하기 위한 '지역센터 마을활력소'가 2011년 3월 개소하여 활동하고 있기도 하다.

　전북 남원군 산내면에서도 유사한 일이 일어났다. 1998년 인드라망생명공동체에서 불교귀농학교를 열어 2~3개월의 장기간 합숙과정의 현

전북 남원시 산내면 실상사의 지역공동체. (사진 제공 : (사)한생명)
❶ 실상사 공동체의 중심인 (사)한생명. ❷ 느티나무판매장.
❸ 산내들어린이집. ❹ 주민 장터.

장 귀농교육을 실상사에서 시작했다. 실상사에서 귀농교육을 받는 귀농인들이 산내면 일대에 정착하여 아이들의 교육을 위해 중등과정 대안학교인 작은학교를 만들었고, 사단법인 한생명을 만들어 지역주민의 다양한 활동을 지원하기 시작했다. 산내여성농업인센터는 방과후학교, 산내들어린이집, 건강사랑방, 농산물판매장을 운영하고 있으며, 지리산친환경영농조합에서는 농산물유통과 가공사업을 하면서 인드라망생협을 통해 도시소비자에게 유기농산물을 공급한다. 또한 산내면 일대에 정착할 집이 부족해지자 전원마을사업을 준비하여 2011년 20가구가 사는 지리산작은마을이 생기기도 했다.[112] 산내면 인구 2천여 명 중에 귀농한 인구가 20% 정도에 이르러 산내면에 귀농할 집터와 토지가 부족해지자 인근의 남원시 운봉읍과 인월면, 함양군 마천면까지 귀농인이 정착하고 있다.

홍동면, 산내면이 풀무학교, 실상사라는 거점 기관을 중심으로 면 단위에서 다양한 지역공동체사업을 하고 있다면, 전북의 진안군은 군 단위에서 이러한 시도를 하고 있다. 1990년대 중반 10만여 명이었던 진안군의 인구는 불과 2만 명을 간신히 넘는 과소 인구지역이 되었다. 2004년 행정자치부의 낙후도 평가에서 전국 234개 기초지자체에서 4위를 한, 우리나라의 대표적인 오지이자 낙후지역이다. 2000년 완공된 용담댐으로 대부분의 농경지가 수몰됨에 따라 임야가 80%가 넘어 농업기반도 취약하다. 이러한 진안군이 새로운 시도를 하게 된 것은, 2000년 지역주민의 의견을 수렴하여 지역실정에 맞는 창의적이고 새로운 정책을 개발하고 모니터링할 군정기획평가단을 만들고 이 사업의 단장으로 지역개발을 전공한 전문가를 지방전임계약직으로 채용하면서부터다.[113]

군정기획평가단의 진단 결과, 주민상향식 읍면지역개발사업을 통해 주민이 직접 참여하는 지역발전의 가능성을 확인한 진안군은 2002년

---
[112] '10년 후 산내는?', 이경재, 2012, 『한생명 10년 돌아보기 내다보기 좌담회 자료집』
[113] 『마을만들기, 진안군 10년의 경험과 시스템, 더디 가도 제대로 가는 길』, 구자인, 유정규, 곽동원, 최태영, 국토연구원 도시재생지원사업단 (창조적 도시재생 시리즈 20)

이 사업을 '으뜸마을가꾸기'로 발전시켰다. 이 사업으로 주민역량이 높아진 으뜸마을들이 녹색농촌체험마을, 산촌종합개발사업, 소도읍육성사업 등 중앙정부의 마을사업을 유치했다. 비록 주민교육 중심의 사업이지만 진안군과 주민들은 으뜸마을가꾸기사업의 필요성에 대해 공감했고, 2004년에는 중앙정부로부터 10억 원의 특별교부세를 지원받아 안정적으로 사업을 추진할 수 있는 계기를 마련했다. 마을주민의 역량을 강화할 수 있는 단계별 주민교육과 작은 일부터 시작하여 점차 마을의 역량을 높일 수 있는 사업지원을 통합한 5단계 마을사업추진시스템을 구축한 진안군에서는 전체 행정리 300개 중에 60%가 넘는 마을이 마을사업에 참여하고 있고 이 중 20%가 넘는 마을이 3단계 수준 이상의 마을사업을 추진하고 있다. 진안군에서 마을사업을 하고 있는 마을들은 2006년 으뜸마을가꾸기추진위원장협의회를 조직하여 이를 2009년 마을만들기지구협의회로 개편한다. 이 협의회는 마을만들기를 주도하는 민간 영역과의 교류 및 협력, 행정과의 거버넌스를 구축하는 민간기구의 역할을 시작했다. 마을만들기지구협의회는 개별 마을사업을 지역 차원으로 묶어내기 위해 2011년 진안마을(주)를 설립하여 로컬푸드사업을 추진하고, 2012년 행정조직에서 추진하던 마을만들기사업을 민간 중심으로 전환하기 위해 마을만들기지원센터의 설립을 지원했다.

진안군에서는 마을만들기사업에 귀농귀촌인을 적극 활용하고 있다. 마을의 공동시설 관리, 마을신문 발행, 농특산물유통 지원, 마을리더 지원 등의 역할을 맡은 마을간사와 주민의 교육 수요를 파악하고 주민

진안군의 다양한 주민조직과 공동체 활동들. (사진 제공 : 진안마을만들기지원센터)
❶ 진안군마을만들기구협의회. ❷ 마을간사협의회.
❸ 귀농귀촌인협의회. ❹ (사)마을엔사람 창립총회
❺ 진안고원길 활동. ❻ 마을만들기대학 활동.

주도형 학습프로그램을 지원하는 평생학습지도사에 귀농귀촌인이 참여하여 사업성과가 나타나기 시작했다. 그러자 인구감소로 부족해진 인적 자원을 귀농귀촌인이 채워줄 수 있다고 판단한 진안군은 2007년 귀농1번지프로젝트를 계획하고 적극적으로 귀농귀촌인을 받아들이기기 시작했다. 이를 통해 매년 백여 가구가 진안군에 정착하고 있으며, 귀농귀촌인들은 방과후학교, 평생학습, 향토 및 마을해설사, 자활사업 등 진안군이 추진하는 사업에 참여하면서 자신의 경험과 경력을 살려 인터넷방송, 1인 출판, 레스토랑, 공예공방 등을 만들기도 했다. 지역의 이 같은 변화는 다양한 민간활동을 촉진했다. 도농교류사업을 지원하는 도농교류센터, 귀농귀촌을 지원하는 뿌리협회 등 귀농귀촌인이 참여하는 상시적인 주민조직이 만들어졌고, 공동체 일자리 관련 사업으로 (유)나눔푸드, (사)농촌복지센터, ㈜공정여행 풍뎅, (유)마이크린, (사)무진장좋은마을네트워크, (유)마이산향기 등의 사회적기업과 마을기업이 세워졌다.

귀농귀촌과 관련한 진안군의 사업 중에 특징적인 것은 귀농귀촌인의 농촌창업 및 지역사회 기여활동 지원사업이다. 귀농귀촌인이 3인 이상 모여 새로운 사업을 창업하거나 지역사회에 기여할 수 있는 사업에 대해 1천만 원 내의 범위에서 지원했다. 이를 통해 귀농귀촌인들은 벼룩시장, 흙건축, 산촌유학, 친환경농업, 전통주, 약선요리, 방과후학교, 약초와 한방, 마을박물관, 지역영상물 제작, 지역라디오 등 다양한 분야의 활동을 추진했다. 또한 귀농귀촌인이 늘어 거주할 주택을 구하기 어려워지자, 진안군은 체재형가족농원을 조성하여 예비귀농인이 임대

주택으로 사용할 수 있도록 지원하고 있다. 이곳에 거주하면서 귀농귀촌과 관련한 다양한 정보를 얻거나 교육수강을 비롯한 귀농귀촌 준비를 할 수 있게 한 것이다.

다양한 귀농귀촌 지원사업이 시작되고 귀농귀촌인들이 지역개발사업에 자발적으로 참여하면서 많은 변화가 일어났다. 진안시장에 조그만 매장을 만들어 이를 거점으로 시장을 살리는 프로젝트를 진행했고, 귀농인이 소장한 잡지가 마을축제를 풍성하게 했다. 폐교가 마을박물관이 되었으며, 진안의 역사와 풍물을 담은 진안고원길이 개발되었고, 귀촌한 사진작가에 의해 정미소가 공동체박물관으로 변신했다. 동향면에는 귀농귀촌인들이 참여하여 전통장터가 복원되었고, 목공학교, 스트로베일하우스 사업단, 새울터 전원마을 등이 만들어졌다. 백운면에는 작은도서관이 생기고, 폐업한 건강원이 농산물가공공장으로 바뀌었으며, 월간백운이라는 잡지가 정기적으로 발간되고, 면 전체를 박물관으로 만드는 에코뮤지엄 사업이 추진 중이다.

이러한 진안의 변화는 전국적인 관심을 불러일으켜 2007년 제1회 마을만들기전국대회를, 2009년 제1회 귀농귀촌전국대회를 진안에서 개최했다. 2008년부터 지역주민의 자발적인 참여로 만들어지는 진안마을축제에 매년 3만 명 이상이 방문하여 진안의 변화를 확인하고 있다. 진안군은 으뜸마을만들기로부터 시작한 지역공동체운동을 행정과 민간이 지속적이고 체계적으로 추진하기 위해 사단법인 마을엔사람을 조직하고 마을만들기지원센터를 운영하고 있다.

진안과 이웃한 전북 완주군은 이러한 진안의 마을만들기사업에서 축적한 경험을 살리되 시행착오를 줄여 보다 효과적으로 농촌지역을 활성화할 수 있는 방안을 2008년부터 연구하기 시작했다. 65만의 전주시를 끼고 있어 8만 5천여 명의 인구를 유지하고 있었지만, 도시화가 진행되고 있는 삼례읍, 봉동읍과 혁신도시가 만들어지는 이서면을 제외하고는 여느 농촌과 다를 바 없이 인구가 줄고 고령화가 진행되고 있었다. 그나마 다행인 것은 봉동지역에 큰 기업들이 있어 다른 농촌지역에 비해 재정자립도가 양호한 상태여서 중앙정부의 지원 없이도 완주군 자체의 예산으로 농촌개발사업을 추진할 여력이 있다는 것이었다.

완주군은 매년 100억 원씩 향후 5년간 500억 원을 농촌지역에 지원하기로 하고 전문가들과 약속프로젝트를 구상했다. 약속프로젝트는 농가들의 경제문제에 집중하기로 했다. 우선 향후 농가의 경쟁력은 품목이나 품질이 아니라 생산비 절감에 달려 있다고 판단하여 완주군의 쌀 생산 농가가 축산농가에 필요한 조사료를 겨울에 생산하고, 축산농가는 쌀생산 농가가 필요로 하는 퇴비를 공급하는 순환농업체계를 구축하기로 했다. 미래 완주 농업의 주축이 될 젊은 농가들이 농가부채로 농업을 포기하지 않도록 대응하기로 했고, 소농, 가족농, 노후농들이 소규모 농업생산을 통해 생계를 유지할 수 있도록 로컬푸드사업을 지원하기로 했다. 마을 단위로는 어르신들이 멀리 품 팔러 나가지 않고 마을 안에서 용돈을 벌 수 있도록 복지형 농장인 두레농장과 마을 내에서 농산물의 유통, 가공, 체험 등으로 일자리를 창출하고 소득을 높일 수 있는 마을회사 육성을 지원하도록 했다. 이 과정에서 희망제작소의 자문으로 주민들의 공동체 생활을 지원하는 커뮤니티비즈니스도 받아들이게 되었다. 이들 사업과 도시민유치사업, 일자리창출사업 등을 묶어 농촌활력사업이라 이름 짓고 2009년 완주군의 행정조직을 개편하여 농촌활력과를 신설했다.

이러한 사업을 행정조직 중심으로 추진할 때 발생하는 문제점, 한계 등을 극복하기 위해 각 분야별 민간지원조직을 구축하기로 하고, 지원조직이 일할 수 있는 공간을 완주군 고산면의 한 폐교에 마련하여 농촌 피폐의 대명사인 농촌 폐교가 농촌활성화의 상징이 될 수 있기를 기대했다. 2010년 6월 이 폐교를 지역경제순환센터라 이름 짓고, 이곳에서 로컬푸드센터, 마을회사육성센터, 커뮤니티비즈니스센터, 도농순환센터 등이 본격적인 활동을 시작했다. 농촌활력사업에 대한 완주군의 전폭적인 지원과 민간지원조직의 활동에 힘입어 2013년 현재 약 100여 개의 마을이 마을회사육성사업에 참여하고 있다. 또한 40여 개의 커뮤니티비즈니스가 창업했고 10개의 두레농장이 운영되고 있다. 이 밖에 로컬푸드 꾸러미사업단 1개, 로컬푸드 직매장 3개가 만들어졌고, 거점가공센터와 로컬푸드공공급식센터, 마을여행사업단이 생겼다.[114] 이를 통해 완주군은 로컬푸드, 농산물유통, 농산물가공, 농촌체험, 도시민 유치 등의 농업관련 사업뿐 아니라 지역사회에 필요한 교육, 문화, 복지 등 다양한 사업 분야에서, 민간단체, 영농조합 및 법인, 협동조합 등 협업 형태의 사업조직이 중앙정부의 마을만들기, 사회적기

---

[114] '행정과 주민 사이에서 길을 찾다, 완주커뮤니티비즈니스센터', 임경수, 『마을만들기지원센터의 전국적 현황과 전망』, 2013 (국토연구원 도시재생지원센터 창조적 도시재생시리즈 40)

완주군의 지역경제순환센터.
❶ 완주군 지역경제순환센터의 전경.
❷ 커뮤니티비즈니스센터의 상담 모습.
❸ 완주군의 대표적인 마을회사인 안덕파워영농조합법인.
❹ 완주군의 대표적인 커뮤티비즈니스인 마을신문 완두콩의 홈페이지.
❺ 순환경제를 뜻하는 지역경제순환센터의 조형물.
❻ 일본 연수를 간 마을지도자들.

업, 마을기업, 농어촌공동체사업 등의 지원사업을 활용하면서 마을과 지역을 넘나드는 다양한 규모의 공동체사업을 벌이고 있다. 또한 귀농귀촌인들은 마을사무장 및 두레농장 사무장을 맡거나, 커뮤니티비지니스 창업과 로컬푸드 사업단 등에 적극 참여하여 주요한 역할을 하고 있다.

홍동면, 산내면, 진안군, 완주군은 각기 다른 특성을 가지고 있다. 행정적 체계로는 홍동과 산내는 면 단위 중심이지만 진안과 완주는 군 단위로 사업을 추진하고 있다. 인구 규모로 보면 산내의 인구가 가장 적고 홍동면, 진안군, 완주군의 순서이며, 역사적으로는 홍동이 가장 오랜 역사를 가지고 있고 산내와 진안이 비슷하며 완주가 그 다음이다. 홍동은 정부의 지원 없이 주민들의 자발적 노력으로 진행되어왔지만, 완주, 진안, 산내의 순서로 지방정부의 역할이 크게 작용하고 있다. 하지만 이 지역들은 첫째, 주민주도형 농촌개발, 둘째, 인적 자원 중심의 농촌개발, 셋째, 프로그램 운영 중심의 농촌개발, 넷째, 순환경제 개념의 농촌개발이라는 특징을 공통적으로 가지고 있다. 또한 4개 지역 모두 이러한 사업을 추진하는 과정에서 많은 귀농귀촌인이 참여했고 앞으로의 역할에도 많은 기대와 희망을 걸고 있다.

내부를 들여다보자

요즘 나는 요리에 관심을 두고 있다. 요리를 하는 사람들이 농업을 잘 알지 못하는데 농업도 잘 아는 요리사가 되어볼까 하는 생각에서다. 하지만 아직 시간적 여유가 없어 본격적으로 시작하지 못하고 있다. 요리를 배울 수 있는 방법은 무엇이 있을까? 쉽게 떠올릴 수 있는 방법은 요리학원에 등록하는 것이다. 하지만 요리를 잘하는 사람에게 내가 잘하는 것을 제공하고 요리를 배울 수도 있고, 어머니 혹은 아내에게 부탁해 공짜로 배울 수도 있을 것이고, 나처럼 요리를 못하는 사람들을 모아 동아리를 만들어 스스로 공부할 수도 있을 것이다.

경제의 사전적 정의는 인간의 생활에 필요한 재화나 용역을 생산, 분배, 소비하는 모든 활동이다.[115] 그런데 현대사회를 사는 우리는 이 경제

---
[115] 네이버 국어사전에 의하면, 경제란 '인간의 생활에 필요한 재화나 용역을 생산, 분배, 소비하는 모든 활동과 그것을 통하여 이루어지는 사회적 관계'로 정의되고 있다.

활동이 모두 시장에서 이루어지고 있다고 생각한다. 또한 우리가 먹고 사는 문제의 전체를 시장에서 해결해야 한다고 믿고 있다. 그래서 돈을 벌 수 있는 직업을 갖고, 그 직업으로 돈을 벌며, 그 돈으로 먹고살려고 노력한다. 학생들이 공부하는 것도 대부분 돈을 벌기 위한 방법을 알기 위해, 혹은 돈을 많이 벌 수 있는 직업을 갖기 위해서인 듯하다. 다시 요리로 돌아가 말하면, 요리를 배우는 다양한 방법 중에 요리학원에 등록하는 것만이 시장경제적 방법이다. 그러나 요리를 배울 수 있는 방법이 다양하듯이, 먹고사는 방법도 다양하고 경제도 다양한 것이 아닐까?

시장경제적 방식만이 경제라고 생각했기 때문에 지역발전도 시장경제적 방식을 썼다. 외부에 팔 만한 것이 있으면 그걸 팔아서 돈을 벌고, 그 번 돈으로 필요한 것을 외부에서 사오는 식이다. 외부에 팔 만한 것이 없으면 산업단지와 관광단지를 조성하여 외부에 팔 것을 만들어 내고 이곳에서 일하는 사람들을 위해 아파트단지를 만들었다. 이러한 사업이 더 많이 이뤄지는 도시에 일자리가 생기자 젊은 농민들은 농촌을 버리고 도시로 가버렸다. 처음에는 농민들만 없어지는 것이라 단순하게 생각했다. 하지만 농민들의 생활을 지탱해주던 일들이 함께 없어졌다. 병원도 없어지고 철물점도 없어지고 술집도 없어지고, 이런 일들을 하던 사람들도 함께 없어졌다. 농촌에서는 필요한 물건을 사기 어려워지고 급박한 서비스를 받으려 해도 받기 힘들어졌다. 어려운 농촌주민은 일자리를 찾아, 넉넉한 농촌주민은 좋은 사회적 환경을 찾아 도시로 옮겨갔다. 그렇게 농촌의 인구감소는 악순환의 고리를 형성했다.

서울에 살다가 처음 농촌으로 이사한 곳은 충남 홍성이다. 어머님이 안과진료를 받아야 해서 홍성군의 전화번호부를 보니 안과가 없었다. 당황한 나는 옆집에 물어보았다. 3년 전에 안과가 없어져 홍성의료원에 1주일에 한 번 천안의료원의 안과의사가 파견을 나와 진료를 하니 그 요일에 홍성의료원에 가라는 것이었다. 그 요일 오전 11시에 홍성의료원에 간 어머니는 오후 4시에 진료를 받을 수 있었다. 오후 4시의 그 안과의사는 몹시 지쳐 보였다. 한 달이 지나고 다시 안과에 가야 했지만 홍성의료원에 가는 것을 포기했다. 1시간 운전을 하더라도 천안의 아파트단지가 있는 곳에 가면 그만큼 기다리지 않아도 되고 더 좋은 서비스를 받을 수 있었다. 농촌에서는 무언가 제대로 된 것을 구할 수 없어 도시로 나가야만 했다.

홍성에 살다가 강원도 춘천으로 이사했다. 큰 아이가 자전거를 탈 나이가 되자, 대형할인마트의 자전거가 더 싸기는 했지만 퇴근길에 가끔 만나는 동네 자전거방 아저씨를 보기가 민망해 동네에서 자전거를 구입했다. 그 자전거를 싣고 충남 서천으로 이사했다. 큰 아이가 자전거를 타고 초등학교에 첫 등교를 했는데 친구들이 다른 지역에서 이사를 왔다며 자전거 타이어의 코크를 빼가버렸다. 큰 아이는 울면서 바람 빠진 자전거를 끌고 집으로 왔다. 아이를 달래고 자전거를 고치기 위해 읍내의 자전거방에 갔다. 코크를 끼우거나 바람을 넣는 것은 대개 공짜로 해주는데, 서천의 자전거방 주인은 작업을 하면서 투덜대고 있었다. 자세히 들어보니 서천 주민들이 20분 거리에 있는 군산 대형할인마트에서 자전거를 사고 자신의 가게에서는 이렇게 공짜 애프터서

비스를 받으러 온다는 것이었다. 나도 그런 사람으로 보고 있었다. 그나마 있던 농촌의 소비 수요도 도시에서 해결해버리니, 농촌에는 무엇 하나 제대로 할 수 있는 일이 없었다.

무언가 만들어 외부 시장에 팔고 그 돈으로 필요한 것을 외부 시장에서 사오면 된다는 시장경제적 방식의 지역개발은 결과적으로 농촌지역을 도시경제에 종속시키고 말았다. 농촌에서 벌어들인 돈은 도시로 유출된다. 이렇게 도시와 농촌 간의 일방적인 경제구조가 만들어지고 나면, 이후 같은 방식의 지역개발사업을 아무리 벌여봐야 지역경제발전에 그다지 효과를 내지 못한다. 지역개발의 가시적이고 명확한 성과는 인구의 증가다. 일자리가 늘고 삶의 질이 높아지면 당연히 인구가 늘게 되어 있다. 우리나라 농촌의 지방정부가 지난 50년 동안 다양한 지역개발사업을 추진했지만 인구를 늘린 곳은 거의 없다. 시장경제방식의 지역개발사업으로 외부에서 돈이 들어와도 다시 인근 도시로 빠져나갔기 때문이다. 하지만 아직까지 중앙부처와 지방정부는 이러한 지역개발에 대한 미련을 못 버리고 있는 듯하다. 지역정책은 여전히 외부 지향적이며 도시민의 소비에 눈높이를 맞춘다. 반면에, 지역의 내부 사정에는 눈이 어둡다. 지역주민의 여가생활을 위한 공원은 논밭이 다 녹지인데 따로 만들 필요가 뭐 있느냐 하면서도, 얼마나 찾아올지 모르는 관광단지 개발에는 아낌없이 돈을 쓴다. 지역의 쌀이 어디로 팔려나가는지는 알아도, 지역주민이 무슨 쌀을 먹고 있는지, 지역에서 생산하는 쌀을 팔고 있는 곳이 어디인지는 모른다. 읍내에 큰 옷가게가 망하면 작은 점포로 쪼개진 후 점원 없이 운영할 수 있는 꽃집, 토스트가게, 미장원 등만 생기는데, 지역경제를 관할하는 부서에서는 외부 매출액에 관련된 자료와 통계만 수집할 뿐 지역주민의 업종 변화에는 관심이 없다.[116]

지역을 다른 관점에서 보면 어떨까? 춘천의 유명한 먹거리는 닭갈비다. 춘천 명동의 닭갈비 골목에만 50여 개의 식당이 있고 춘천의 다른 지역에도 이런 닭갈비 골목들이 몇 개가 더 있으니까 닭갈비를 팔고 있는 식당은 어림잡아도 200여 개가 넘을 것이다. 전북 전주의 유명한 먹거리는 비빔밥이지만, 전주비빔밥을 전문으로 하는 식당은 50여 개밖에 되지 않는다.[117] 25만 인구의 춘천에 있는 200여 개의 닭갈비식당과 65만 인구의 전주에 있는 50여 개의 비빔밥식당의 숫자를 단순히 비교하면 춘천에서 닭갈비를 먹는 사람들의 대부분은 관광객이라는 예상을 하기가 쉽다. 그러나 춘천에 살았던 경험으로 보면 춘천의 닭갈비식당의 손님은 대부분 춘천 시민이다. 춘천 시민들은 워낙 닭갈비를 좋아하고 자주 먹는다. 저렴한 닭고기를 양념에 재워 양배추, 당근, 고구마 등의 채소를 넣고 푸짐하게 볶아먹는 닭갈비는 돈 없는 사람들이 자주 먹었다 해서 '서민갈비'라는 별명이 있기도 하다. 춘천시민들이 잘 먹기 때문에 춘천의 대형마트에는 다른 지역의 대형마트에는 없는 닭갈비 코너가 따로 있기까지 하다. 다른 지역에서 먹었던 닭갈비가 영

---

[116] 2006년 메니페스토운동본부의 요청으로 낙후지역 68개 기초지자체장의 선거공약을 분석한 적이 있다. 지방정부의 공약 중에 외부로부터 돈을 벌어들이기 위한 공약이 47.7%였고 예산을 통해 기반시설이나 복지사업을 하는 공약이 46.1%였지만 지역사회에 필요한 재화나 서비스를 지역주민이 스스로 만들게 하여 내부소비를 진작하고자 하는 공약은 3.7%밖에 되지 않았다.

[117] 춘천의 닭갈비식당은 200여 개 정도였는데 경춘선 복선전철이 개통되어 수도권과의 접근성이 개선되면서 2013년 4월, 300개가 넘었다고 한다. '경춘선 특수 노린 닭갈비식당 3년 새 우후죽순'(《뉴시스 2013년 4월 30일 자). 전주의 비빔밥전문식당은 전주시청 홈페이지에 따르면 57개다.

맛이 없어 춘천의 닭갈비식당 사장님에게 닭갈비는 역시 춘천에서 먹어야 한다고 했더니 사장님이 질문을 하셨다. "다른 곳에서 먹은 닭갈비에는 물이 많지 않았어요?" 생각해보니 조리과정에서 마치 닭볶음탕 같다가 물이 졸아들어 닭갈비처럼 변했던 것이 기억났다. 사장님은 "당신이 먹은 그 닭갈비는 냉동닭을 쓴 겁니다. 춘천의 닭갈비집에서는 생닭을 씁니다. 그 전날 양념을 해놓으면 다음 날 다 팔리기 때문에 항상 신선하고 맛있는 닭갈비를 먹을 수 있는 곳이 바로 춘천이지요." 결국 춘천 닭갈비를 명물로 만든 사람들은 바로 춘천 시민이었다. 춘천 닭갈비를 일정 수준 먹어주었기 때문에 냉동닭을 쓰지 않을 수 있었고, 그래서 신선하고 맛있는 닭갈비가 될 수 있었던 것이다.

(좌) 춘천 명동의 닭갈비골목.(출처 : 강원도청 블로그) (우) 전주비빔밥축제.(출처 : 문화부놀이터)

지금까지는 지역에 좋은 게 있다면 도시에 팔아야 한다고 생각했다. 하지만 좋은 걸 지역에서 먼저 쓰면 더 좋지 않을까? 도시민이 원하고 도시민이 필요한 것을 만드는 것이 아니라 지역주민이 필요한 것을 먼저 만들면 좋지 않을까? 분명 지역주민에게도 욕구가 있고 필요가 있는데 이제까지 이 욕구와 필요에는 관심을 기울이지 않았다. 지역주민의 욕구와 필요를 파악하고 이를 원활하고 효과적으로 해결하는 일이 지방정부가 정작 해야 할 일이 아닐까? 또한 지역주민의 욕구와 필요를 해결하는 과정에서 일자리가 만들어진다면 이는 더 좋은 일이 될 것이다.

그러한 사례가 있다. 2004년 일본 시마네 현의 산촌을 방문한 적이 있다. 산촌마을에서 임간방목이라는 독특한 방식으로 젖소를 키우고 있었다. 아침에 축사 문을 열어놓으면 소들이 산에 올라가 풀을 뜯고 저녁에 내려와 사료를 먹는다. 그때 젖을 짠다. 임간방목이라는 방식을 처음 봐서 신기했지만, 궁금한 것은 축사에서 키우는 젖소가 10마리 정도밖에 되지 않아 생산량이 적은 우유를 이 산골까지 와서 가져가는 공장이 있을까, 하는 것이었다. 궁금해서 질문을 하자, 가까운 곳에 있으니 같이 가보자고 했다. 임간방목을 하고 있는 목장과 가까운 읍내에 조그만 우유공장이 있었다. 이 공장을 어떻게 만들게 되었냐고 물었더니 돌아온 답은 이러했다. 지역 농민들이 모여 이야기를 나누던 중, 자신들의 아이가 다니는 초등학교에 어디서 생산했는지도 모르는 우유가 급식되고 있으니 적어도 우리 아이들이 먹는 우유는 우리가 만들자는 제안이 나오게 되었다. 그래서 임간방목 형태의 목장을 만들고 그 목장들이 협동조합을 꾸려 우유공장을 짓게 되었다. 그런데 도쿄에 '여기서 만든 우유는 자신들의 아이들을 먹이려고 잘 만든다'는 소문이 나게 되었고, 결국 도쿄에도 팔고 있다는 것이었다. 이 우유공장은 도시에 우유를 팔기 위해 만든 것이 아니라 지역의 아이들에게

(좌) 임간목장이 모여 협동조합으로 만든 우유공장. (우) 임간목장 축사.

좋은 우유를 먹이기 위해 만들었던 것이다.

일본 북부 홋카이도의 작은 도시 오비히로 시의 중심가에는 포장마차들이 있다. 16~20m^2 정도의 면적을 가진 작은 가게 10여 개가 모여 일본 사케, 와인, 우리나라 소주까지 가게마다 다른 술과 안주를 팔고 있다. 그런데 이 가게들이 성업을 이루는 이유가 있었다. 이곳에서는 취향에 따라 술과 안주를 한 장소에서 다양하게 선택할 수 있고, 한 가게에서 술을 마시다가 옆 가게의 안주가 먹고 싶어 주문하면 배달을 해준다. 그렇더라도 원래 술을 먹던 가게에서는 이를 전혀 개의치 않는다. 이것이 손님들의 호응을 불러일으켰던 것이다. 이런 관계가 이뤄질 수 있었던 것은 이 가게들이 각자 장사를 하고 있지만 협동조합으로 공동 영업을 하고 있기 때문이었다. 기업광장이라고 부르는 이 협동조합의 조합장에게 조합을 만들게 된 이유를 물어보았다. 도시가 점점 작아지면서 지역의 젊은이들이 술 마실 곳을 찾아 큰 도시로 나가기 시작했

일본 훗카이도 오비히로 시의 기업광장.
❶ 기업광장계획 모형.
❷ 기업광장 내부의 조형물.
❸ 기업광장 입구.

고, 귀가하다가 음주운전 등의 사고가 나기도 했다. 그래서 후배들이 술 마실 곳을 마련하기 위해 만들었다는 것이었다. 이 협동조합이 지역주민의 사랑을 받게 되자 타지의 관광객도 찾게 되었고, 덕분에 위축되었던 도심을 다시 살리게 되었다고 한다. 이 기업광장 협동조합의 시작도 지역의 수요와 필요에 대응하고자 한 것이었다.

일본에만 이러한 사례가 있는 것은 아니다. 부산 송정동에는 주민자치센터에서 요리강좌를 들은 할머니들이 '막퍼주는 반찬가게'라는 사회적기업을 만들었다. 요리를 배웠다면 식당을 만들 수도 있는데 왜 반찬가게를 창업한 것일까? 송정동은 부산의 변두리로, 넉넉지 않은 맞벌이 부부들이 많이 살고 있다. 시간이 없어 반찬을 만들지 못하는 이 젊은 주부들을 동네 할머니들이 도와주려고 한 것이었다. 이 반찬가게도 지역에 필요한 일을 하기 위해 만들어진 것이다. 안성에는 '농민병원'이 있다. 병원 이름에 왜 농민이 들어가 있을까? 이 병원은 1980년대 후반 안성의 청년 농민과 의료봉사활동을 왔던 연세대학교 의대생들이 협동조합 방식으로 만든 병원이다. 지역의 부족한 사회서비스를 막연하게 정부에 의존하여 해결하거나 다른 지역에서 개인적으로 얻으려고 한 것이 아니라, 지역주민들이 보다 적극적으로 행동한 것이다. 바깥보다 내부를 먼저 들여다보아야 한다.

사회적으로 농사짓기

가끔 택시를 탈 때 100원, 200원 정도의 거스름돈은 안 받곤 했다. 서울에 일이 있어 갔다가 약속시간에 늦어 5,000원을 내고 400원이나 되는 잔돈을 포기하고 "잔돈은 됐습니다" 하고 택시에서 내린 적이 있다. 서둘러 내린 나에게 인사할 기회를 놓치신 택시기사는 얼른 차에서 내려 큰 소리로 "고맙습니다" 하고 인사를 했다. 그 인사를 받고 얼마나 기분이 좋던지. 그렇다면 대형할인마트에서 이렇게 잔돈을 안 받으면 어떤 일이 벌어질까? 계산대에서 쉴 틈이 없이 바코드를 찍는 캐셔가 고맙다고 인사할까? 그 잔돈은 누가 가질까? 오히려 잔돈이 필요 없다는 사람을 이상하게 생각할 것이라 아무도 그런 시도를 하지 않을 것이 분명하다. 택시에서의 경제행위와 대형마트에서의 경제행위는 무언가 다르지만 우리는 그 차이를 구별하지 않는다. 그저 내가 번 돈을 쓰는 똑같은 경제행위로 생각한다. 택시와 대형마트에서의 경제행위가 무언가 다르듯이 내가 하고 있는 경제활동도 다양한 차이를 가지고 있는 것은 아닐까? 만약 차이가 있다면, 내가 하는 경제행위 가운데 시장경제적 방식이 아닌 경제행위는 얼마나 될까? 혹 그러한 경제활동의 비율을 높일 수는 없을까? 우리 사회에 그러한 경제활동의 비율이 높아진다면 무슨 일이 일어날까?

나는 대형할인마트에 잘 가지 않는다. 첫 번째 이유는 조금만 돌아다녀도 머리가 아프고, 돈 내는 사람에게 줄을 서라느니, 직접 봉투에 담아가라느니 하는 게 싫고, 그래서 돈 쓰는 일이 별로 즐겁지 않아서다. 두 번째 이유는 내가 필요한 것을 구매하는 일 이외에 부수적인 효과가 생기지 않아서다. 나한테 도움 되는 일도 없고, 이웃을 도와줄 수도 없고, 지역사회에 보탬이 되지도 않는다. 이와 반대로 돈 쓰는 일이 아주 즐거운 일이고, 돌고 돌아 나한테도 도움이 되고, 나아가 이웃을 돕고 사회를 바꿀 수 있다면 얼마나 좋을까? 그런데 이러한 일은 우리 사회에서 잘 일어나지 않는다. 우리 사회가 자본주의를 중심으로 한 시장경제체계이기 때문이다. 자본주의 시장경제는 수익을 내는 효율을 중시한다. 즐거움, 나눔, 공헌 등은 부차적인 것이다. 자본주의 시장경제는 그래서 효과적이다. 일자리를 만들지 않고서도 돈이 돈을 버는 방법을 찾아낼 만큼 효과적이다. 그래서 자본주의 시장경제를 바탕으로 성장한 선진국은 모두 일자리가 만들어지지 않는 문제에 봉착하게 되었다.

두 번의 경제위기를 겪으면서 우리나라도 같은 문제가 발생하기 시작했다. 참여정부는 사회적 일자리 창출사업으로 취약계층의 일자리 부족 문제를 해결하려고 했다. 하지만 이러한 일자리는 국가예산으로 유지하기 때문에 지속가능하지 않았다. 선진국의 사례를 보니 사회가 필요로 하는 일을 하면서 일자리를 만드는 기업이 있었다. 이들 기업의 목표는 이윤창출이 아니라, 적절한 수익을 올려 일자리를 유지하면서 사회에 필요한 서비스를 제공하는 데 있다. 이러한 기업을 사회적기업이라 하는데, 정부는 2006년 사회적기업육성법을 제정하고 사회적기업을 육성했다.[118] 시장경제방식의 기업을 통해 일자리를 만드는 것이 아닌, 다른 방식의 일자리 정책을 시작한 것이다. 사회적기업 정책은 정권이 바뀌어도 확대되어, 마을기업, 농어촌공동체회사와 같은 유사한 지원정책뿐 아니라 협동조합을 육성하기 위한 협동조합기본법도 제정되었다.[119] 하지만 지역에서는 사회적기업을 지속가능하도록 운영하기가 어렵다는 것이 밝혀졌다. 경쟁, 선택, 집중이라는 원리에 따라 시장경제 방식으로 조직된 일반기업과 사회적기업은 경쟁상대가 되지 않아, 정부의 지원이 끊기면 문을 닫는 경우가 생겼다.

그럼에도 사회적기업을 통해 많은 사람들이 자본주의 시장경제가 아닌 새로운 경제가 있다는 것을 알게 되었다. 자본주의 시장경제의 문제를 해결할 새로운 경제시스템을 만들 수 있다는 희망을 가지게 되었

---

[118] 정부가 주도하여 일자리 창출을 목적으로 사회적기업을 육성하고 있는 우리나라는 독특한 인증제도를 가지고 있으며, 창업지원뿐 아니라 취약계층을 고용할 경우 인건비를 지원하고 있다. 2012년 말 현재 약 1,500여 개의 사회적기업이 인증을 받았고 또한 1,500여 개의 예비사회적기업이 활동하고 있다.

[119] 이명박정부의 행정안전부는 마을기업을, 농림수산식품부는 농어촌공동체회사를 지원하는 정책을 만들었다. 사회적기업과 유사한 개념을 가지고 있으나 사업대상, 절차, 지원내용이 약간 다르다. 협동조합기본법은 2011년 제정되어 2012년 말 발효되었다. 협동조합기본법 이전에도 농협, 수협, 신협, 새마을금고, 생협 등 8개 분야에서 특별법에 의해 협동조합을 만들 수 있었지만 설립기준이 매우 까다로웠다. 협동조합기본법에서는 5인 이상이면 자본금의 과소에 상관없이 협동조합을 시작할 수 있는 전향적인 내용을 담고 있다.

다. 바로 사회적경제다. 사회적경제라는 개념을 사용한 칼 폴라니(Karl Polanyi)는 시장경제가 이익 창출을 위해 사회에서 이탈되었지만 호혜적, 상호부조적 인류의 전통적 경제의 지혜를 살려 지역 중심의 경제를 구현한다면 경제를 재사회화할 수 있다고 주장했다.[120] 이제 사회적기업, 협동조합을 비롯한 사회적경제 영역의 경제주체들이 연대하여, 지역사회에서 자본주의 시장경제에 대응하는 새로운 경제시스템, 즉 평등, 호혜, 나눔, 배려가 작동하는 사회적경제 혹은 협동경제를 구축하려는 노력을 시작하고 있다.

이 같은 노력이 일찍이 일어난 곳은 강원도 원주다. 1965년 원주교구장으로 부임한 지학순 주교와 무위당 장일순 선생은 자본주의 시장경제가 지역사회를 피폐하게 할 것을 예견하고 원주신용협동조합을 만들었다. 그리고 원주의 청년들에게 협동적 경제를 만들어갈 것을 교육했다. 이들 선지자의 노력으로 밝음신협, 원주한살림생협, 원주의료생협 등 12개의 협동조합이 생겨났다. 협동조합 조합원은 3만 5천 명, 연간총매출 184억 원, 상시 고용인원은 388명으로, 원주 지역사회와 지역경제의 중요한 부분을 차지하고 있다. 사회적기업을 비롯한 공동체사업과 관련한 정책이 시작되자 기존 협동조합의 도움을 받아 다양한 사회적기업, 마을기업, 공동체회사, 또 다른 협동조합이 만들어지게 되었

---

[120] 칼 폴라니는 1880년대 오스트리아에서 태어난 독일의 경제학자로, 헝가리 부다페스트대학에서 법학과 철학을 공부했다. 그는 영국으로 이주했다가 시장 중심 사회에 대한 비판적 의식을 가지기 시작했다. 1940년 미국 버몬트 베닝톤 대학에서 강의하면서 『거대한 전환(The Great Transformation)』을 저술했다. 그의 저서 『전 세계적 자본주의인가, 지역적 계획경제인가』는 시장자본주의에 대한 비판과 지역 중심의 대안적 경제에 대한 생각을 담고 있다.

원주협동사회경제네트워크와 밝음신협.
(좌) 원주협동사회경제네트워크의 행사 안내 포스터.
(우) 원주에는 다양한 협동조합이 있다. '밝음의 집' 건물에는 밝음신협 외에도 의료생협에서 운영하는 밝음의원·한의원, 무위당기념관, 한살림 등이 함께 들어 있어 시너지 효과도 높이고 있다.

다. 2013년 현재 농업가공유통분야 9개, 소비자분야 5개, 사회서비스분야 5개, 교육분야 3개, 신용분야 3개, 문화분야 2개, 환경생태분야 2개의 사회적경제조직이 원주협동사회경제네트워크를 만들어 협력하고 있다. 원주의 사회적경제조직 간 협력의 성과는 행복한시루봉㈜라는 사회적기업에서 잘 드러난다. 행복한시루봉은 기관들의 상호출자방식을 통해 장애인과 고령자들이 친환경떡을 만드는 사회적기업이다. 영농과 관련 있는 조직들이 재료를 공급하고, 소비자조직이 소비를 해주는 동시에 사회적경제조직들도 한 달에 한 번 돌아가면서 점심을 떡으로 해결한다. 이 같은 노력의 결과, 이 사업조직은 손익분기점에 빨리 도달할 수 있었다.[121] 최근 사회적경제를 지역사회에 도입하고 있는 완주에서도 로컬푸드사업의 성공적인 확장에 따라 유사한 일이 벌어지고 있다. 인덕마을의 두레농장은 로컬푸드 꾸러미사업단과 계약재배를 통해 안정적인 판로를 확보하고, 로컬푸드직매장에서는 다문화여성들이 만드는 빵의 지속적인 판로를 만들어주고 있으며, 5개의 로컬푸드 농가레스토랑은 완주의 생산조직으로부터 식자재를 공급받으면서 함께 성장하는 모델을 만들어가고 있다.[122]

자본주의 시장경제방식의 지역개발로 한계에 봉착한 농촌지역은 대안적 발전방식을 모색하는 가운데 사회적경제를 만나게 되었다. 사회적경제를 통해 선순환적 인구증가와 순환적 지역경제가 이뤄진다면 농촌에도 새로운 희망이 피어날 것이다. 귀농귀촌을 희망하는 사람들을 만나보면, 농사를 지어서 혹은 농촌에서 할 수 있는 일로 큰돈을 벌어보겠다는 사람들은 거의 없다. 대개가 도시의 팍팍한 삶에서 벗어나 농촌에서 여유롭게 살고 싶다고 한다. 물론 도시보다 넓은 토지와 주택은 여유로운 공간을 허락해줄 것이다. 하지만 자본주의 시장방식에서 벗어나지 않는다면, 생활의 여유는 도시와 달라지지 않는다. 돈을 벌어 내가 필요한 것을 시장에서 구했던 삶을 지속하는 한 정신적 여유

---

[121] '글로벌 위기에도 끄떡없는 원주협동조합', 〈한겨레신문〉, 2012년 6월 14일
[122] 전국의 기초지방자치단체장 30여 명이 모인 '전국사회연대경제 지방정부협의회'가 2013년 3월 출범했다. 농촌활력사업을 통해 대안적인 지역발전을 모색하고 있는 전북 완주군 임정엽 군수가 이 협의회의 의장을 맡았다.

를 만들 수 없다. 귀농귀촌할 요량이면 사회적경제에 내 삶을 접속시켜 보자. 이제까지 나를 위해, 나의 가족을 위해, 돈을 벌기 위해서만 살았다면 다른 방식으로 살아보자. 나를 살려보자. 도시에서 쌓은 경험과 지식을 활용해서 이웃을 살리고 지역사회를 바꾸는 일에 도전해보자. 그러면 회색빛 도시에서, 빈틈이 없는 자본주의 시장에서 느낄 수 없었던 것까지 덤으로 얻을 수 있을 것이다. 개인적인 보람과 만족, 이웃 간의 교류와 유대감, 공동체에서만 느낄 수 있는 안락함, 그리고 지역에 사는 즐거움과 행복한 미소를 말이다.[123]

---

[123] 강원도 원주에서는 사회적경제조직들이 1년에 한 번씩 모여 한 해 동안의 활동을 서로 격려하는 축제를 여는데, 그 축제의 이름이 '원주에 사는 즐거움'이다. 그 축제의 이름을 차용하여 '지역에 사는 즐거움'이라는 표현을 썼다.

농부가 세상을 바꾼다

귀 농 총 서
guidebook

유기농은 꼭 이루어진다

정대이 편저 | 150×210 | 364쪽 | 본문 컬러

유기농은 미래가 아닌 현재다. 지금 바로 시작하라!
귀농을 준비 중인 예비 농부부터 유기농 전환을 망설이는 농부까지 이 땅의 바른 농사를 꿈꾸는 농부를 위한 유기농 매뉴얼!

정석 같은 유기농업 교본이 나왔다. 과학영농을 주도한 농업기술센터의 전문가가 만들었다는 것이 더 반갑다. 저자는 미생물에 대한 전문적 탁견과 지혜로 구제역을 막아낸 경험이 있다. 그 힘이 유기농업에 대한 이런 독보적인 책을 쓰게 한 것 같다. 합리적인 안목과 철학적인 믿음을 통합했다는 점에서 이 책이 돋보인다. 정석과 지혜가 더욱 풍부해지면 유기농업의 꿈은 꼭 이뤄질 것이라 확신한다._안철환(텃밭보급소 대표, 도시농업시민협의회 대표)

자연을 꿈꾸는 뒷간

이동범 지음 | 150×210 | 231쪽 | 본문 컬러

똥이 다시 밥으로 순환되는 생태적 뒷간을 위하여!
유기농업을 하려면 우선 똥과 오줌을 공부해야 한다. 유기농업이란 먼저 우리의 뒷간을 복원하는 일이며, 분전법을 재현하는 일이다. 똥과 오줌은 처리해야 할 쓰레기가 아니라 우리의 밥이요, 땅이요, 구원자다. 저자는 전국 각지를 돌며 뜻있는 분들이 만들어놓은 생태적 뒷간을 조사, 소개하는 동시에 뒷간에서 나오는 인분퇴비를 효율적으로 활용하는 방법에 대해서도 소상히 정리해놓았다.

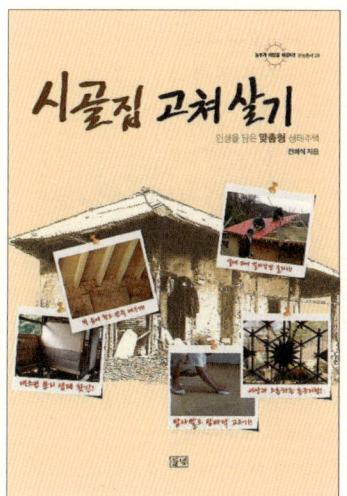

시골집 고쳐살기 _인생을 담은 맞춤형 생태주택

전희식 지음 | 148×210 | 240쪽 | 본문 컬러

시골집을 고쳐 살면 뭐가 좋은데?

시골 살림집 고쳐 살기의 장점과 묘미는 '맞춤형'이자 '생태형'이라는 점. 집주인의 형편이나 취향에 맞춰서 고쳐 살 수 있으니 좋고, 새집을 짓는 과정에서 발생하는 자연 훼손 문제를 염려하지 않아도 좋으며, 집을 고치기 시작하는 순간 진정한 동네 주민이 될 수 있기 때문이다. '겨울에는 좀 춥게 살고, 여름에는 좀 덥게 사는 집, 여러 가지로 불편하지만 좋은 집, 늘 손봐야 해서 즐거운 집'에 대한 정겨운 이야기를 담았다. 조금은 힘들어도 자연과 더불어, 그리고 이웃과 더불어 행복하게 살아갈 수 있는 생태적 삶이 담겨 있다. 친절하고 따뜻한, 그러면서도 손쉽게 따라 할 수 있는 매우 실용적인 집 고치기 이야기.

이웃과 함께 짓는 흙부대 집

김성원 지음 | 188×257 | 320쪽 | 본문 컬러

2009년 정농회 선정도서

국내 최초로 흙부대 집을 짓다!

저자는 이 책에서 몸소 체득한 흙부대 건축의 노하우를 꼼꼼하게 소개한다. 어떤 방식을 택할 것인지, 건축자재는 어디서 구입하는지, 시공할 때 주의할 점은 무엇인지를 친절하게 알려준다. 또한 다양한 사례를 통해 흙부대 건축의 역사와 적용, 발전 양상을 안내한다. 그러나 그가 무엇보다 집중적으로 조명한 것은 우리 주변에서 흙부대로 집을 지은 사람들의 생생한 건축 이야기다. 지역공동체와 더불어 집짓기를 꿈꾸는 모든 이의 나침반.

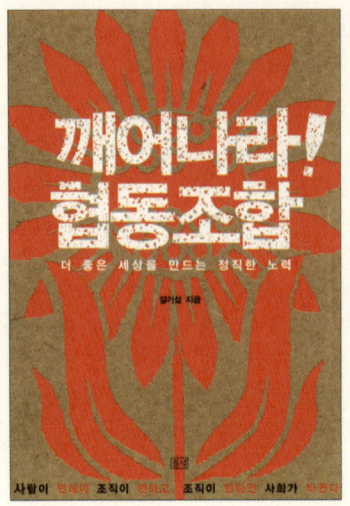

깨어나라! 협동조합
_더 좋은 세상을 만드는 정직한 노력
김기섭 지음 | 150×210 | 308쪽 | 본문 2도

똑똑똑, 협동조합아! 너 언제 깨어날래?
인류의 위대한 유산임에도 자본주의 사회에서 서자 신세를 면치 못해왔던 협동조합에 수많은 사람이 관심과 기대를 쏟고 있다. 그것은 한쪽에 밀쳐놨던 작은 달걀의 소중함을 뒤늦게 깨닫고, 주변에 닭들이 모여들어 그 부화를 갈망하며 껍질을 쪼아대는 모습과 같다.
21세기는 바야흐로 협동조합의 시대다. 자본주의 사회에 환멸을 느낀 사람들이 협동조합에 뜨거운 눈길을 주고 있다. 협동조합은 무슨 거창한 것이 아니다. 새로운 세상을 향한 꿈을 자신의 힘으로 이루려는 사람들의 정직한 노력일 따름이다. 20여 년간 건강한 협동조합 건설에 온몸을 바쳐온 저자가 협동조합의 문제점과 진로에 대해 진지한 성찰을 던진다.

게릴라 가드닝
리처드 레이놀즈 지음·여상훈 옮김 | 148×210 | 316쪽 | 본문 컬러

우리는 총 대신 꽃을 들고 싸운다
환경을 아끼는 사람들, 환경에 관심이 있는 사람들이 모여 혁명을 일으켰다. 그 이름은 '게릴라 가드닝'. 이 조용한 혁명은 버려진 공공용지를 화려하고 생명 넘치는 공간으로 바꾸어놓는다. 한 줌 씨앗을 손에 들고 방치, 무관심, 공동체 정신의 붕괴와 싸우기 위해 헌신을 무기 삼아 한 발 한 발 전진했다. 어둠을 틈타 아파트 앞 공터에 꽃을 심는 것으로 게릴라 가드닝을 시작했을 때, 리처드 레이놀즈는 외로운 1인 활동가였다. 그러나 그는 곧 전 세계를 아우르는 운동의 선봉장이 되었다. 이 책은 30개국에서 벌어지고 있는 독특한 주변문화의 투쟁사를 정리하고 21세기 운동의 방향을 제시한다.